Medizinische Informatik und Statistik

Herausgeber: S. Koller, P. L. Reichertz und K. Überla

6

Ulrich Ranft

Zur Mechanik und Regelung des Herzkreislaufsystems

Ein digitales Simulationsmodell

Springer-Verlag
Berlin · Heidelberg · New York 1978

Reihenherausgeber
S. Koller, P. L. Reichertz, K. Überla

Mitherausgeber
J. Anderson, G. Goos, F. Gremy, H.-J. Jesdinsky, H.-J. Lange,
B. Schneider, G. Segmüller, G. Wagner

Autor
Ulrich Ranft
Department für Biometrie
und Medizinische Informatik
der Medizinischen Hochschule Hannover
Karl-Wiechert-Allee 9
3000 Hannover 61

ISBN-13: 978-3-540-08854-7   e-ISBN-13: 978-3-642-81254-5
DOI: 10.1007/978-3-642-81254-5

2141/3140-5 4 3 2 1 0

Meinen Eltern gewidmet.

Vorwort
____

Erste Anstöße, mich mit Simulationsmodellen des Herzkreislaufsystems zu befassen, gingen von einer Arbeitsgemeinschaft "Biomechanik des Herzkreislaufsystems" der drei Hannoverschen Hochschulen (Technische Universität, Tierärztlichliche Hochschule und Medizinische Hochschule) aus. Der Entwicklung digitaler und analoger Modelle zur Simulation regelbarer mechanischer Vorgänge des Herzkreislaufsystems kam innerhalb der interdisziplinären Arbeitsgemeinschaft eine integrative Funktion zu. Mathematisch-physikalische, experimentelle und klinische Gesichtspunkte sollten in den Modellen quantifiziert ihren Niederschlag finden. Anfang 1972 löste sich die Arbeitsgemeinschaft wegen fehlender Forschungsmittel auf.

Für meine Arbeit an der Entwicklung eines digitalen Simulationsmodells des geregelten Herzkreislaufsystems gingen dadurch zwei wichtige Bindungen verloren, nämlich die Rückkopplung zu experimentellen und zu klinische Arbeitsgruppen. Das vorliegende Ergebnis meiner Arbeit hat daher zwangsläufig einen mehr "theoretischen" Charakter. Seine "praktische" Auswertung in der experimentellen und klinischen Herzkreislaufforschung steht noch aus.

Die Arbeit entstand während meiner Tätigkeit als wissenschaftlicher Assistent in der Abteilung Biometrie der Medizinischen Hochschule Hannover. Sie liegt in der Fassung der von der Fakultät für Maschinenwesen der Technischen Universität Hannover zur Erlangung des akademischen Grades Doktor-Ingenieur genehmigten Dissertation vor.

Herrn Professor Dr.phil.nat. B. Schneider (Medizinische Hochschule Hannover) danke ich, daß er mein Interesse auf die Simulation biologischer Systeme lenkte und mir in großzügiger Weise die Möglichkeit bot, im Rahmen meiner Institutstätigkeit diese Arbeit abzufassen.

Besonderen Dank schulde ich Herrn Professor Dr.-Ing. O. Mahrenholtz (Technische Universität Hannover) für die zahlreichen wertvollen Gespräche zum Fortgang der Arbeit und für die Übernahme des Hauptreferates der Dissertation. Sein persönlicher Einsatz förderte wesentlich diese externe Dissertation.

Für die Übernahme von Korreferaten bin ich Herrn Professor Dr.-Ing. M. Thoma (Technische Universität Hannover) und Herrn Professor Dr.med. K. Barbey (Medizinische Hochschule Hannover) zu Dank verpflichtet.

Abschließend möchte ich es nicht versäumen, an dieser Stelle meiner Frau und meinem kleinen Sohn für ihre Geduld und Nachsicht zu danken, die sie trotz vieler verlorener gemeinsamer Stunden meiner Arbeit entgegenbrachten.

Hannover, im Herbst 1977   Ulrich Ranft

Tabellenverzeichnis

1. Einführung

1.1. Themenstellung der Arbeit

> "A model is something simple made by a
> scientist to help him understand
> something complicated."
>
> R. Fitzhugh (1969)

Durch Fitzhugh's elegante Formulierung kommt deutlich zum Ausdruck, daß eine einheitliche Definition des Begriffs "Modell" nur schwer zu finden ist - wenn sie überhaupt gegeben werden kann -. So ist dem jeweiligen Benutzer des Begriffs "Modell" aufgetragen anzugeben, welches die Charakteristika seines Modells sind. Dieser Aufgabe soll einführend einerseits durch die folgende Themenstellung der Arbeit, andererseits durch die skizzenhafte Übersicht über Simulationsmodelle in der Herzkreislaufforschung (Abschnitt 1.2.) entsprochen werden.

Zuvor aber seien in Kürze einige allgemeine Bemerkungen zum Modellbegriff in dieser Arbeit erlaubt. Folgende drei Kriterien erweisen sich als wesentlich für die spezielle Ausprägung eines Modells:

- Die Fragestellung, auf die das Modell Antwort geben soll.
- Der Wissensstand über das reale System, das das Modell beschreiben soll bzw. der Umfang an Detailwissen über das reale System, welches in das Modell einfließen soll.
- Die Formulierung und Realisierung des Modells.

Unter das dritte Kriterium, die Formulierung und Realisierung des Modells, fällt die folgende Eigenschaft, die für die hier zu behandelnden Modelle gilt: Sowohl die Struktur als auch der Funktionsablauf der Modelle sind rein deterministisch. Die

Modellaussagen sind damit prinzipiell beliebig oft und eindeutig reproduzierbar. Ziel der Modelle ist letztlich, das Verhalten des realen Systems unter bestimmten definierbaren Bedingungen eindeutig und reproduzierbar zu beschreiben oder zu simulieren.

Die Begriffe "Simulieren" und Simulationsmodell bedürfen, wie sie in diesem Zusammenhang verstanden werden sollen, einer näheren Erläuterung: Simulationsmodelle besitzen eine Struktur, die in irgendeiner Weise als eine Abbildung der Struktur des realen Systems gedeutet werden kann. Welche Elemente diese Struktur bilden und in einem Bezug zu Elementen des realen Systems stehen, hängt vom jeweiligen Modelltyp ab. Strukturelemente sind so zum Beispiel Differentialgleichungen mit ihren Koeffizienten als Modellparameter in mathematischen Modellen, Schaltelemente mit ihren Kennwerten in elektrischen Analogmodellen oder Zufallsgeneratoren in stochastischen Modellen. Wesentlich für den Modellkonstrukteur ist es, daß bei der Konzeption eines Simualtionsmodells in jeder Phase der Bezug zum realen System erhalten bleibt. Simulieren bedeutet also nicht, das Verhalten des realen Systems auf irgend eine Weise zu reproduzieren und dabei die bestmögliche Approximation anzustreben, sondern funktionale Zusammenhänge im realen System aufzudecken und mit dem Modell zu verifizieren. Nur ein Simualtionsmodell ist in diesem Sinne fähig, Vorhersagen über ein mögliches Systemverhalten zu machen, nicht aber eine Approximation. Da oft die zeitliche Komponente in den zu beschreibenden realen Systemen, wie auch im Herzkreislaufsystem, eine wesentliche Rolle spielt, folgt die Simulation bis auf einen Skalenfaktor meist dem realen zeitlichen Ablauf (Echtzeitsimulation).

Wie in dem folgenden Abschnitt 1.2. noch deutlich werden wird, sind die Modelle der Herzkreislaufforschung, wie in der Physiologie überhaupt, oft das Ergebnis interdisziplinärer Zusammenarbeit. Letztlich haben alle diese Modelle ihr Fundament sowohl in der Medizin als auch in der Mathematik, Physik und Ingenieurwissenschaft. Man denke nur einerseits an die Fülle von physiologischen Experimenten, deren Ergebnisse in komprimierter Form in den Modellen enthalten sind, und andererseits z.B. an die komplizierten mathematisch-physikalischen Überlegungen zur Hämodynamik.

Die vorliegende Arbeit soll ein Beitrag von der ingenieurwissenschaftlichen Seite zu den Herzkreislaufmodellen sein. Die angestrebten Ziele seien wie folgt thesenhaft zusammengestellt:

- Herausarbeiten einer flexiblen Modellstruktur.
- Einbeziehung einer pulsatilen Herzkreislaufmechanik sowie wesentlicher zentralnervöser Regelungsmechanismen und Autoregulationsmechanismen.
- Anwendung einer digitalen Simulationstechnik zur Simulation von Zeitverläufen des realen Systems im Sekunden- bis Minutenbereich.

In der Arbeit sollen also nicht neue Modellvorstellungen oder Erkenntnisse über physiologische Phänomene aus der Herzkreislaufforschung gewonnen werden. Vielmehr werden bekannte Modelle z.T. aus dem im Abschnitt 1.2. skizzierten Umfeld der Literatur herangezogen und in einem globalen Modell zusammengestellt. Die Validierung dieses Modells und die Auswertung seiner physiologische Aussagen kann entsprechend den physilogischen Kenntnissen des Verfassers nur sehr vorsichtig und in einem engen Rahmen vorgenommen werden. Eine intensive Prüfung und Auswertung des Modells muß einem interdisziplinären Team überlassen bleiben.

Methodisch wie inhaltlich baut die Untersuchung auf den Arbeiten von Beneken (1965, 1967) und Snyder (1969) auf (siehe Abschnitt 1.2.), ist also auch dort unter den Simulationsmodellen in der Herzkreislaufforschung einzuordnen.

1.2.   Simulationsmodelle in der Herzkreislaufforschung

Da zahlreiche ausführliche Darstellungen und Übersichten über Entwicklung   und   Umfang   der   Modellvorstellungen   in   der Herzkreislaufforschung in der Literatur vorhanden sind (Beneken (1972), Guyton et al. (1973), McDonald (1968), Noodergraaf (1969), Sagawa (1973), Talbot und Gessner (1973)),soll hier nur ein kurzer , nicht auf Vollständigkeit bedachter Abriß genügen, das Umfeld des vorgestellten Modells zu beschreiben.

Um einen groben Überblick über die Fülle der verschiedenen Modelle in der Herzkreislaufforschung, die im Zusammenhang mit dieser Arbeit zu sehen sind, zu gewinnen, soll zunächst das Kriterium der Fragestellung herangezogen werden. Tabelle I stellt eine Auswahl möglicher Problemstellungen zusammen. Das Schema der Tabelle I ist keinesfalls ein generelles, in das sich alle denkbaren Themen zum Herzkreislaufsystem einordnen ließen. Die Aufzählung beleuchtet aber die außerordentliche Komplexität des Systems Herzkreislauf, sowohl was seine Struktur als auch seine Aufgaben und damit Funktionsweisen anbelangt.

Mechanik	Herzfunktion, Arterienpuls, Venensystem, Mikrozirkulation, Lungenkreislauf, Nierenfunktion, usw.
Regelung	Barorezeptoren, Herzfrequenzregelung, Autoregulation peripherer Bereiche, usw.
Mechanik und Regelung	Herzfunktionen, Volumenregulation im gesamten Kreislauf, Kreislaufbelastungen, Temperaturregulation, usw.

Tabelle I: Auswahl von Problemstellungen in der Herzkreislaufforschung

Um diese Komplexität aufzulockern, werden sich erste Problemstellungen auf herausragende Eigenschaften des Systems hinsichtlich Struktur- und Funktionseigenschaften, sowie Funktionsanforderungen richten. In der Tat befassen sich die ersten analytischen Modelle von E.H. und W. Weber (1850, 1866) mit den Pulswellen und deren Fortpflanzung in den Gefäßen des Blutkreislaufs. Ein anderer Effekt des Kreislaufs, daß trotz einer intermittierenden Pumpe ein nahezu gleichmäßiger Blutstrom entsteht , wird durch das "Windkesselmodell" von O. Frank (1899) und seiner Schule beschrieben. Die z.T. sehr komplizierten physikalisch-mathematischen Untersuchungen der Hämodynamik des Blutkreislaufes fanden ihre Grenzen in der Auswertung der gefundenen Gleichungssysteme. Nur radikale Vereinfachungen ließen eine analytische Auswertung zu und führten oft zu Widersprüchen mit dem realen System.

Erst der sich schnell entwickelnde Einsatz von Analog- und Digitalrechnern brachte entscheidenden Fortschritt. - Es sei hier an das Kriterium "Formulierung und Realisierung des Modells" erinnert. - Umfangreiche Analogrechnermodelle bilden mit passiven Netzwerken den arteriellen Gefäßbaum (Noodergraaf (1963) , Snyder et al. (1968), Westerhof et al. (1969)) bzw. das gesamte Gefäßsystem (de Pater und van den Berg (1964), de Pater (1966)) nach. Pulsform, Fortpflanzungsgeschwindigkeit der Pulswellen im Gefäßbaum, Eingangsimpedanzen werden in guter Übereinstimmung mit dem realen System simuliert. Attinger und Anné (1966) wenden die Vierpol-Netzwerk-Theorie an, um mit dem Digitalrechner Eingangsimpedanzen des Gefäßbaums zu berechnen.

Nichtlineare Eigenschaften des Gefäßsystems, wie z.B. orts- und druckabhängige elastische Eigenschaften der Gefäßwände, können, wenn überhaupt, nur unter erheblichen Einschränkungen mit den prinzipiell linearen Bauelementen der analogen Netzwerke nachgebildet werden. Unter Anwendung verschiedenster Methoden, wie z.B. der Charakteristikenmethode, können mit Hilfe des Digitalrechners nichtlineare Effekte in Modellen zur Simulation der Druck- und Strömungspulse berücksichtigt werden (Anliker et al. (1971), Bauer et al. (1973), Schaaf und Abbrecht (1972), Tewari und Sundaram (1971)).

So außerordentlich fruchtbar und umfangreich die Modellentwicklung der Hämodynamik des Arteriensystems war (siehe hierzu auch Wetterer und Kenner (1968)), sowenig fand wegen der schwierigen Nichtlinearitäten das Venensystem Berücksichtigung. Von Moreno et al. (1969, 1973) und Snyder (1969a, 1969b) werden erfolgreiche Modellansätze vorgestellt, die Druck- und Strömungspulsation sowie Speichereigenschaften des Venensystems im physiologischen Rahmen simulieren. Speziell die Fragestellung des Einflusses des Gravitationsfeldes auf das Venensystem bezüglich Volumen- und Druckverteilung behandelt ein digitales Simulationsmodell von Dickinson (1969), das allerdings die Pulsation nicht berücksichtigt.

Zur Konzeption von Modellen für das Herz bzw. die Herzkammern sind im wesentlichen zwei unterschiedliche Wege beschritten worden: Warner (1959) veröffentlichte zuerst das Prinzip der zeitveränderlichen Komplianz [+]) (zeitveränderliches Druck-Volumen-Verhältnis). Es wurde von vielen anderen übernommen (z.B. Beneken (1965), Dick (1968), Snyder (1969b)) und fand in den Arbeiten von Suga et al. (1971, 1972) und Greene et al. (1973a, 1973b) sein analytisches wie experimentelles Fundament. Robinson (1963) und Beneken (1965) gingen direkt von den Eigenschaften des Herzmuskels und der Form der Herzkammern aus. In einem digitalen Simulationsmodell der Herzfunktion von Hanna (1973) wird die Beschreibung der Herzmuskeleigenschaften bis auf

----

[+]) engl. compliance

die Ultrastruktur des Herzmuskels, die Muskelfilamente, zurückgeführt.

Obwohl das Modell von de Pater (1966) ein geschlossenes System darstellt, beschreibt Beneken (1965) das erste Analogmodell, das neben Druck- und Strömungspulsation auch Volumenverteilungen sowie "Antworten des Gesamtsystems auf äußere Störungen" wie Valsalva-Manöver oder Blutverlust simulieren kann. Eine erhebliche Erweiterung, die sich neben einer Vergrößerung der Zahl der Segmente des Gefäßsystems vor allem auf die Implementierung von Regelungsmechanismen erstreckt, findet das Modell durch Beneken (1967) selbst. Auf den Arbeiten von Beneken bauen die Modelle von Snyder (1969a, 1969b) und Dick (1968) auf. Sie wurden auf einem Hybridrechner realisiert, wobei der Analogteil die simultane Lösung der Differentialgleichungen für die Herzkreislaufmechanik liefert und der Digitalteil die Regelung übernimmt. Als ein interessantes Verfahren, etwas außerhalb des Üblichen, zur digitalen Simulation eines Herzkreislaufmodells mit verteilten Parametern wird die Bond-Graphen-Methode von Lobdell (1970) und Auslander et al. (1973) eingesetzt.

Die Modelle von Beneken, Snyder und Dick zeigen, daß die Simulation von Funktionen des gesamten Kreislaufs nur unter Einschluß von Regelungseffekten sinnvoll ist. Die Gewinnung von adäquaten Modellvorstellungen der Regelungsmechanismen des Herzkreislaufsystems bilden also eine wesentliche Voraussetzung neben den hämodynamischen Modellen für die Konstruktion von Gesamtmodellen. Als besonders auffälliger Regelungsmechanismus und begünstigt durch die kurzen Antwortzeiten seiner nervösen

Übertragungswege wurde der Barorezeptorreflex besonders intensiv untersucht. Ein erstes mathematisches Modell der Herzfrequenzkontrolle durch sympathische und parasympathische Stimulation als ein Teil des Reflexbogens wurde von Rosenblueth und Simeone (1934) aufgestellt. Warner und Russel (1969) entwickelten eine Beschreibung dieser sympathischen und parasympathischen Herzfrequenzkontrolle, die auf Annahmen über die zugrundeliegenden physiologischen Phänomene beruht. Der geschlossene Regelkreis des Reflexbogens zur Herzfrequenzkontrolle wird durch ein einfaches phänomenologisches Modell von Katona et al. 1967) simuliert. Unter Anwendung der open-loop-Technik in Experimenten am Hund entwickelten Martin et al. (1969) ein detailliertes Modell zur Regelung der Kontraktilität des linken Ventrikels, wobei die Drücke im linken und rechten Karotissinus als unabhängige Eingangsgrößen berücksichtigt werden.

Außer der Regelung der Herzfunktion beeinflußt der Barorezeptorreflexbogen die peripheren Gefäße, indem im wesentlichen durch sympathische Innervation Widerstände und Speicherkapazitäten der peripheren Bereiche geregelt werden. Modellansätze hierzu werden z.B. von Snyder (1969) und Beneken (1967) und im besonderen Fall der CNS-Ischämie von Sagawa (1967) angegeben.

Obwohl eine Reihe erfolgreicher Submodelle zum Barorezeptorreflexbogen existieren, wie die kleine Auswahl oben zeigen sollte, bereitet die Beschreibung des Zusammenwirkens einer Reihe paralleler Regelungsmechanismen durch ein geschlossenes Modell noch zahlreiche Probleme. Ein interessanter

Schritt in Richtung eines umfassenden Regelmodells stellt ein regelungstheoretisches Kreislaufmodell zur Interpretation arbeitsphysiologischer und rhythmologischer Einflüsse auf die Momentanherzfrequenz von Luczak und Raschke (1975) dar.

Ein weiteres Problem neben den hochvermaschten Regelkreisen des zentralen Nervensystems stellt die Existenz von zahlreichen autonomen, d.h. Autoregulationsmechanismen dar. Von Huntsman (1968), Granger (1970) und Granger et al. (1975) wird die Autoregulation der Widerstände im peripheren Bereich auf die Regulation des Sauerstoffgehaltes im Gewebe zurückgeführt.

Die bisher zitierten Modelle, seien es globale oder Submodelle des Kreislaufs, sind hauptsächlich ausgelegt, Mechanismen zu beschreiben, deren Zeitkonstanten, z.B. Antwortzeiten auf äußere Störungen usw., im Sekunden- bis Minutenbereich liegen. Für die Modelle bedeutet dies u.a. , daß sie pulsatile Zeitverläufe für Drücke, Flüsse und Volumina simulieren. Zahlreiche wichtige Funktionen des Kreislaufs besitzen aber ein Zeitverhalten, dessen Zeitkonstanten sich über eine Skala von mehreren Zehnerpotenzen erstrecken: $10^2 - 10^6$ s (Minuten bis Monate).

Als herausragendes Beispiel solches Zeitverhalten beschreibender Langzeit-Modelle sei die "Familie" der Modelle von A.C. Guyton und seiner Gruppe erwähnt: Aufbauend auf einer einfachen Beschreibung von Kreislauffunktion und -regelung, in der die Variablen Herzzeitvolumen, mittlerer arterieller Druck, totaler peripherer Widerstand, extrazelluläres Flüssigkeitsvolumen und Blutvolumen untereinander in Beziehung gesetzt werden (Guyton und Coleman (1967)), werden durch Hinzufügen weiterer wichtiger

Funktionen und Regelungsmechanismen, wie z.B. Regelung des Kreislaufs durch das zentrale Nervensystem oder Autoregulation peripherer Gefäße, Modelle entwickelt, deren eindeutige Stärke in ihrer Leistungsfähigkeit liegt, Langzeitphänomene der arteriellen Druckregelung ebenso wie der Dynamik von Blut- und Körperflüssigkeitsvolumina zu simulieren. Die letzte Modellgeneration umfaßt inzwischen 18 Submodelle von z.T. erheblicher Komplexität (Guyton et al. (1972)). Es sind Simulationen so unterschiedlicher Kreislaufstörungen wie Hypoproteinemie oder Hypertonie durch erhöhte Salzzufuhr möglich. Einen guten Überblick über die Entwicklung der Guytonschen Modellfamilie und einige kritische Bemerkungen hierzu findet man bei Sagawa (1975).

Es ist selbstverständlich, daß bestimmte Problemstellungen der Physiologie, wenn sie sich im weiteren Sinn auf den Kreislauf beziehen, dazu zwingen, Modelle zu benutzen, die neben dem Herzkreislaufsystem (im engeren Sinne) auch andere physiologische Systeme wie z.B. die Atmung (Albergoni und Walters (1974)) , die Temperaturregelung (Miller und Walters (1974)) oder den Stoffwechsel (Guyton und Coleman (1972)) als Submodelle enthalten.

In der schon erwähnten Arbeit von Miller und Walters (1974) wird ein interessanter Weg mit einem interaktiven Modell beschritten: Das interaktive Modell soll als zentrales Kommunikationsmittel zwischen den Mitgliedern interdisziplinärer Forscherteams dienen. Das ist ein Weg, der auch in ganz anderen Wissenschaftsgebieten mit Erfolg beschritten wird, so z.B. mit den interaktiven "Weltmodellen" von Mesarović und Pestel (1974).

Ein oft schwieriges Problem bei der Aufstellung von Simulationsmodellen, insbesondere von komplexeren, stellt die Bestimmung der Modellparameterwerte dar. Sie kann, besonders wenn Daten vom realen System nur unzureichend oder gar nicht vorhanden sind, entscheidend für den Einsatz und die Aussagefähigkeit eines Modells sein. In der Literatur wird darum in zunehmendem Maße den Modellen zur Parameterschätzung Bedeutung beigemessen (Sims (1969), Wesseling et al. (1973)).

Gleichbedeutend mit einer optimalen Schätzung der Parameter für die Aussagekraft eines Modells ist deren Sensitivität. Die Sensitivitätsanalyse der Parameter spielt eine wichtige Rolle in der Modellvalidierung und nicht zuletzt bei der Anwendung des Modells auf Fragestellungen, die noch unbekannte oder unverstandene Funktionen des realen Systems betreffen (Sato et al. (1974)).

Trotz der Kürze dieser Literaturübersicht sollte nicht eine ganz andere Art der Modellierung des Herzkreislaufsystems unerwähnt bleiben: die hydromechanischen Analoga (Reul et al. (1974), Donovan (1975)). Sie haben neben Grundlagenuntersuchungen zur Hämodynamik eine wichtige Funktion als reproduzierbare "Prüfstände" zum Testen künstlicher Organe (Herzklappen, Herzkammern usw.) in der Herz- und Kreislaufchirurgie. In diesem Zusammenhang muß auch auf die umfangreichen Untersuchungen und Entwicklungen zur Steuerung und Regelung künstlicher Blutpumpen hingewiesen werden (Thoma (1973, Anderson (1975)). Nicht zuletzt findet hier ein großer Teil der Modelluntersuchungen des Herzkreislaufsystems seine praktischen Anwendungen.

2. Allgemeine Strukturierung des Modells

2.1. Ansatz aus der Hydrodynamik

Alle Modelle zur Beschreibung der hämodynamischen Vorgänge im Kreislauf führen letztlich auf das Problem der Flüssigkeitsströmung durch einen elastischen Schlauch. In diesem und den folgenden Abschnitten des Kapitels soll der Entwicklungsgang von der elementaren Beschreibung eines Schlauchmodells bis zu den Strukturprinzipien und dem Aufbau des globalen Kreislaufmodells skizziert werden. Auf detaillierte mathematisch-physikalische Herleitungen der Formeln muß im Rahmen dieser Arbeit verzichtet und deshalb auf die zitierte Literatur verwiesen werden, insbesondere auf die Arbeiten von Noordergraaf (1969) und de Pater (1966).

Wird das Blut als eine inkompressible newtonsche Flüssigkeit angesehen, d.h. ist sowohl seine Dichte ρ als auch seine Viskosität η konstant, so beschreiben die Navier-Stokes-Gleichungen die Bewegung des Blutes in den Gefäßen. In Zylinderkoordinaten, die der Symmetrie der Blutgefäße entsprechen, zerfallen sie in zwei partielle Differentialgleichungen

$$(2.1) \quad \rho\left(\frac{\partial v_r}{\partial t} + v_r\frac{\partial v_r}{\partial r} + v_z\frac{\partial v_r}{\partial z}\right) = -\frac{\partial p}{\partial r} + \eta\left(\frac{\partial^2 v_r}{\partial r^2} + \frac{1}{r}\frac{\partial v_r}{\partial r} - \frac{v_r}{r^2} + \frac{\partial^2 v_r}{\partial z^2}\right)$$

und

$$(2.2) \quad \rho\left(\frac{\partial v_z}{\partial t} + v_r\frac{\partial v_z}{\partial r} + v_z\frac{\partial v_z}{\partial z}\right) = -\frac{\partial p}{\partial z} + \eta\left(\frac{\partial^2 v_z}{\partial r^2} + \frac{1}{r}\frac{\partial v_z}{\partial r} + \frac{\partial^2 v_z}{\partial z^2}\right) \, ,$$

wobei v_r und v_z die Komponenten des Geschwindigkeitsvektors in der r- bzw. z-Richtung sind und p der Druck im Gefäß ist. Als dritte Bestimmungsgleichung der Größen v_r, v_z und p folgt aus der Annahme der Inkompressibilität des Blutes die Kontinuitätsgleichung

$$(2.3) \quad \frac{\partial v_r}{\partial r} + \frac{v_r}{r} + \frac{\partial v_z}{\partial z} = 0.$$

Es läßt sich zeigen (de Pater (1966)), daß die Vernachlässigung der nichtlinearen Terme in 2.1 und 2.2 gleichbedeutend ist mit der Annahme, daß die maximale und damit auch mittlere Geschwindigkeit in axialer Richtung v_z klein ist gegenüber der Wellengeschwindigkeit und daß im Mittel die Radialgeschwindigkeit v_r gegenüber der Axialgeschwindigkeit v_z vernachlässigbar ist. Außerdem erlauben die im Kreislauf auftretenden Frequenzen die Vernachlässigung der Ableitungen 2. Ordnung bezüglich der z-Koordinate, so daß die Gleichungen 2.1 und 2.2 sich linearisieren lassen:

$$(2.4) \quad \frac{\partial^2 v_r}{\partial r^2} + \frac{1}{r} \frac{\partial v_r}{\partial r} - \frac{v_r}{r^2} - \frac{\rho}{\eta} \frac{\partial v_r}{\partial t} = \frac{1}{\eta} \frac{\partial p}{\partial r} \quad \text{und}$$

$$(2.5) \quad \frac{\partial^2 v_z}{\partial r^2} + \frac{1}{r} \frac{\partial v_z}{\partial r} - \frac{\rho}{\eta} \frac{\partial v_z}{\partial t} = \frac{1}{\eta} \frac{\partial p}{\partial z} \quad .$$

Gleichung 2.4 kann bezüglich der weiteren Untersuchung vernachlässigt werden, da der Druck p als unabhängig von r angesehen werden kann.

Führt man den Fluß f durch

$$(2.6) \quad f = \int_0^{r_o} 2 \pi r \, v_z \, dr$$

ein, wobei r_o der Radius des Gefäßes ist, so folgt aus 2.5

$$(2.7) \quad - \frac{\partial p}{\partial z} = \frac{\rho}{\pi r_o^2} \frac{\partial f}{\partial t} - \frac{2\eta}{r_o} \frac{\partial v_z}{\partial r}\Big|_{r=r_o} \quad .$$

Im stationären Fall, d.h. $\dfrac{\partial f}{\partial t} = 0$, gilt dann

$$(2.8) \qquad \frac{\partial p}{\partial z} = \frac{2\eta}{r_o} \left.\frac{\partial v_z}{\partial r}\right|_{r=r_o} \; .$$

Andererseits folgt ebenfalls aus 2.5 für den stationären Fall, d.h. $\dfrac{\partial v_z}{\partial t} = 0$, durch Integration der Differentialgleichung 2.5 nach r und Anwendung von 2.6 die Hagen-Poiseuillesche Gleichung

$$(2.9) \qquad \frac{\partial p}{\partial z} = - \frac{8\eta}{\pi r_o^4} \, f \; .$$

Im stationären Fall besteht also mit 2.8 und 2.9 die Beziehung

$$(2.10) \qquad \frac{2\eta}{r_o} \left.\frac{\partial v_z}{\partial r}\right|_{r=r_o} = - \frac{8\eta}{\pi r_o^4} \, f \; .$$

Verwendet man die Lösung des stationären Falles 2.10 in der allgemeinen Gleichung 2.7, setzt also ein laminares Strömungsbild voraus, so erhält man mit 2.6 und

$$(2.11) \qquad - \frac{\partial p}{\partial z} = \frac{\rho}{\pi r_o^2} \frac{\partial f}{\partial t} + \frac{8\eta}{\pi r_o^4} \, f$$

eine Näherung der Gleichung 2.5.

Zur Anwendung der Gleichung 2.3, der zweiten Bestimmungsgleichung für f und p, müssen die Randbedingungen beachtet werden, denn mit 2.6 folgt aus 2.3

$$(2.12) \qquad \frac{2}{r_o} \left. v_r\right|_{r=r_o} + \frac{1}{\pi r_o^2} \frac{\partial f}{\partial z} = 0 \; ,$$

wobei die Randbedingungen in den ersten Summanden, $\left. v_r\right|_{r=r_o}$, eingehen.

Werden die Annahmen Homogenität, Elastizität, Isotropie und Gültigkeit des Hookeschen Gesetzes für das Wandmaterial sowie nur kleine Auslenkungen in radialer Richtung und geringe Wandstärke im Verhältnis zum Gefäßdurchmesser gemacht, so kann man zeigen (de Pater (1966)), daß folgende Randbedingung aufgestellt werden kann:

$$(2.13) \quad \frac{\partial p}{\partial t} = \frac{E\,h}{(1-\mu^2)\,r_o^2}\, v_r\big|_{r=r_o}$$

Falls $\mu = \frac{1}{2}$ (Inkompressibilität des Blutes), gilt dann

$$(2.13a) \quad \frac{\partial p}{\partial t} = \frac{4}{3}\,\frac{Eh}{r_o^2}\, v_r\big|_{r=r_o} \; .$$

Gleichung 2.13 bzw. 2.13a bedeutet aber nichts weiter, als daß Änderungen des Gefäßradius proportional den Druckänderungen sind. Mit 2.12 und 2.13a folgt

$$(2.14) \quad -\frac{\partial f}{\partial z} = \frac{3\,\pi\, r_o^3}{2Eh}\,\frac{\partial p}{\partial t} \; .$$

Erweitert man die Wandeigenschaften auf einfaches viskoelastisches Verhalten - d.h. in der Wand wird durch innere Reibung, die proportional der relativen Längenänderung des Wandmaterials ist, wobei die Viskosität η_o der Proportionalitätsfaktor ist, Energie verbraucht -, so kann der reelle Elastizitätsmodul E in 2.13 für den Fall harmonischer Längenänderungen durch einen komplexen Elastizitätsmodul

$$(2.15) \quad E = E_1 + j\,\omega\,\eta_o$$

ersetzt werden.

Werden für p und f nur Lösungen der Form

$$(2.16) \quad \begin{cases} p(t,z) = p'e^{j\omega(t-\frac{z}{c})} \\[2em] f(t,z) = f'e^{j\omega(t-\frac{z}{c})} \end{cases}$$

angenommen, wobei zur Berücksichtigung einer Dämpfung c komplex ist, dann folgt aus 2.14 und 2.16

$$(2.17) \quad -\frac{\partial f}{\partial z} = \frac{3\pi r_o^3}{2E_1 h}\,\frac{\partial p}{\partial t} + \frac{\eta_o}{E_1}\,\frac{\partial^2 f}{\partial z\,\partial t} \; .$$

Mit den partiellen Differentialgleichungen 2.11 und 2.14 bzw.

2.17 steht somit eine Näherung der Navier-Stokes-Gleichungen (2.1 und 2.2) und der Kontinuitätsgleichung (2.3) unter Einschluß der Randbedingungen der Gefäßwände zur Verfügung.

Wie schon zu Beginn dieses Abschnittes betont, konnte die Herleitung der Näherung nur skizziert werden. Eine Fehlerabschätzung und weitere verbesserte Näherungen findet man z.B. bei de Pater (1966). Es werden sich geeignetere Näherungen wesentlich nach dem jeweils zu beschreibenden Gefäßtyp, wie z.B. große und kleine Venen, große und kleine Arterien usw., richten. U.a. sei neben den schon zitierten Arbeiten in diesem Zusammenhang auf die Arbeiten von Witzig (1914), Wormesley (1957) und Rödenbeck (1963) hingewiesen.

Bevor die Bedeutung des partiellen Differentialgleichungssystems für den Druck p und den Fluß f im Abschnitt 2.2. näher untersucht wird , soll eine Näherungsmethode, die von Rideout und Dick (1968) vorgeschlagen wurde und deren Ergebnisse in die Beschreibung der großen Venen in Abschnitt 3.2. einfließen, erwähnt werden. Ebenfalls ausgehend von den Gleichungen 2.3 und 2.5 und der Randbedingung 2.13 werden die partiellen Differentialgleichungen bezüglich ihrer räumlichen Ableitungen in Differenzengleichungen umgewandelt, wobei das Gefäß in Δz lange Stücke und das Lumen in N konzentrische Zylinderringe zerschnitten gedacht wird. Die Näherung stellt sich also als ein Differenzen-Differentialgleichungssystem dar, das für den einfachsten Fall N=2 bis auf konstante Faktoren in den Koeffizienten identisch ist mit den im Abschnitt 2.2. angegebenen Gleichungen 2.23 und 2.24.

2.2. Elektrisches Analogon

Für die in Bild 1 dargestellte elektrische Schaltung gelten die folgenden Beziehungen zwischen Spannung u und Stromstärke i:

$$(2.18) \quad u(z) - u(z+\Delta z) = L_e' \, \Delta z \, \frac{\partial i(z)}{\partial t} + R_e' \, \Delta z \, i(z) \; ,$$

$$(2.19) \quad i(z) - i(z+\Delta z) = C_e' \, \Delta z \, \frac{\partial u(z+\Delta z)}{\partial t} + \frac{C_e' \Delta z}{G_e' \Delta z} \frac{\partial}{\partial t}(i(z+\Delta z) - i(z)),$$

wobei L_e' die Induktivität pro Längeneinheit,

R_e' der Widerstand pro Längeneinheit,

C_e' die Kapazität pro Längeneinheit und

G_e' der Leitwert pro Längeneinheit sind.

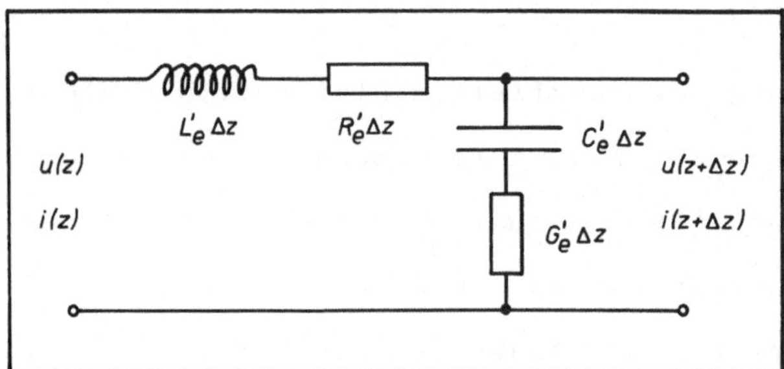

Bild 1: Elektrisches Analogon eines Gefäßabschnittes

Durch den Grenzübergang $\Delta z \longrightarrow 0$ gehen die Differenzen-Differentialgleichungen 2.18 und 2.19 über in die partiellen Differentialgleichungen

$$(2.20) \quad -\frac{\partial u}{\partial z} = L_e' \, \frac{\partial i}{\partial t} + R_e' \, i \quad \text{und}$$

$$(2.21) \quad -\frac{\partial i}{\partial z} = C_e' \, \frac{\partial u}{\partial t} + \frac{C_e'}{G_e'} \, \frac{\partial^2 i}{\partial z \partial t} \; .$$

Die Beziehungen zwischen u und i werden, wie ein Vergleich mit 2.11 und 2.17 zeigt, durch dasselbe Gleichungssystem beschrieben. In der Tat sind die Koeffizienten von 2.11 und 2.14 bzw. 2.17 in analoger Weise zu den Elementen der elektrischen Schaltung von Bild 1 zu interpretieren:

$$(2.22a) \qquad L' = \frac{\rho}{\pi r_o^2}$$

$$(2.22b) \qquad R' = \frac{8\eta}{\pi r_o^4}$$

$$(2.22c) \qquad C' = \frac{3\pi r_o^3}{2Eh} \qquad \text{bzw.} \qquad C' = \frac{3\pi r_o^3}{2E_1 h}$$

$$(2.22d) \qquad G' = \frac{3\pi r_o^3}{2\eta_o h} \qquad \text{bzw.} \qquad \frac{C'}{G'} = \frac{\eta_o}{E_1}$$

Der Koeffizient L' (2.22a), durch die Dichte ρ der Flüssigkeit bestimmt, beschreibt offensichtlich die Trägheit der strömenden Flüssigkeit. Wie schon durch die Hagen-Poiseuillesche Gleichung (2.9) bekannt, gibt R' (2.22b) den inneren Reibungswiderstand der strömenden Flüssigkeit an. Die Wandeigenschaften, insbesondere der Elastizitätsmodul E bzw. E_1, gehen in den Koeffizienten C' (2.22c) ein und machen ihn somit zu einem Parameter, der das kapazitive Verhalten des Gefäßes beschreibt. Er wird ergänzt durch den Koeffizienten G' (2.22d), der den reziproken inneren Reibungswiderstand des Wandmaterials bei Dehnung angibt. Alle Parameter (2.22a-d) sind auf die Längeneinheit bezogen.

Sieht man ein Differenzen-Differentialgleichungssystem der Form 2.18/2.19 als eine Näherung der partiellen Differentialgleichungen 2.11 und 2.14 bzw 2.17 an, so läßt sich durch geeignete Ketten von Schaltungen wie in Bild 1 ein elektrisches Analogmodell für ein Blutgefäß bzw. ein ganzes Gefäßsystem konstruieren. Dies ist genau das Grundprinzip der analogen Simulationmodelle, wie sie schon im Abschnitt 1.2. zitiert worden sind. Das Gefäßsystem des Kreislaufs wird in Gefäßsegmente unterteilt und jedes Segment durch einen elektrischen Schaltkreis, wie z.B. in Bild 1, repräsentiert, wobei die elektrischen Schaltelemente in geeigneter Weise den hämodynamischen Parametern entsprechend dimensioniert werden.

Ein Gefäßabschnitt, wie in Bild 2 dargestellt, wird also in Analogie zu 2.18 und 2.19 durch das folgende Gleichungssystem beschrieben:

$$(2.23) \quad P_{m-1} - P_m = L\,\frac{dF_m}{dt} + R\,F_m \; ,$$

$$(2.24) \quad F_m - F_{m+1} = C\,\frac{dP_m}{dt} + \frac{C}{G}\,\frac{d}{dt}(F_{m+1} - F_m) \; ,$$

$$(2.24a) \quad V_m = C\,P_m - \frac{C}{G}\,\frac{dV_m}{dt} \; ,$$

$$(2.24b) \quad V_m = V_m^o + \int_o^t (F_m - F_{m+1})\,dt' \; ,$$

wobei P_m der Druck im m-ten Gefäßabschnitt,

$\quad F_m$ der Fluß im m-ten Gefäßabschnitt,

$\quad V_m$ das Volumen im m-ten Gefäßabschnitt,

$\quad V_m^o$ das Anfangsvolumen im m-ten Gefäßabschnitt,

$\quad P_{m-1}$ der Druck im (m-1)-ten Gefäßabschnitt und

$\quad F_{m+1}$ der Fluß im (m+1)-ten Gefäßabschnitt sind.

Gleichung 2.24a ist mit 2.24b die integrierte Form von 2.24. Die

Parameter L, C, R und G sind jetzt auf den jeweiligen Gefäßabschnitt bezogen und und entsprechen in ihrer Bedeutung denen in 2.22a-d.

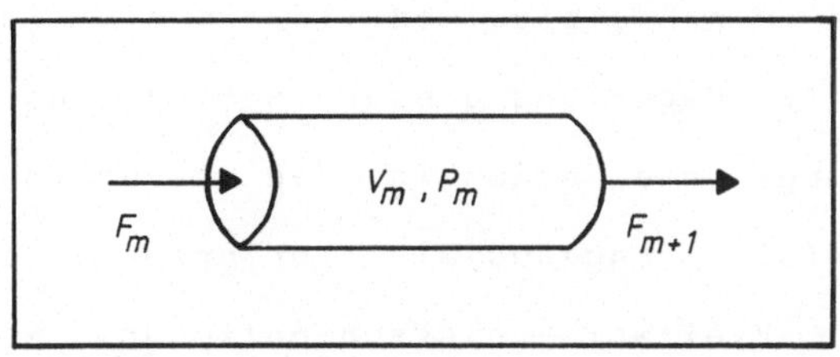

Bild 2: Abschnitt eines Blutgefäßes

Das Gleichungssystem 2.23/2.24 stellt wie in Abschnitt 2.1 gezeigt nur eine Näherung zur Beschreibung des Bluttransportes in einem Gefäßabschnitt dar. Durch verbesserte Näherungen der Navier-Stokes-Gleichungen lassen sich Gleichungen gewinnen, die mit wesentlich komplizierteren elektrischen Analogschaltkreisen simuliert werden müssen. In Bild 3 ist nach Westerhof et al. (1969) das elektrische Analogschaltbild eines Arteriensegmentes dargestellt.

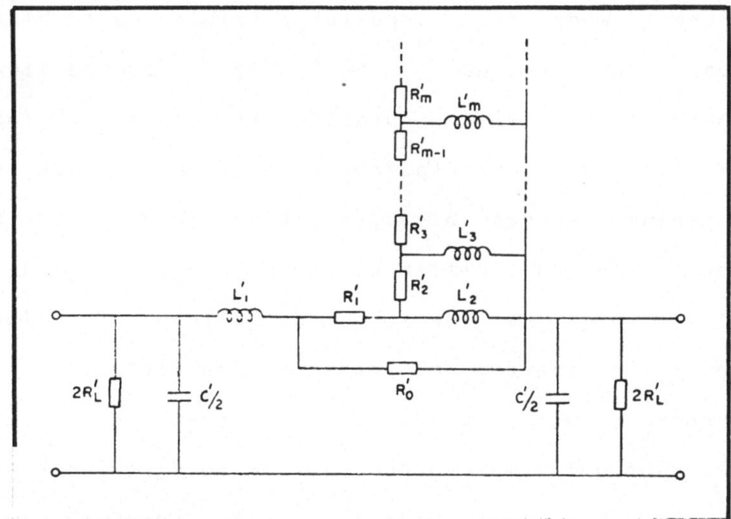

Bild 3: Elektrische Analogschaltung eines Arteriensegmentes nach Westerhof et al. (1969)

2.3. Strukturprinzipien

Im Abschnitt 1.1. ist die Erarbeitung einer flexiblen Modellstruktur des Herzkreislaufmodells als ein Ziel der Arbeit genannt worden. Die Bedeutung dieser Anforderung bedarf einer näheren Erläuterung. Wie schon in den vorangegangenen beiden Abschnitten mehrfach angedeutet, erfordert die adäquate Beschreibung der Vielzahl unterschiedlicher Gefäßtypen und -abschnitte bzw. ganzer Kreislaufbereiche eine Vielfalt verschiedenster Modellansätze und Beschreibungen, die sich nicht nur nach dem Kriterium einer bestmöglichen Formulierung der hämodynamischen Phänomene richten, sondern auch ganz andere Aspekte, wie z.B. solche der Homöostase, also regelungstheoretische, oder des Stoffwechsels, in den Vordergrund der Untersuchungen stellen.

Ein globales Herzkreislaufmodell mit dem Anspruch auf Flexibilität muß also einen modularen Aufbau aus unterschiedlichen Submodellen gestatten. Solch ein Ziel läßt sich nur erreichen, wenn die Strukturprinzipien ein Minimum an allgemeinen Anforderungen an die Submodelle bzw. Kreislaufabschnitte stellen. Dieses Minimum an zu fordernder Gemeinsamkeit aller Kreislaufabschnitte oder, wie sie im folgenden genannt werden sollen, Kreislaufsegmente ist nach den Darlegungen in den Abschnitten 2.1. und 2.2. leicht zu finden. Offensichtlich gibt es zwei grundsätzliche Funktionen der Gefäßsysteme: Speicherung und Transport des Blutes.

Die Gleichungen 2.23, 2.24a und 2.24b bringen diesen Sachverhalt auch formal sehr gut zum Ausdruck: Der Fluß F_m und das Volumen V_m sind die fundamentalen Größen (Zustandsgrößen), die die vollständige Beschreibung des jeweiligen Segmentes gestatten. Der

Druck P_m ist jetzt nur noch eine abgeleitete Größe.

Es können nun die folgenden Strukturprinzipien zur Konstruktion eines Modells der Herzkreislaufmechanik formuliert werden:

- Das Gefäßsystem des Kreislaufs wird in Segmente aufgeteilt, die sowohl Gefäßabschnitte, als auch ganze Gefäße, sowie Teilbereiche des gesamten Gefäßsystems repräsentieren können.

- Jedes Segment stellt einen Speicher dar, sodaß ihm eindeutig ein Volumen zugeordnet werden kann (Bild 4).

- Der Transport des Blutes zwischen den Speichern wird durch ein- und austretende Volumenflüsse beschrieben (Bild 4).

- Das Zeitverhalten der Volumina und der Volumenflüsse der Segmente (bzw. zwischen den Segmenten) wird durch ein Differentialgleichungssystem beschrieben.

Eine zunehmende Komplexität des Modells hat ein rasches Anwachsen der Dimension des Differentialgleichungssystems zur Folge. Darüber hinaus erfordern bestimmte Segmenttypen, wie z.B. für die Venen oder die peripheren Bereiche, und auch die Berücksichtigung von Regelungsmechanismen nichtlineare Beziehungen im Differentialgleichungssystem.

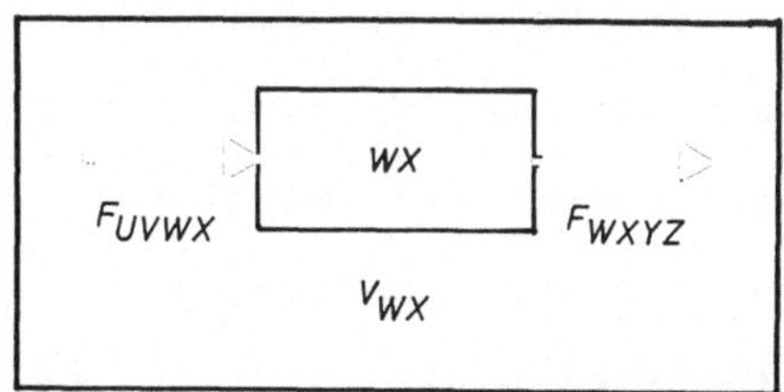

Bild 4: Darstellung eines Kreislaufsegmentes (vgl. Bild 5).
V_{WX} : Volumen des Segmentes WX
F_{UVWX} : Fluß aus dem Segment UV in das Segment WX
F_{WXYZ} : Fluß aus dem Segment WX in das Segment YZ

Die wesentlichen Aufgaben des Modellkonstrukteurs sind also, erstens eine für die Ziele geeignete Segmentierung des Kreislaufs vorzunehmen (Abschnitt 2.4.), zweitens aufbauend auf physiologischen Erkenntnissen und Experimenten und mittels physikalisch-ingenieurwissenschaftlicher Methoden Gleichungen aufzustellen, die Volumina und Flüsse der Segmente verknüpfen, (Kapitel 3 und 4) und, als ein drittes, Methoden zur Lösung der Gleichungssysteme zu entwickeln (Kapitel 5).

Eine Reihe der in Abschnitt 1.2. zitierten Arbeiten passen sich gut diesem Vorgehensschema an, u.a. insbesondere die von Beneken (1965, 1967), de Pater (1966) und Snyder (1969b). Ihre Modelle bauen unmittelbar auf den im Abschnitt 2.2. skizzierten Überlegungen auf, d.h. Simulationslösungen der Modelle werden mittels eines Analogrechners gewonnen. Die Segmentzahlen liegen je nach Modellintentionen zwischen 10 (Beneken (1967)) und ca. 600 (de Pater (1966)) Segmenten.

2.4. Topologischer Aufbau des Modells

Der topologische Aufbau des Modells, d.h. die Aufteilung des Gefäßsystems des Herzkreislaufs in Segmente, hat sich einer Reihe von Anforderungen an das Modell in möglichst optimaler Weise anzupassen. Eine wesentliche Forderung ist, daß der Gefäßabschnitt bzw. Gefäßbereich hinsichtlich seiner Funktionen im Kreislauf, die auch im Modell simuliert werden sollen, entsprechend homogen ist, um durch ein einziges Segment repräsentiert werden zu können. Solch eine funktionle Homogenität wird durch die Problemstellung und die Modellziele bestimmt. Ist in einem Kreislaufmodell z.B. nur die sog.

Windkesselfunktion des arteriellen Gefäßsystems erforderlich, so ist der Arterienbaum sicher durch ein einziges Segment ausreichend repräsentiert. Eine Simulation der arteriellen Pulsform wird dagegen eine erheblich feinere Segmentierung des Arterienbaumes erfordern.

Des Weiteren müssen, um bestimmte globale Kreislaufeigenschaften simulieren zu können, entsprechende Kreislaufbereiche mit ihren Funktionen und Eigenschaften repräsentiert sein. So ist z.B. zur Simulation von Gravitationseffekten eine ausreichende Differenzierung des Gefäßsystems in vertikaler Richtung erforderlich.

Die Anzahl der Segmente findet ihre Beschränkung nicht nur durch die Realisierung der Simulation, d.h. durch die Auswertungsmethoden der Gleichungssysteme, z.B. durch die Kapazität des zur Verfügung stehenden Analogrechners, sondern auch der mit der Segmentzahl schnell anwachsende Umfang der Modellparameter setzt einem weiteren Ausbau deutliche Schranken. Einerseits kann die Bestimmung der Parameterwerte zu Schwierigkeiten führen, andererseits kann eine zu große Parameteranzahl bei einer Sensitivitätsanalyse zu nicht mehr eindeutigen und damit nicht mehr interpretierbaren Aussagen führen.

Bei der Segmentierung des vorliegenden Modells wurde von folgenden Kriterien ausgegangen:
- Eine ausreichende Beschreibung der hämodynamischen Verhältnisse (z.B. Arterien- und Venenpulsform).
- Repräsentation der größeren peripheren Speicher und

Strombahnen.

- Implementierung wichtiger zentralnervöser und Autoregulationsmechanismen.

- Simulation von orthostatischen Effekten.

- Akzeptable Rechenzeiten der digitalen Simulation auf der zur Verfügung stehenden Rechenanlage.

In dieser Arbeit wird versucht, diese Bedingungen mit einer Aufteilung des gesamten Gefäßsystems des Kreislaufs in 30 Segmente zu erfüllen (Bild 5). Bei dieser Segmentierung können 11 parallele Strombahnen repräsentiert werden, wobei die beiden paarig auftretenden Strombahnen der Arme und Beine jeweils zu einer zusammengefaßt werden.

Im Bild 5 ist neben der Segmentierung des Gefäßsystems (Herzkreislaufmechanik) auch die Verknüpfung des mechanischen Submodells mit den Submodellen der zentralnervösen Regelung und der Autoregulationsmechanismen (Herzkreislaufregelung) dargestellt. In den folgenden Kapiteln werden die Gleichungssysteme der Herzkreislaufmechanik (Kapitel 3.) und der Regelmechanismen (Kapitel 4.) entwickelt. Die Druck-Volumen-Beziehungen der einzelnen Segmente des Modell sowie die Beschreibungen der Flüsse zwischen den Segmenten sind in Tabelle II mittels der Formel-Nummern von Kapitel 3. zusammengestellt.

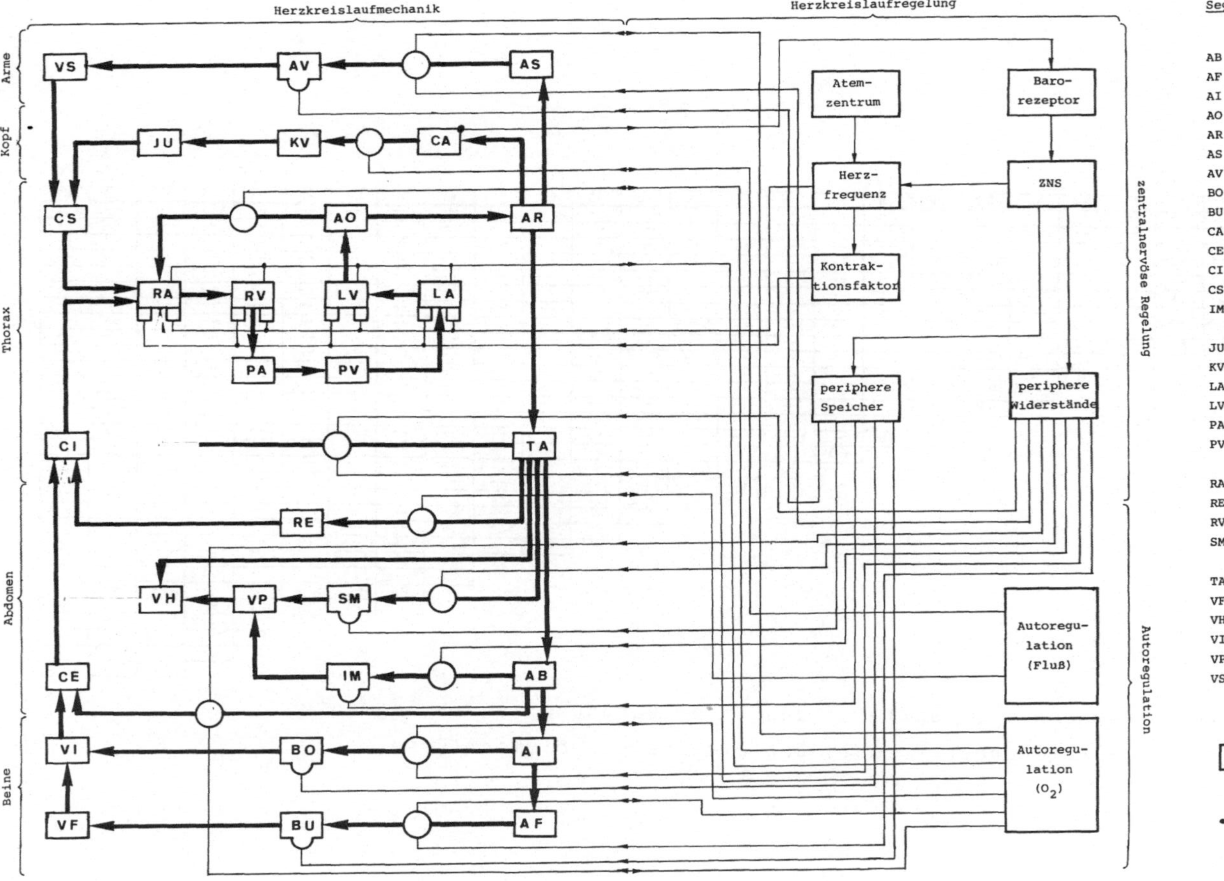

Bild 5: Blockdiagramm des geregelten Herzkreislaufmodells

The table is a triangular (upper-triangular) matrix. Row labels run down the diagonal; column headers run across the top. The diagonal cell of each row carries the pressure–volume relation (Druck-Volumen-Beziehung); cells to the right of the diagonal carry the volume-flow (Volumenfluß) equation numbers, "--" meaning no relation. Because of the width it is shown here in two column groups (columns AO–VH, then BO–LV), with the row-label column repeated.

Columns AO–VH:

	AO	AR	CA	AS	TA	AB	AI	AF	AV	KV	RE	SM	IM	VP	VH
AO	3.3	3.1	--	--	--	--	--	--	--	--	--	--	--	--	--
AR		3.3	3.1	3.1	3.1	--	--	--	--	--	--	--	--	--	--
CA			3.3	3.1	--	--	--	--	3.13	--	--	--	--	--	--
AS				3.3	3.1	--	--	--	--	--	--	--	--	--	--
TA					3.3	3.1	--	--	--	--	--	--	--	--	--
AB						3.3	3.1	--	--	--	--	--	--	--	--
AI							3.3	3.1	--	--	--	--	--	--	--
AF								3.3	--	--	--	--	--	--	--
AV									3.15	--	--	--	--	--	--
KV										3.15	--	--	--	--	--
RE											3.15	--	--	--	--
SM												3.15	--	3.13	--
IM													3.15	3.13	--
VP														3.6	3.13
VH															3.15

Columns BO–LV:

	BO	BU	JU	VS	CS	VF	VI	CE	CI	PA	PV	RA	RV	LA	LV
AO	--	--	--	--	--	--	--	--	--	--	--	3.16	--	--	3.5
AR	--	--	--	--	--	--	--	--	--	--	--	--	--	--	--
CA	--	--	--	--	--	--	--	--	--	--	--	--	--	--	--
AS	--	--	--	--	--	--	--	--	--	--	--	--	--	--	--
TA	--	--	--	--	--	--	--	--	--	--	--	3.13	--	--	--
AB	--	--	--	--	--	--	--	3.13	--	--	--	--	--	--	--
AI	--	--	--	--	--	--	--	--	--	--	--	--	--	--	--
AF	--	--	--	--	--	--	--	--	3.13	--	--	--	--	--	--
AV	--	--	--	--	--	--	--	--	--	--	--	--	--	--	--
KV	--	--	--	--	--	--	--	--	--	--	--	--	--	--	--
RE	--	--	--	--	--	--	--	--	--	--	--	--	--	--	--
SM	--	--	--	--	--	--	--	--	--	--	--	--	--	--	--
IM	--	--	--	--	--	--	--	--	--	--	--	--	--	--	--
VP	--	--	--	--	--	--	--	--	--	--	--	--	--	--	--
VH	--	--	--	--	--	--	--	--	--	--	--	--	--	--	--
BO	3.15	--	--	--	--	--	--	--	--	--	--	--	--	--	--
BU		3.15	--	--	--	--	--	--	--	--	--	--	--	--	--
JU			3.15	--	--	--	--	--	--	--	--	--	--	--	--
VS				3.6	3.9	--	--	--	--	--	--	--	--	--	--
CS					3.6	3.6	--	--	--	--	--	--	--	--	3.12
VF						3.6	3.9	--	--	--	--	--	--	--	--
VI							3.6	3.9	--	--	--	--	--	--	--
CE								3.6	3.12	--	--	--	--	--	--
CI									3.6	--	--	--	--	--	3.12
PA										3.3	3.17	--	--	--	--
PV											3.3	--	--	--	--
RA												3.18	3.22	--	--
RV													3.18	--	--
LA														3.18	3.22
LV															3.18

Tabelle 11: Gleichungs-Nummern aus Kapitel 3 und ihre Zuordnung zu den Segmenten.
Diagonale: Druck-Volumen-Beziehungen, rechts der Diagonale: Volumenflüsse.

3.   Herzkreislaufmechanik

3.1.   Große Arterien

Die im Abschnitt 2.2. dargestellten Überlegungen zu einer näherungsweisen Beschreibung eines Gefäßabschnittes sind direkt anwendbar auf die großen Arterien, bzw. Gefäßabschnitte großer Arterien, wobei die folgenden Segmente die großen Arterien im Modell darstellen sollen: AO, AR, CA, AS, TA, AB, AI, AF und PA (vgl. Bild 5). Die verhältnismäßig großen Gefäßquerschnitte sowie die hohen Strömungsgeschwindigkeiten machen eine Berücksichtigung von Trägheitseffekten bei der Beschreibung der Flüsse erforderlich. Ebenso werden die viskosen Wandeigenschaften wegen der auftretenden starken Druckpulsationen einen nicht zu vernachlässigenden Einfluß haben.

Es können also uneingeschränkt die Gleichungen 2.23, 2.24a und 2.24b zur Beschreibung großer Arterien übernommen werden. Der Druck in 2.24a ist ein transmuraler, d.h. die Druckdifferenz zwischen Druck im Gefäß und Druck in der Gefäßumgebung. Erforderlich für eine konsistente Beschreibung ist aber der Druck im Gefäß. Desweiteren ist zu beachten, daß bei einem transmuralen Druck gleich Null ein "ungedehntes" Gefäßvolumen V_m^u ungleich Null vorhanden ist. In 2.24a ist also das Volumen V_m durch die Differenz $V_m - V_m^u$ zu ersetzen.

Es folgt für den Fluß F_{ij} vom i-ten in das j-te Segment

$$(3.1) \quad P_i - P_j = R_{ij} F_{ij} + L_{ij} \frac{dF_{ij}}{dt} ,$$

wobei R_{ij} der Strömungswiderstandsparameter zwischen i-tem und j-tem Segment,

L_{ij} der Trägheitswiderstandsparameter zwischen i-tem und j-tem Segment und

P_i der Druck im i-ten Segment sind,

für das Volumen V des j-ten Segmentes

$$(3.2) \quad V_j = V_j^o + \int_o^t (F_{ij} - F_{jk}) \, dt' ,$$

wobei F_{jk} der Fluß vom j-ten in das k-te Segment und

V_j^o das Volumen des j-ten Segments bei t=0 sind,

und für den Druck P_j im j-ten Segment

$$(3.3) \quad P_j = \frac{1}{C_j} (V_j - V_j^u) + \frac{1}{G_j} \frac{dV_j}{dt} + P_e ,$$

wobei C_j der Kapazitätsparameter des j-ten Segments,

G_j der Viskositätsparameter des j-ten Segments,

V_j^u das "ungedehnte" Volumen des j-ten Segments und

P_e der Druck in der Gefäßumgebung sind.

Nach Beneken und deWit (1967) gilt für alle Segmente der großen Arterien:

$$(3.3a) \quad \frac{C_j}{G_j} = 0,04 \text{ s} .$$

Bei der Berechnung der Volumenströme durch die Ausgänge der beiden Ventrikel, also für die Flüsse F_{RVPA} und F_{LVAO}, ist zu beachten, daß ein Druckabfall nicht nur durch den Reibungswiderstand und die Trägheitskräfte, sondern auch durch die großen Querschnittänderungen von den Herzkammern hin zur Aorta bzw. Pulmonararterie bewirkt wird. Dieser Druckabfall durch Querschnittänderung wird durch einen zusätzlichen Term berücksichtigt, der sich aus der Differenz der Staudrucke vor und hinter der Gefäßverengung

$$\Delta P = \frac{\rho}{2} (v_j^2 - v_i^2) \quad \text{mit den Strömungsgeschwindigkeiten } v_i \text{ und } v_j$$

und der Kontinuitätsgleichung

$$Q_j \, v_j = Q_i \, v_i = F_{ij}$$

abschätzen läßt zu

$$(3.4) \quad \Delta P = \frac{\rho}{2Q_j^2} \, (1 - \frac{Q_j^2}{Q_i^2}) \, F_{ij}^2 \quad ,$$

wobei Q_i der mittlere Ventrikelquerschnitt und

$\quad\quad Q_j$ der Querschnitt der Aorta bzw. Pulmonararterie sind.

Weiterhin ist die Ventilfunktion der Ventrikelausgänge durch die Aorten- bzw. Pulmonalklappe zu berücksichtigen; d.h. negativen Flüssen steht ein um Größenordnungen höherer Reibungswiderstand entgegen, wobei jetzt Trägheitswiderstände und Widerstände durch Querschnittänderungen vernachlässigt werden können.

Es gilt also mit 3.1 und 3.4 für die Flüsse zwischen den Ventrikeln und der Aorta bzw. der Pulmonalarterie

$$(3.5) \quad \begin{cases} P_i - P_j = R_{ij}^v \, F_{ij} + \Gamma_{ij} \, F_{ij}^2 + L_{ij} \, \dfrac{dF_{ij}}{dt} & \text{für } F_{ij} \geq 0 \\[2em] P_i - P_j = R_{ij}^r \, F_{ij} & \text{für } F_{ij} < 0 \quad , \end{cases}$$

wobei $\quad \Gamma_{ij} = \dfrac{\rho}{2Q_j^2} \, (1 - \dfrac{Q_j^2}{Q_i^2}) \quad$ und $\quad R_{ij}^r \gg R_{ij}^v \quad .$

3.2. Große Venen

Das Modell für die großen Arterien läßt sich aufgrund eines ganz anderen hämodynamischen Verhaltens der großen Venen nicht auf letztere anwenden. Das Zusammentreffen zweier Gegebenheiten, nämlich einerseits das große Lumen der Gefäße und ihre Dünnwandigkeit, andererseits der um eine Größenordnung geringere Blutdruck gegenüber dem in den arteriellen Gefäßen, prägt die wesentliche Eigenschaft, schon im normalen Druckbereich kollabieren zu können. Die Kollabierbarkeit führt nicht nur zu einem gegenüber den Arterien ganz anderen Speicherverhalten, sondern auch die Flußwiderstände sind erheblichen Schwankungen unterworfen. Die im folgenden entwickelte Beschreibung bezieht sich auf die die großen Venen darstellenden Segmente: VS, JU, CS, CE, VI und VF.

Eine Volumenänderung in einer kollabierten Vene führt zu einer wesentlich geringeren Druckänderung als in einer nicht kollabierten, da hauptsächlich nur Biegespannungen in der Gefäßwand und Schubspannungen im umliegenden Gewebe der Volumenänderung entgegengerichtet sind. Erst im nicht kollabierten Zustand herrschen Bedingungen wie in den Arterien, d.h. Gleichung 2.14 ist anwendbar. Um diesen Sachverhalt näherungsweise zu beschreiben wird in Anlehnung an Snyder (1969) eine nicht-lineare Druck-Volumen-Beziehung eingeführt. Unterhalb eines Volumens V_j^u ist die Kapazität des i-ten Segmentes n-mal so groß, d.h. nC_j, wie oberhalb, d.h. C_j, wobei z.B. n=20. Dadurch daß die Venen im Gewebe eingebettet sind, d.h. vorgespannt sind, wird ein unphysiologisch scharfer Knick des Kurvenverlaufes bei V_j^u (vgl. Bild 6) nicht auftreten. Als geeignete Näherung für den funktionalen Zusammenhang wird deshalb statt der beiden Geraden eine Hyperbel vorgeschlagen (Bild 6).

Es gilt somit für den Druck im j-ten Segment

$$(3.6) \quad P_j = \frac{n+1}{2nC_j}\,(V_j - V_j^u) + \sqrt{\left(\frac{n-1}{2nC_j}\right)^2 (V_j - V_j^u)^2 + P_g^2} - P_g + P_e \ ,$$

wobei V_j^u das "ungedehnte" Volumen des j-ten Segments,

    C_j die Kapazität des j-ten Segments,

    P_g die Gefäßvorspannung durch das Gewebe ($\simeq 5$ mmHg)

    P_e der Druck in der Gefäßumgebung und

    n ein Faktor ($\simeq 20$) sind,

und für das Volumen im j-ten Segment (vgl. Gleichung 3.2)

$$(3.7) \quad V_j = V_j^o + \int_0^t \left(\sum_k F_{kj} - F_{ji}\right) dt' \ ,$$

wobei V_j^o das Volumen des j-ten Segments bei t=0,

    F_{kj} der Fluß vom k-ten in das j-te Segment und

    F_{ji} der Fluß aus dem j-ten in das i-te Segment

    (Gl. 3.9 und 3.12) sind.

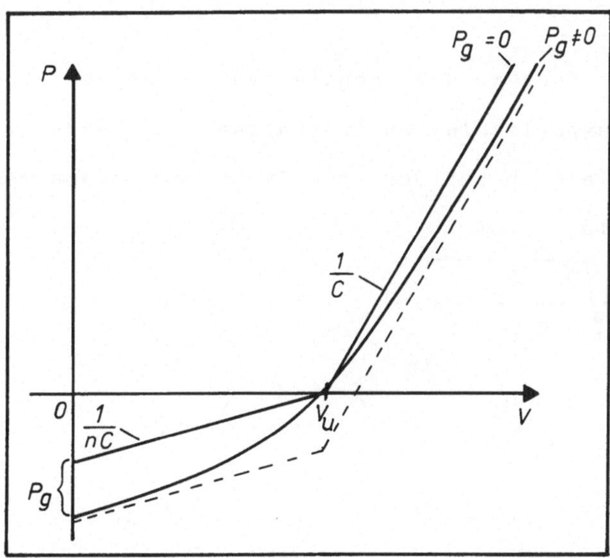

Bild 6: Druck-Volumen-Beziehung der
großen Venen, schematisch (vgl. Gl. 3.6).

Zur Beschreibung der Volumenflüsse in den großen Venen werden

zwei Modelle vorgeschlagen. Das eine geht als Näherung aus den

Navier-Stokes-Gleichungen hervor, das andere stellt eine rein phänomenologische Beschreibung dar.

Zunächst der erste Typ: Nach der schon im Abschnitt 2.1. zitierten Methode von Rideout und Dick (1968) leitet Snyder (1969a) eine Formel für den Volumenfluß ab, wobei er folgende zwei Annahmen macht:

Erstens, wenn das Volumen V_j im j-ten Segment kleiner wird als das "ungedehnte" Volumen V_j^u (vgl. oben), nimmt das Gefäß einen elliptischen Querschnitt an, d.h. es kollabiert.

Zweitens, im kollabierten Zustand ändert sich nicht der Gefäßumfang gegenüber dem unkollabierten, d.h. der Umfang des Gefäßes bleibt beim Kollabieren konstant. Nach Messungen von Reddy (1971) trifft die letztere Annahme für Venen nicht zu (Bild 7).

Statt der zweiten Annahme des konstanten Umfanges wird als Approximation der experimentellen Ergebnisse von Reddy für den Zusammenhang von Umfang U und Querschnitt Q der Gefäße folgende Annahme gemacht (Bild 7):

$$(3.8) \quad \frac{U - U_u}{U_u} = \begin{cases} \sqrt{\dfrac{Q - Q_u}{Q_u} + 1} - 1 & \text{für } Q_u < Q \\[2ex] \dfrac{1}{2} \dfrac{Q - Q_u}{Q_u} & \text{für } \dfrac{Q_u}{2} \leq Q \leq Q_u \\[2ex] -\dfrac{1}{4} & \text{für } 0 < Q < \dfrac{Q_u}{2} \, , \end{cases}$$

wobei U_u der Umfang des Gefäßes beim Volumen V_j^u und

Q_u der Querschnitt des Gefäßes beim Volumen V_j^u sind.

Im Anhang A wird gezeigt wie entsprechend der Vorgehensweise von

Snyder aber unter der veränderten Annahme 3.8 der Volumenfluß aus einem Venensegment hergeleitet werden kann. Wenn Venenklappen vorhanden sind, was für die Beinvenen zutrifft, also für die Flüsse F_{VFVI} und F_{VICE}, können sie, entsprechend den Herzklappen, durch einen großen Strömungswiderstand bei negativem Fluß repräsentiert werden.

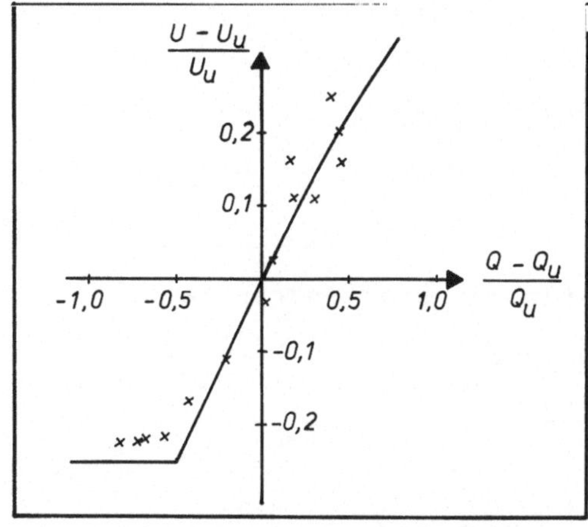

Bild 7: Relative Umfangsänderung $\dfrac{U-U_u}{U_u}$ i. Abh. v. relativer Querschnittsänderung $\dfrac{Q-Q_u}{Q_u}$ einer Vene. Messungen (x) nach Reddy (1971) und Approximation (siehe Text).

Es gilt also (Gleichung A.11 in Anhang A) für den Fluß F_{ji} vom j-ten in das i-te Segment

$$(3.9)\qquad \frac{dF_{ji}}{dt} = K_{ji}\ V_j\ (P_j - P_i) + F_{ji}\left\{ \frac{dV_j}{dt}\ \frac{1}{V_j} - \frac{g_{ji}(V_j)}{V_j} \right\}\ ,$$

wobei

$$g_{ji}(V_j) = \begin{cases} \lambda_{ji} & \text{für}\ \ V_j^u < V_j \\[2ex] \lambda_{ji}\ \dfrac{(V_j + V_j^u)^2}{4\ V_j\ V_j^u} & \text{für}\ \ \dfrac{V_j^u}{2} \le V_j \le V_j^u \\[2ex] \lambda_{ji}\ \dfrac{9\ V_j^u}{16\ V_j} & \text{für}\ \ 0 \le V_j < \dfrac{V_j^u}{2} \end{cases}\ ,$$

V_j das Volumen im j-ten Segment,

V_j^u das "ungedehnte" Volumen im j-ten Segment,

P_j der Druck im j-ten Segment und

P_i der Druck im i-ten Segment sind,

und falls Venenklappen vorhanden sind

(3.9a) $P_j - P_i = R^r_{ji} \, F_{ji}$ für $F_{ji} < 0$.

Für die Parameter λ_{ji} und κ_{ji} gelten nach Anhang A folgende

Beziehungen:

$$(3.9b) \quad \begin{cases} \kappa_{ji} = a \, V_j^{-\frac{4}{3}} \, R_{ji}^{-\frac{2}{3}} \\[3ex] \lambda_{ji} = a \, V_j^{\frac{2}{3}} \, R_{ji}^{\frac{1}{3}} \, , \end{cases}$$

wobei $a = \dfrac{4}{9} \left(\dfrac{81\pi}{8}\right)^{\frac{2}{3}} \dfrac{\eta^{\frac{2}{3}}}{\rho}$,

$\quad R_{ji}$ der Strömungswiderstand für den stationären Fall,

$\quad \eta \quad$ die Viskosität des Blutes und

$\quad \rho \quad$ die Dichte des Blutes sind.

Zur Entwicklung des zweiten Venenmodelltyps wird ein grundsätzlich anderer Weg als der oben skizzierte beschritten. Statt eines theoretischen Fundamentes wie die Navier-Stokes-Gleichungen steht eine phänomenologische Beschreibung experimenteller Ergebnisse mit kollabierbaren Schläuchen im Vordergrund. Die grundsätzliche experimentelle Anordnung ist in Bild 8 dargestellt. Typische Ergebnisse , die mit einer solchen Anordnung erhalten werden, sind nach Brower und Noordergraaf (1973) im Bild 9 dargestellt. Die Kurven können durch Gerade recht gut angenähert werden. Es gilt als Näherung

$$(3.10) \quad F = \begin{cases} \dfrac{1}{R_k} \, (P_1 - P_2) & \text{für } P_e \geq P_1 > P_2 \\[3ex] \dfrac{1}{R_o} \, (P_1 - P_e) & \text{für } P_1 > P_e \geq P_2 \\[3ex] \dfrac{1}{R_o} \, (P_1 - P_2) & \text{für } P_1 \geq P_2 \geq P_e \, , \end{cases}$$

wobei R_o der Strömungswiderstand des offenen Schlauches und

R_k der Strömungswiderstand des kollabierten Schlauches sind.

In dieser Näherung 3.10 ist die Formulierung für den sog.

"Wasserfall-Fluß" im Fall $P_1 > P_e \geq P_2$ enthalten, d.h. der Fluß ist

unabhängig von P_2 (vgl. Abschnitt 3.4.).

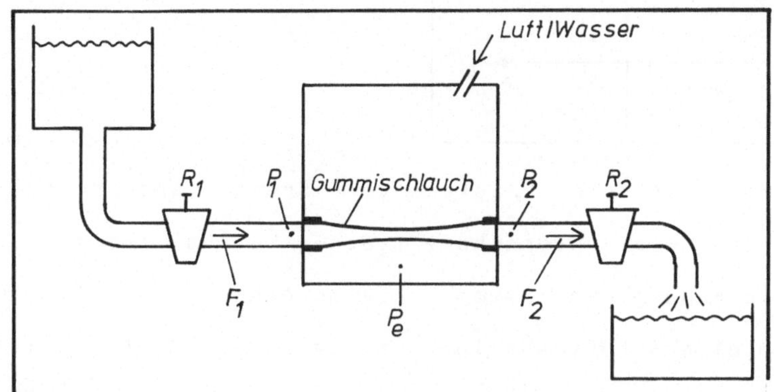

<u>Bild 8:</u> Schematischer Aufbau einer experimentellen Anordnung zum Studium des Flusses in einem kollabierbaren Schlauch.

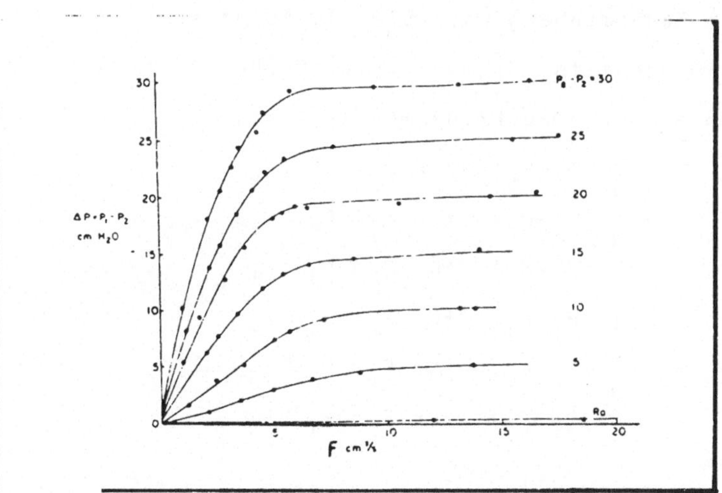

<u>Bild 9:</u> Charakteristische Druck-Fluß-Kurven der experimentellen Anordnung nach Bild 8 nach Brower und Noordergraaf (1973).

Wie schon in Gleichung 2.9 angeführt (Hagen-Poiseuille) gilt für den Widerstand R eines Schlauches

$$(3.11) \quad R \sim \frac{1}{Q^2} \quad ,$$ wobei Q die Querschnittfläche ist.

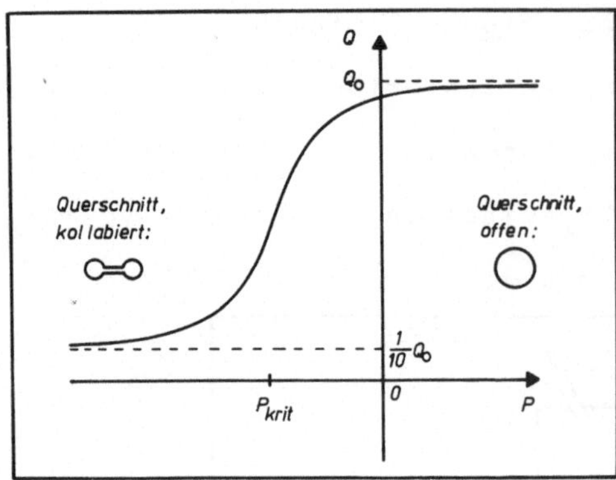

Bild 10: Querschnittfläche Q einer Vene i. Abh. v. transmuralen Druck P, schematisch nach Kresch und Noordergraaf (1972).

In einer mathematischen Analyse von Kresch und Noordergraaf (1972) wurde die Querschnittfläche eines kollabierbaren Schlauches in Abhängigkeit vom Druck berechnet. In Bild 10 sind der prinzipielle Kurvenverlauf sowie die Querschnittformen dargestellt. Die arctan-Funktion stellt eine geeignete Näherung des Kurvenverlaufs im Bild 10 dar. Mit 3.10, 3.11 und dem funktionalen Zusammenhang nach Bild 10 folgt somit für den Fluß F_{ji} vom j-ten in das i-te Segment unter Berücksichtigung, daß ohne Venenklappen auch ein Rückfluß möglich ist,

$$(3.12a) \quad F_{ji} R = \begin{cases} (P_j - P_i) & \text{für } P_j \geq P_i \geq P_e \\ (P_j - P_e) & \text{für } P_j > P_e \geq P_i \\ (P_j - P_i) & \text{für } P_e \geq P_j > P_i \end{cases} ,$$

$$(3.12b) \quad -F_{ji} R = \begin{cases} (P_i - P_j) & \text{für } P_i \geq P_j \geq P_e \\ (P_i - P_e) & \text{für } P_i > P_e \geq P_j \\ (P_i - P_j) & \text{für } P_e \geq P_i > P_j \end{cases} ,$$

$$(3.12c) \quad R = \begin{cases} R_{ji} \left\{ \dfrac{n+1}{2} + \dfrac{n-1}{\pi} \arctan\left[\delta(P_e - P_j)\right] \right\} & \text{für } P_j > P_i \\[2ex] R_{ji} \left\{ \dfrac{n+1}{2} + \dfrac{n-1}{\pi} \arctan\left[\delta(P_e - P_i)\right] \right\} & \text{für } P_i > P_j \end{cases} ,$$

wobei R_{ji} der Strömungswiderstand des offenen Gefäßes ist und $n \simeq 100$ und $\delta \simeq 10$ gewählt wurden.

Bei zwei verschiedenen Modelltypen für die Flüsse in den großen Venen stellt sich das Problem, für welche der 7 Segmente der jeweilige Typ die bessere Beschreibung ist. Die großen Hohlvenen (Segmente CS, CI und CE) erscheinen wegen ihrer Großlumigkeit und der starken Druckschwankungen ihrer Umgebung durch die Atmung besonders geeignet für die Anwendung des "Wasserfall-Modells". Die Gleichungen 3.12 werden also zur Beschreibung der Flüsse F_{CECI}, F_{CIRA} und F_{CSRA} herangezogen. Für die übrigen Flüsse in den großen Venen (F_{VFVI}, F_{VICE}, F_{VSCS} und F_{JUCS}) gelten die Gleichungen 3.9.

In diesem Zusammenhang muß betont werden, daß prinzipiell beide Modelle als Näherungen nach den obigen Herleitungen für alle Venensegmente gleich anwendbar sein sollten. Da in dieser Arbeit u.a. eine möglichst flexible Modellstruktur des Gesamtmodells angestrebt wird (vgl. Abschnitt 1.1.), bietet sich durch den gleichzeitigen Einsatz zweier so verschiedener Modelltypen für den Gefäßbereich der Venen eine geeignete Demonstration der Leistungsfähigkeit des Gesamtmodells in dieser Hinsicht.

3.3. Periphere Gefäße

Das Gefäßbett der peripheren Kreislaufgebiete läßt sich grob in drei Bereiche unterteilen: den Präkapillar- (Arteriolen, kleine und mittlere Arterien), den Kapillar- (Kapillarnetz) und den Postkapillarbereich (Venolen, kleine und mittlere Venen). Durch die neurale Versorgung der z.T. stark muskulösen Gefäßwände des post- und präkapillaren Bereiches kommt den peripheren Kreislaufgebieten eine wichtige Stellung in der Kreislaufregelung zu. Dabei treten die präkapillaren Gefäße (Arteriolen und kleine

Arterien) und in geringerem Umfang auch die Kapillaren (Gauer (1972), Zanft (1974)) als Regler des peripheren Widerstandes auf. Die postkapillaren Bereiche übernehmen im wesentlichen die Aufgaben geregelter Blutspeicher (Gauer (1972)). Welche Regelungseffekte in diesem Zusammenhang in dem globalen Herzkreislaufmodell repräsentiert sind und wie sie formuliert werden, wird im Kapitel 4 dargestellt. Dieser Abschnitt beschränkt sich auf die Beschreibung der hämodynamischen Verhältnisse.

Die geringen Pulsamplituden der Flüsse in den peripheren Gefäßen erlauben die Vernachlässigung von Trägheitseffekten, so daß nach 2.33 für den Fluß F_{ij} vom i-ten in das j-te Segment

$$(3.13) \quad P_i - P_j = R_{ij} F_{ij}$$

gilt, wobei der Strömungswiderstand R_{ij} im allgemeinen für den präkapillaren Bereich eine geregelte Größe ist (Bild 5).
Für das Volumen V_j des j-ten Segmentes gilt die bekannte Beziehung

$$(3.14) \quad V_j = V_j^o + \int_0^t (F_{ij} - F_{jk})\, dt',$$

wobei F_{ij} der Fluß vom i-ten in das j-te Segment,

F_{jk} der Fluß vom j-ten in das k-te Segment und

V_j^o das Anfangsvolumen des j-ten Segments sind.

Von Alexander (1954) sind Druck-Volumen-Beziehungen experimentell im postkapillaren Bereich ermittelt worden. Die experimentelle Anordnung erlaubte eine normale nervale Versorgung der Gefäße, so daß die Meßergebnisse neben den Wandeigenschaften der Gefäße auch nervöse Einflüsse beinhalten. Verschiedene Gefäßzustände wurden durch Druckreflexe im Karotissinus und durch Vasokonstriktoren erzeugt; d.h. es wurden verschiedene Grade des Muskeltonus der Gefäßwände eingestellt. Bild 11 stellt nach Alexander die qualitativen Verläufe der Druck-Volumen-Beziehungen bei verschiedenen Graden des Venentonus dar.

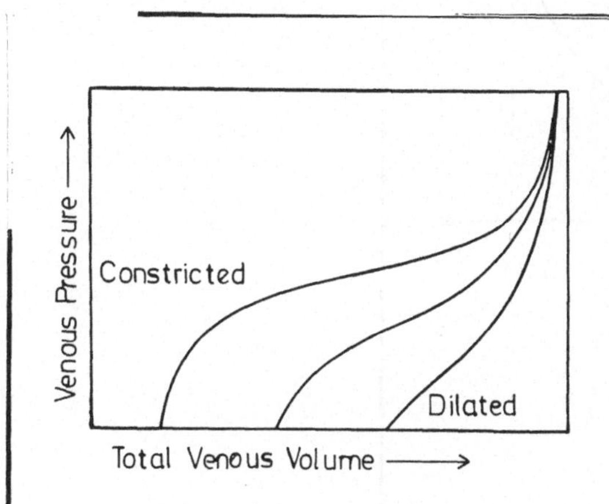

Bild 11: Druck-Volumen-Beziehung peripherer Venen für verschiedene Grade des Venentonus, schematisch nach Alexander (1954).

Für einen standardisierten Gefäßbereich mit dem Volumen V_s und dem Druck P_s bei einem minimalen Volumen V_{min} und einem maximalen Volumen V_{max} wird von Snyder (1969b) folgende Approximation der Messungen von Alexander angegeben (Bild 12):

$$(3.15) \quad P_s = \frac{(V_s - V_u)}{(V_s - V_{min})\sqrt{V_{max} - V_s}} \cdot \frac{(V_u - V_{min})\sqrt{V_{max} - V_u}}{C} \quad ,$$

wobei C die Kapazität bei $P_s = 0$ und

V_u das Volumen bei $P_s = 0$ sind sowie

$V_{min} = 2{,}5$ ml und $V_{max} = 10{,}2$ ml.

Die Parmeter C und V_u in 3.15 sind geregelte Größen, sofern das entsprechende Segment im globalen Kreislaufmodell einen zentralnervös geregelten peripheren Speicher darstellt (Bild 5). Wie in Abschnitt 4.5. Gleichung 4.9 beschrieben, sind C und V_u lineare Funktionen eines vom zentralen Nervensystem ausgehenden Signals und erzeugen, wie in Bild 33 dargestellt, eine

Kurvenschar der Druck-Volumen-Beziehungen, wie sie von Alexander
gemessen wurde.

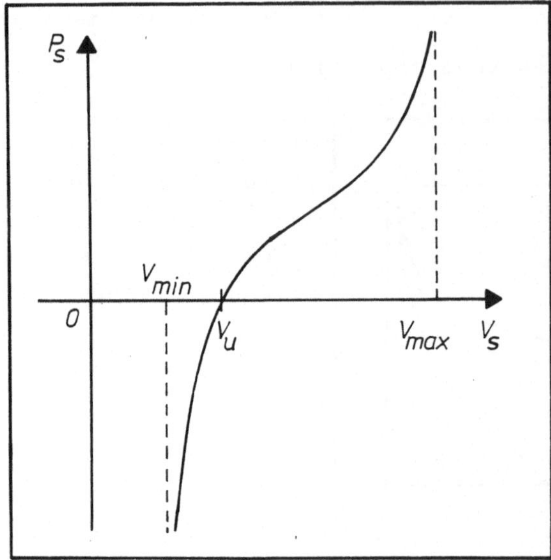

Bild 12: Druck-Volumen-Beziehung des standardisierten
Speichers, schematisch nach Snyder (1969b).

Zur Übertragung der Gleichung 3.15 auf ein bestimmtes Segment i
im peripheren Bereich mit dem Volumen V_i wird ein
Normierungsfaktor f_i^s eingeführt:

(3.15a) $V_s = V_i \, f_i^s$.

Ferner gilt

(3.15b) $P_i = P_s + P_e$,

wobei P_e der Druck der Gefäßumgebung ist.

Der Normierungsfaktor f_i^s wird durch das Verhältnis des Volumens
des Standardsegments zum Volumen des i-ten Segments bei einem
mittleren Normaldruck und einem normalen Venentonus bestimmt
(Abschnitt 6.1., Tabelle VIIb). Welche Segmente (Volumina,
Drücke und Flüsse) durch die Gleichungen 3.13 bis 3.15b
beschrieben werden, kann aus Tabelle II entnommen werden.

Aus Bild 5 geht hervor, daß einige periphere Segmente keinen geregelten Speicher darstellen. Sie könne aber trotzdem durch Gleichung 3.15 beschrieben werden, wenn Funktionswerte von C und V_u bei einem normalen Venentonus eingesetzt werden.

3.4. Koronar- und Pulmonalfluß

Im Abschnitt 3.2. im Zusammenhang mit der Formael 3.10 wurde auf den sog. "Wasserfall-Fluß" hingewiesen, der immer dann auftritt, wenn der Druck der Gefäßumgebung P_e größer wird als der Druck am Gefäßausgang P_2. Dann hängt der Fluß nur noch von der Differenz zwischen dem Druck am Gefäßeingang P_1 und P_e ab, also ganz in Analogie zum Wasserfall, dessen Fluß ebenfalls nicht durch die Höhendifferenz, die das Wasser herabfällt, bestimmt wird, sondern durch die potentielle Energie, die dem Fluß vor dem eigentlichen Wasserfall zur Verfügung steht. Im Bild 13 ist dieser Sachverhalt schematisch zusammen mit einer elektrischen Analogschaltung dargestellt (vgl. Bild 9).

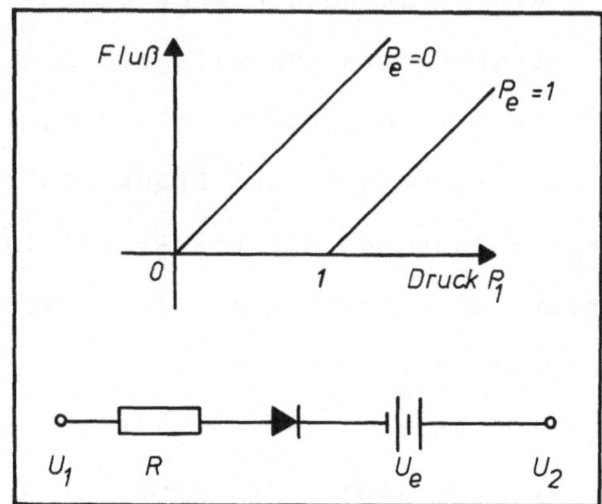

Bild 13: Schematische Darstellung des "Wasserfall-Flusses" (oben) und sein elektrisches Analogon (unten).

Im Pulmonal- und Koronarkreislauf tritt nun durch die Atmung bzw. die Herzkontraktion der Fall ein, daß der äußere Druck P_e , d.h. der Alveolardruck bzw. der Druck im Herzmuskel, größer werden kann als P_2 , d.h. der pulmonale Venendruck bzw. der Druck im rechten Atrium.

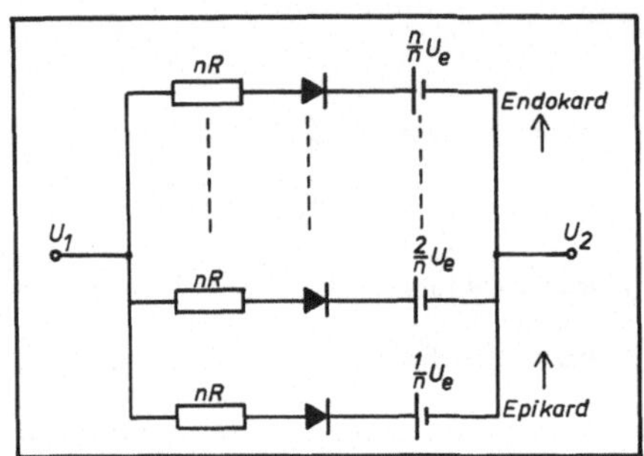

Bild 14: Analogmodell des Koronarflusses nach Downey und Kirk (1975).

Bei Herzkontraktion verteilt sich der Druck nicht gleichmäßig über die gesamte Herzwand, sondern nimmt proportional der myokardialen Tiefe zu (Downey und Kirk (1975)). Teilt man den Herzmuskel in Schichten gleicher myokardialer Tiefe und nimmt an, daß die parallelen Strombahnen des Koronarflusses etwa diesen Schichten folgen, so bietet sich nach Downey und Kirk das in Bild 14 als Analogmodell dargestellte Modell zur Beschreibung des Koronarflusses an. Dabei entspricht die Spannung U_1 dem Aortendruck P_{AO} und entsprechend U_2 dem Druck im rechten Atrium P_{RA}. Mangels genauerer Messungen der Druckverteilung im Myokard wird als äußerer Druck der Druck im linken Ventrikel P_{LV} , versehen mit einem Korrekturfaktor θ , angenommen, so daß U_e θP_{LV} entspricht. Wenn man die Anzahl der parallelen Strombahnen im Bild 14 sehr groß werden läßt ($n \longrightarrow \infty$) und dabei durch entsprechenden Wahl der Widerstände nR der Fluß endlich bleibt, so läßt sich zeigen (Anhang B), daß folgende Beschreibung für den Koronarfluß F_{AORA} gilt:

$$(3.16) \quad F_{AORA} = \frac{1}{R_{AORA}} \left\{ (P_{AO} - P_{RA})\, a + P_{AO}(b-a) - \frac{\theta}{2} P_{LV}(b^2 - a^2) \right\} ,$$

$$\text{wobei } a = \begin{cases} \dfrac{P_{RA}}{\theta P_{LV}} & \text{für } P_{RA} \leq P_{LV} \\[2ex] 1 & \text{für } P_{RA} > P_{LV} , \end{cases}$$

$$b = \begin{cases} \dfrac{P_{AO}}{\theta P_{LV}} & \text{für } P_{AO} \leq P_{LV} \\[2ex] 1 & \text{für } P_{AO} > P_{LV} , \end{cases}$$

θ ein Korrekturfaktor und

R_{AORA} der Strömungswiderstand des ruhenden Herzens sind.

Im Bild 15 ist der Koronarfluß nach 3.16 in Abhängigkeit vom Aortendruck qualitativ dargestellt. Der Korrekturfaktor θ wurde bei der Auswertung von 3.16 im globalen Herzkreilaufmodell gleich 1 gesetzt.

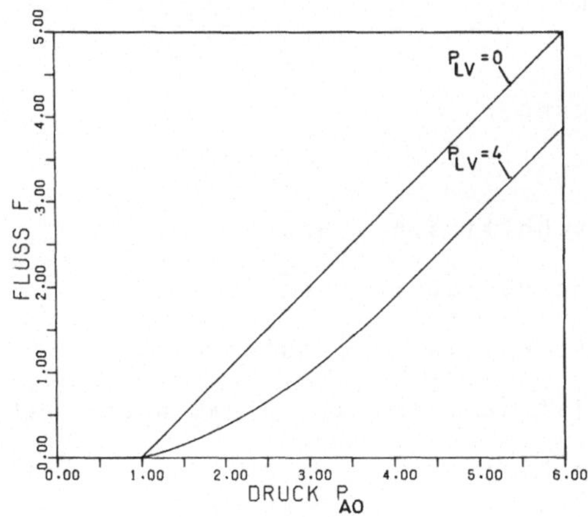

Bild 15: Koronarfluß F i. Abh. v. Aortendruck P_{AO} bei verschiedenen Ventrikeldrücken P_{LV}, nach Gl. 3.16, schematisch.

Permutt et al. (1962) haben unter Anwendung des Wasserfallmodells eine Beschreibung des Lungenflusses entwickelt, indem sie einen

Weg beschritten, wie er zur Gewinnung von Gl. 3.16 (Anhang B) benutzt wurde. Im Unterschied zum Modell für das Myokard ist im Lungenmodell nicht der äußere Druck, d.h. der Alveolardruck P_{ALV}, ortsabhängig, sondern der Druck in den Lungengefäßen variiert in Richtung des Schwerefeldes, verursacht durch den hydrostatischen Druck der Blutsäule in der Lunge.

Nach Permutt et al. gilt für den Lungenfluß

$$(3.17) \quad F_{PAPV} = \frac{(P_1' - P_2')H_2 + (P_1' - P_{ALV})(H_1 - H_2) - \frac{1}{2}(H_1^2 - H_2^2)}{H\,R_{PAPV}} \quad ,$$

wobei $P_1' = P_{PA} + \frac{1}{2}H$,

$\qquad P_2' = P_{PV} + \frac{1}{2}H$,

$\qquad H = \rho g\,h_L$,

$$H_1 = \begin{cases} P_1' - P_{ALV} & \text{für } P_1' \geq P_{ALV} \\ 0 & \text{für } P_1' < P_{ALV} \end{cases} ,$$

$$H_2 = \begin{cases} P_2' - P_{ALV} & \text{für } P_2' \geq P_{ALV} \\ 0 & \text{für } P_2' < P_{ALV} \end{cases} ,$$

$\rho \qquad$ die Dichte des Blutes,

$g \qquad$ die Schwerebeschleunigung,

$h_L \qquad$ die Höhe der Lunge,

$P_{ALV} \qquad$ der Alveolardruck (Abschnitt 3.6.) und

$R_{PAPV} \qquad$ der Strömungswiderstand der Lunge, wenn P_{ALV} überall kleiner ist als P_{PV} ist, bedeuten.

Zur sog. "Höhe" der Lunge h_L ist zu bemerken, daß auch bei liegendem Oberkörper h_L ungleich Null ist. Statt der "Höhe" bstimmt jetzt die "Tiefe" der Lunge die Höhe der Blutsäule. Entsprechend ist zur Bestimmung von h_L bei Zwischenlagen des Oberkörpers zu verfahren. Welchen Zeitverlauf der Alveolardruck bei der Atmung nimmt, wird im Abschnitt 3.6. behandelt.

3.5   Herzkammern und Vorhöfe

Im Abschnitt 1.2. wurde schon auf zwei Möglichkeiten zur Beschreibung der Druck-Volumen-Beziehungen in den Herzkammern und Vorhöfen hingewiesen. Grundsätzlich eignen sich beide Zugänge zu einer Modellentwicklung für eine Implementierung im globalen Herzkreislaufmodell: Das Prinzip des zeitveränderlichen Druck-Volumen-Verhältnisses ebenso wie die direkte Beschreibung des Herzmuskels. So sind auch die komplizierten Modelle des letzteren Typs sowohl mit dem Analogrechner (Beneken (1965)) wie mit dem Digitalrechner (Guyton et al. (1973), Hanna (1973)) erfolgreich simuliert worden.

Im Rahmen dieses globalen Herzkreislaufmodells erscheint es aber sinnvoll sich eines Modells des ersteren Typs, der zeitveränderlichen Komplianz, zu bedienen, zumal seine Formulierung nicht nur wesentlich einfacher ist, sondern es auch hinsichtlich seines Bezuges zu spezifischen Herzmuskeleigenschaften, wie Kontraktionskraft und -geschwindigkeit der kontraktilen Elemente, und in Anbetracht der mit dem Herzkreislaufmodell angestrebten Ziele vollauf befriedigen kann, wie die Arbeiten von Suga et al. (1971, 1972) und Greene et al. (1973a, 1973b) zeigen.

Ganz allgemein gilt mit dem Ansatz einer zeitveränderlichen Komplianz für den Druck P_i und dem Volumen V_i in einem i-ten Segment, das eine Herzkammer (Ventrikel oder Atrium) darstellt,

$$(3.18) \quad P_i = a_i(t) (V_i - V_i^u) + P_e \, ,$$

wobei $a_i(t)$ die zeitveränderliche Komplianz,

$\quad V_i^u$ das "ungedehnte" Volumen und

48

P_e der Druck der Gefäßumgebung sind.

Der Zeitverlauf des Druck-Volumen-Verhältnisses $a_i(t)$ eines Ventrikels ist, in Anlehnung an Messungen von Suga und Sagawa (1972) und Greene et al. (1973a), im Bild 16 dargestellt. Die Pulsform $a'(t)$ der Komplianz während der Systole wird durch eine ansteigende und eine abfallende Exponentialfunktion gut den experimentellen Ergebnissen angenähert:

$$(3.19) \quad a'(t) = \begin{cases} A \left(1 - \exp\left[\dfrac{-9t}{2t_{vs}}\right]\right) & \text{für } 0 \leq t \leq \tfrac{2}{3}t_{vs} \\[2em] A \left(\exp\left[\dfrac{-9(t-\tfrac{2}{3}t_{vs})}{t_{vs}}\right] - \exp(-3)\right) & \text{für } \tfrac{2}{3}t_{vs} < t \leq t_{vs}, \end{cases}$$

wobei $A = \dfrac{1}{1-\exp(-3)}$ und

t_{vs} die Systolendauer der Ventrikel ist.

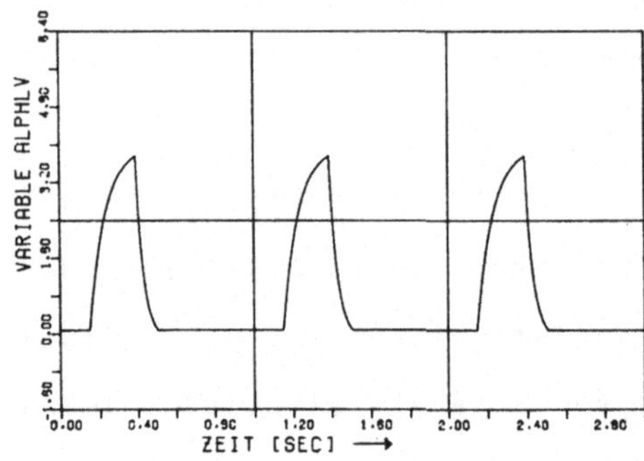

Bild 16: Zeitverlauf des Druck-Volumen-Verhältnisses im linken Ventrikel.

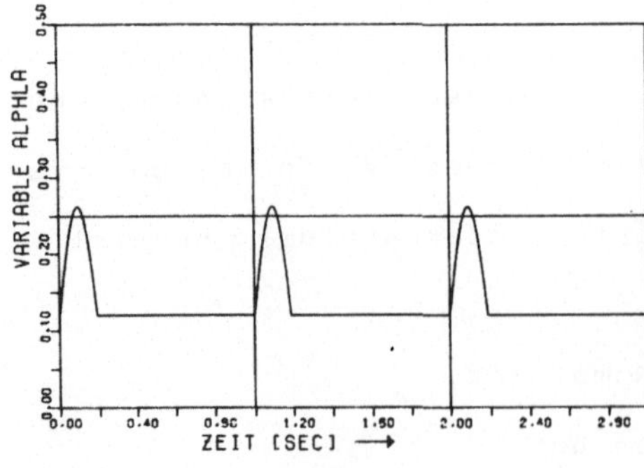

Bild 17: Zeitverlauf des Druck-Volumen-Verhältnisses im linken Atrium.

Beneken (1965) hat aus Angaben in der Literatur folgende Näherung für die Systolendauer der Ventrikel vorgeschlagen:

$$(3.20) \quad t_{vs} = 0,16 + 0,20 \, t_{tot} \quad \text{(in Sekunden)},$$

wobei t_{tot} die Dauer eines Herzzylus ist.

Für den Zeitverlauf des Druck-Volumen-Verhältnisses in den Vorhöfen wurde, da geeignete Messungen dem Verfasser nicht bekannt sind, ein einfacher Sinus-Puls angenommen, eine Pulsform, wie sie auch schon in den Arbeiten von Beneken (1965) verwandt wurde (Bild 17). Ebenfalls von Beneken (1967) stammt die Näherung für die Systolendauer der Atria:

$$(3.21) \quad t_{as} = 0,10 + 0,09 \, t_{tot} \quad \text{(in Sekunden)}.$$

Die Ventrikelsystole startet nach Beneken (1967) 0,04 s vor Beendigung der Atriumsystole.

Mit den Gleichungen 3.19 bis 3.21 und den in den Bildern 16 und 17 dargestellten Zeitverläufen sind die Aktionen der vier Herzkammern vollständig beschrieben. In Tabelle III sind die Minimal- und Maximalwerte der Komplianzen in Anlehnung an Beneken (1965) und Snyder (1969b) zusammengestellt.

$\left[\dfrac{mmHg}{cm^3} \right]$	linker Ventrikel	rechter Ventrikel	linkes Atrium	rechtes Atrium
a_{max}	4,00	0,50	0,28	0,15
a_{min}	0,08	0,03	0,12	0,05

Tabelle III: Minimal- und Maximalwerte für das Druck-Volumen-Verhältnis der beiden Ventrikel und Vorhöfe.

Die Volumenflüsse zwischen den Atria und Ventrikeln werden durch die Mitralklappen gesteuert. Es gilt darum für den Fluß F_{ij} vom i-ten (Atrium) in das j-te Segment (Ventrikel)

$$(3.22) \quad P_i - P_j = \begin{cases} R^v_{ij} F_{ij} & \text{für } F_{ij} \geq 0 \\ R^r_{ij} F_{ij} & \text{für } F_{ij} < 0 \,, \end{cases}$$

wobei P_i bzw. P_j der Druck im i-ten bzw. j-ten Segment ist und $R^r_{ij} \gg R^v_{ij}$ für die Srömungswiderstände der Mitralklappen im geschlossenen bzw. geöffneten Zustand gilt.

Für die Volumina der Herzkammern gilt Gleichung 3.7.

3.6.   Atmung, Muskelaktivität, Gravitationseffekte

Eine Reihe "äußerer" mechanischer Einwirkungen beeinflussen die Herzkreislaufmechanik. Unter dem Sammelbegriff "äußere" sollen dabei solche Effekte verstanden werden, die ihre Ursache weder in der Kreislaufregelung noch in den Gefäßeigenschaften haben. Die wichtigsten, weil der Kreislauf unter Normalbedingungen ihnen ständig ausgesetz ist, sind die Atmung, die Muskelaktivität und der Einfluß des Erdschwerefeldes.

Die Atmung vermittelt während der Inspirations- und Exspirationsphase über die folgenden Größen ihre mechanischen Wirkungen auf die Gefäße im thorakalen und abdominalen Bereich: intrathorakaler Druck P_{TH} , intraabdominaler Druck P_{AD} und alveolarer Druck P_{ALV}. Hinzu kommt die direkte Einwirkung der Zwerchfellkontraktion auf die weichen Lebergefäße, welches einer Ventilwirkung auf den Leberausfluß gleichkommt; d.h. das kontrahierende Zwerchfell komprimiert durch seinen unmittelbaren Kontakt das leicht deformierbare Leberparenchyn und führt zu einem Verschluß der Lebergefäße (Moreno et al. (1969, 1973)).

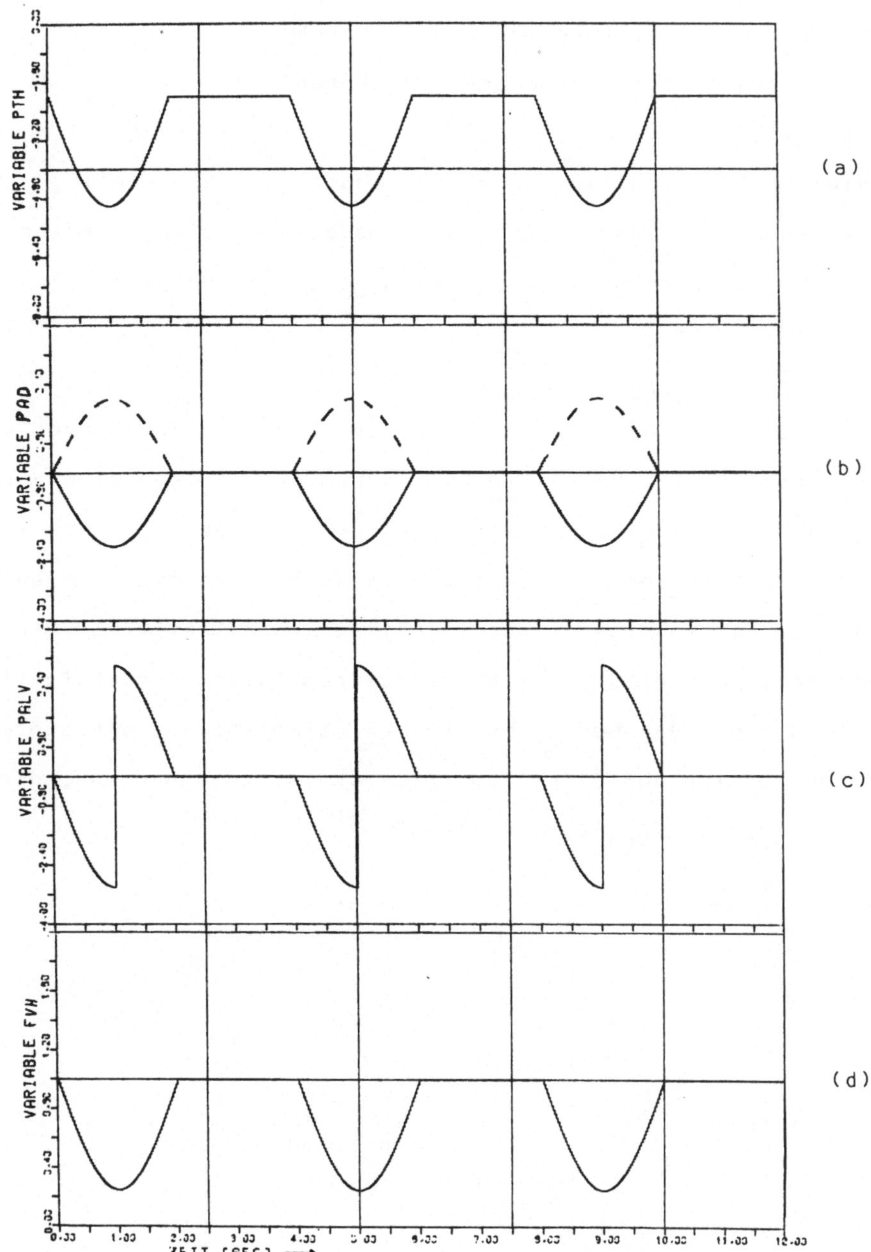

Bild 18: Zeitverläufe des intrathorakalen, PTH (a), des abdominalen, PAD (b), und des alveolaren, PALV (c), Druckes sowie der Ventilwirkung des Zwerchfells auf den Leberausfluß, FVH (d). Normalatmung, gestrichelte Kurve in (b) vgl. Text.

Im Bild 18 sind die Zeitverläufe der Drücke P_{TH},P_{AD} und P_{ALV} bei normaler Atmung nach Messungen von Moreno et al. (1969) und Youmans et al. (1963), sowie die Ventilwirkung f_{VH} der Zwerchfellkontraktion auf den Leberausfluß dargestellt. Die Ventilwirkung f_{VH} hat dabei die Bedeutung eines reziproken Faktors für den Strömungswiderstand R_{VHCI}, d.h. es gilt

$$(3.23) \quad F_{VHCI} = \frac{{}^1 VH}{R_{VHCI}} \; (P_{VH} - P_{CI}) \; .$$

Wie in Bild 18 durch den gestrichelten Kurvenzug angedeutet kann der intraabdominale Druck P_{AD} bei einem bestimmten Atemtypus – geringere Abdominalmuskelrelaxation bei stärkerer Zwerchfellkontraktion – auch positive Werte annehmen (Moreno et al. (1969) und Youmans et al. (1963)). Muskelaktivität wird im Gesamtmodell nur hinsichtlich der Extremitäten berücksichtigt. Dabei wird eine das Gehen bzw. Laufen simulierende sinusförmige Muskelkontraktion der Bein- bzw. Armmuskulatur angenommen, die zu einem Gewebedruck P_{MU} führt (Bild 19).

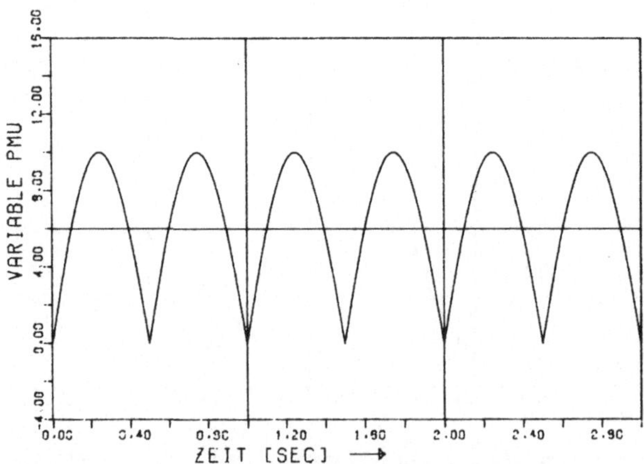

Bild 19: Gewebedruck PMU auf die Blut-
gefäße durch die Muskelkontraktion der
Arm- und Beinmuskulatur beim Gehen bzw.
Laufen.

Der Druck der Gefäßumgebung P_e, der in die Gleichungen für die Segmentdrücke P_i eingeht (vgl. Abschnitte 3.2.-3.3., 3.5.), entspricht je nach anatomischer Lage des Segmentes den Drücken P_{TH}, P_{AD} oder P_{MU}.

Die Implementierung der Gravitationswirkung auf den Kreislauf ist wesentliche Voraussetzung zur Simulation der Blutdruckregelung bei orthostatischer Belastung. Die Segmentierung nach Bild 5 unterteilt die Herkreislaufgefäße in vertikaler Richtung in 7 höhengleiche Abschnitte, wobei die Armsegmente in Schulterhöhe (Niveau von Segment Ar bzw. CS) gelegen angenommen werden. In Tabell IV sind die Höhendifferenzen h_{ij} derjenigen Segmente i und j zusammengestellt, zwischen denen der Fluß F_{ij} bei aufrechter Position einen Höhenunterschied zu überwinden hat.

Allgemein gilt für den Fluß F_{ij} zwischen dem i-ten und j-ten Segment, wenn P_i und P_j die Drücke in den Segmenten sind

(3.24) $F_{ij} = F_{ij}(P_i, P_j)$.

Eine Höhendifferenz zwischen den Segmenten i und j stellt dem Fluß F_{ij} entweder eine potentielle Energie entsprechend der Höhendifferenz zur Verfügung oder entzieht ihm einen entsprechenden Energiebetrag, je nach Flußrichtung. Die potentielle Energie ist gleich dem hydrostatischen Druck:

(3.25) $P^g_{ij} = \rho\, g\, h_{ij}\, \cos\Theta_{ij}$,

wobei ρ die Dichte des Blutes,

   g   die Schwerebeschleunigung,

   h_{ij} die Höhendifferenz und

   Θ_{ij} der Winkel zwischen Schwerefeld und Verbindungslinie

      beider Segmente (Bild 20) sind.

Wenn die Zählrichtung des Winkels Θ_{ij} bezüglich der Lage der beiden Segmente i und j zueinander wie im Bild 20 festgelegt wird, so folgt für den Fluß F_{ij} aus 3.24 und 3.25

(3.26) $F_{ij} = F_{ij}(P_i + P^g_{ij} , P_j)$.

In der Darstellung eines elektrischen Analogons entspricht der Druck P^g_{ij} einer zwischengeschalteten Spannungsquelle geeigneter Polung und Spannung (Snyder (1969a)).   Durch die Wahl der Winkel Θ_{ij} sind beliebige Körperpositionen simulierbar, soweit es die Segmentierung zuläßt.

i-tes Segment	j-tes Segment	Höhendifferenz [cm]
AR	CA	15
AR	TA	15
AO	AR	5
JU	CS	13
CS	RA	7
TA	AB	25
CE	CI	25
AB	AI	45
VI	CE	45
AI	AF	45
VF	VI	45

Tabelle IV: Höhendifferenz zwischen dem i-ten und j-ten Segment.

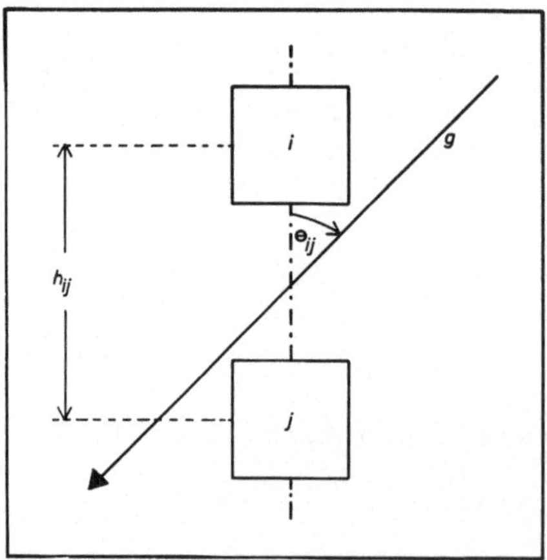

Bild 20: Definition des Winkels Θ_{ij} zwischen Schwerefeld g und der Verbindungslinie der Segmente i und j.

4. Herzkreislaufregelung

4.1. Zenralnervöse- und Autoregulation

Als einer der wichtigsten und auch augenfälligsten unter den zahlreichen Kreislaufregulationsmechanismen, weil mit kurzen Regelzeiten versehen, ist die Homöostase des arteriellen Blutdrucks zu betrachten. Die Regelung des Kreislaufs bei orthostatischer Belastung ist die wesentliche Aufgabe dieses sog. Barorezeptorreflexes. Die Meßfühler der Regelgröße "arterieller Blutdruck" sind die Barorezeptoren im Aortenbogen und in den beiden Karotissinus. Über afferente Nervenbahnen werden die Signale zu den vasomotorischen Zentren des zentralen Nervensystems (ZNS) weitergeleitet. Dort werden sie zusammen mit zusätzlichen weiteren Informationen aus anderen Bereichen des Kreislaufs und des zentralen Nervensystems, z.B. dem Atemzentrum, verarbeitet. Efferente Leitungen der sympathischen und parasympathischen Innervierung führen zum Herzen, den Arteriolen, kleinen Arterien, Venolen und kleinen Venen der peripheren Gefäßbereiche sowie zum Nebennierenmark. Die Signalwirkung im Herzen und in den peripheren Gefäßen ist der Störung der Regelgröße, also dem Absinken oder Ansteigen des arteriellen Blutdrucks, entgegengerichtet. Das Nebennierenmark ist nur eine Zwischenstation im Signalfluß. Über Hormone, die auf das autonome motorische System der Gefäße wirken, erzielt es ebenfalls eine der Störung entgegengerichtete Signalwirkung. - Im folgenden werden die Wirkungen des Nebennierenmarkes als hormonelle Mechanismen vernachlässigt. - Damit ist ein Regelkreis beschrieben, der in Bild 21 als Blockdiagramm dargestellt ist (vgl. Bild 5). Die einzelnen Funktionsblöcke des Regelkreises werden in den folgenden Abschnitten behandelt (4.1. - 4.4.).

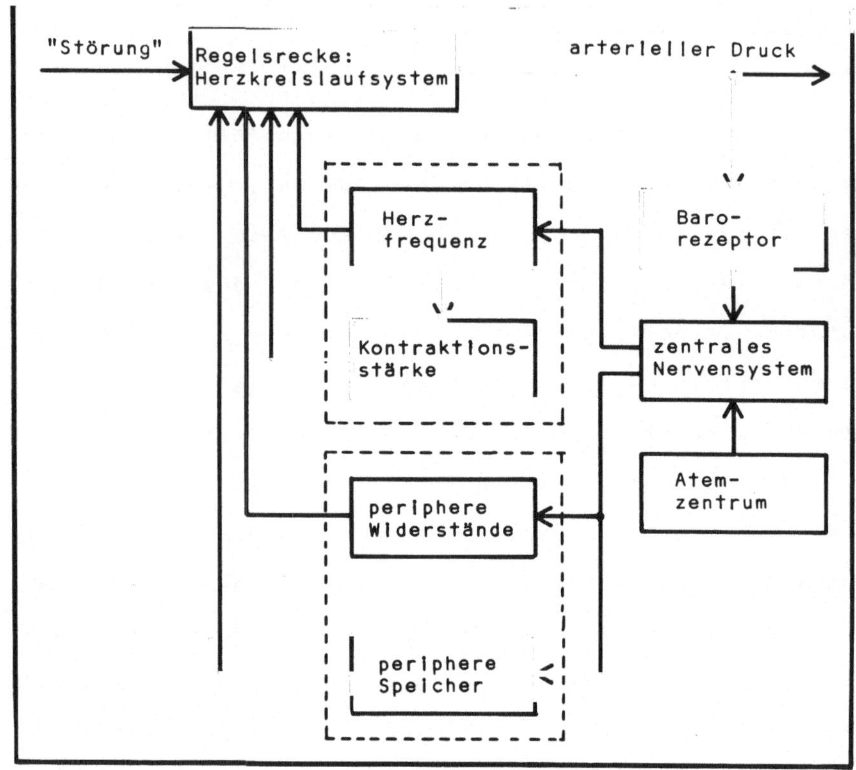

<u>Bild 21</u>: Blockdiagramm des Regelkreises "Barorezeptor-reflexbogen".

Das Wirkungsfeld des Barorezeptorreflexes ist nicht nur auf die Regelung der Orthostase beschränkt, sondern er trägt z.B. auch seinen Teil zur Homöostase des Sauerstoff- und Kohlendioxidpartialdruckes in den verschiedenen Organen bei. Das Konstanthalten dieser beiden Partialdrucke bedeutet oft nichts weiter als eine ausreichende Versorgung der Organe mit Sauerstoff, d.h. mit Sauerstoff angereichertem Blut, und einen wirkungsvollen Abtransport der metabolischen Abfallprodukte, d.h. eine ausreichende Blutdurchströmung. Diese Aufgabe, den geeigneten Blutfluß bereitzustellen, wird von den meisten Organen durch Autoregulation selbst wahrgenommen, also ohne direkte

Einschaltung des zentralen Nervensystems. Regelungstechnisch gesehen bietet sich also das Bild eines einfachen Regelkreises (Bild 22).

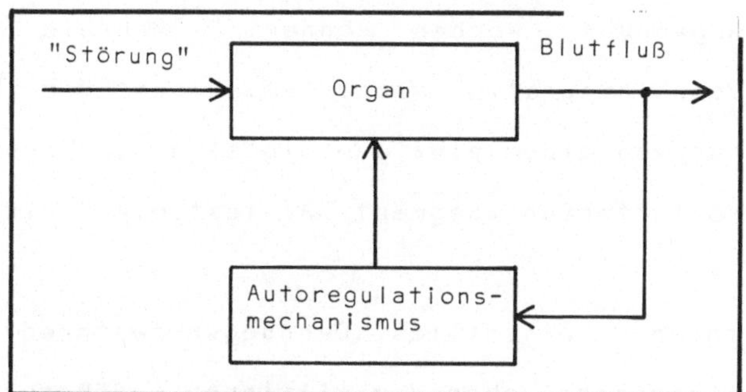

Bild 22: Schema der Autoregulation im Muskelgewebe, dem Gehirn und den Nieren.

Im globalen Herzkreislaufmodell wird der Blutfluß durch folgende Organe mittels Autoregulationsmechanismen geregelt: Nieren, Gehirn, Extremitäten- und Rumpfmuskulatur (Bild 5). In den Abschnitten 4.5. und 4.6. werden die Modelle zweier Autoregulationmechanismen zur Flußregelung durch Muskelgewebe bzw. durch das Gehirn und die Nieren beschrieben.

Auf die Implementierung weiterer wichtiger Regelmechanismen in das Kreislaufmodell, wie z.B. zur Regelung des Blutvolumens, wird in dieser Arbeit verzichtet; die Modellkonzeption ließe es aber grundsätzlich zu.

4.2. Barorezeptor

Die Barorezeptoren als Meßfühler des arteriellen Blutdrucks sind nicht nur an drei Stellen des Hochdrucksystems, dem Aortenbogen und den beiden Karotissinus, lokalisiert, sondern sie sind an diesen Stellen als zahlreiche Einzelrezeptoren vertreten. Dies bedeutet, daß viele Einzelsignale erst zu einem integralen Signal in höheren Zentren, den vasomotorischen Zentren, verarbeitet werden müssen, bevor von dort Befehle zu den "Stellgliedern" im Kreislauf weitergegeben werden können. Mangels geeigneter Modelle für diesen Integrationsmechanismus geht das Modell der Barorezeptoren nur von einem einzigen Signal aus, dessen Ursprung im Bereich der Kopfarterien (Segment CA) festgelegt wird.

Die Barorezeptoren, eigentlich Dehnungsrezeptoren in den Gefäßwänden, registrieren neben dem mittleren Gefäßdruck auch die Druckänderungen, so daß als eine bewährte Näherung für die integrale Impulsrate FS der Barorezeptoren (Warner (1965), Katona et al. (1967))

$$(4.1) \quad FS = A\,\frac{dP}{dt} + B\,(\overline{P} - P_o) \quad \text{gilt,}$$

wobei P bzw. $\overline{P}$ der Druck bzw. mittlere Druck im Gefäß ist und A, B und P_o Parameter sind.

Obwohl in der Literatur eine Reihe gegenüber 4.1 verbesserte Modellansätze existieren (Warner (1965), Poitras et al. (1966)), dürfte der einfache Ansatz 4.1 für dieses globale Kreislaufmodell der geeignetste sein, zumal jede Verbesserung zu einer Vergrößerung der Parameteranzahl der Modelle führt.

Da die Impulsrate FS in 4.1 durch das erste Glied sehr stark von der Pulsform im Karotssinus, d.h. im Segment CA (Bild 5), abhängt, die in diesem Zusammenhang verhältnismäßig grobe Segmentierung des Gefäßsystems aber eine entsprechend genaue Simulierung der Pulsform nicht erwarten läßt, wird der Diferentialquotient durch eine mittlere Druckänderungsrate ersetzt. Aus ·4.1 folgt dann nach Laplace-Transformation[+]) und einer beliebigen Normierung von FS zur Verringerung der Parameteranzahl

$$(4.2) \quad FS(s) = \frac{1}{1+Ts} P(s) + \gamma \frac{Ts}{1+Ts} P(s) - \beta$$

oder

$$(4.2a) \quad FS(s) = \frac{1-\gamma}{1+Ts} P(s) + \gamma P(s) - \beta,$$

wobei β = 40 mmHg,

τ = 4,0 s und

γ = 1,5 .

Die Parameterwerte wurden nach Katona et al. (1967) bestimmt. Gleichung 4.2a bietet simulationstechnisch gegenüber 4.1 den Vorteil, daß statt einer Integration und einer Differentiation nur noch eine Integration durchgeführt zu werden braucht.

4.3.   Regelung der Herzfrequenz

Die von Katona et al. (1967) vorgeschlagene phänomenologische Beschreibung des gesamten Reflexbogens zur Herzfrequenzregelung enthält in ihrem Hauptteil einen nichtlinearen Block (Bild 23). Als Eingangssignal dient das Ausgangssignal vom Barorezeptorblock FS. Das Ausgangssignal F'_{zns} stellt - noch ohne Berücksichtigung des Einflusses vom Atemzentrum - die neuralen Signale der vasomotorischen Zentren zum Herzen dar. Diese Interpretation des Blocks bot sich Katona et al. erst nach Aufstellung des Modells an; ihr ursprünglicher phänomenologischer Ansatz unterschied

---

[+]) Bei dieser und allen folgenden Anwendungen der Laplace-Transformation werden die Anfangswerte gleich Null vorausgesetzt.

nicht zwischen den Blöcken vasomotorische Zentren und Herz. Insbesondere zeigten experimentelle Untersuchungen im Vergleich mit dem Modell, daß sich die beiden Zweige im Block (Bild 23) den Wirkungen der sympathischen bzw. parasympathischen Innervation des Herzens zuordnen ließen, wobei durch den Schwellenwert die beiden Wirkungsbereiche getrennt werden.

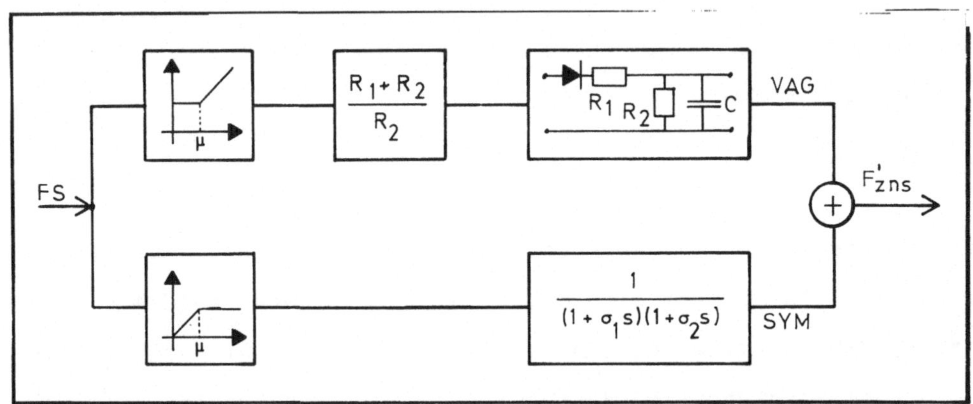

Bild 23: Übertragungsstrecke "Zentrales Nervensystem" (vgl. Bild 21) nach Katona et al. (1967).

Diese Modellinterpretation zeigt große Ähnlichkeit mit den Ergebnissen der Arbeit von Glick und Braunwald (1965) zur relativen Rolle des sympathischen und parasympathischen Nervensystems bei der Herzfrequenzregelung (Bild 24). Allerdings zeigt die Arbeit von Robinson et al. (1966), daß sich die Wirkungsbereiche der beiden Nervensysteme je nach Kreislaufbelastung durch körperliche Aktivität stark verschieben. In einer ersten Näherung ließe sich der dort beschriebene Sachverhalt eventuell durch eine funktionale Abhängigkeit des Schwellenwertes μ von der Belastungsanforderung des Kreislaufs beschreiben; denn eine Blutdruckregelung durch den Barorezeptorreflexbogen bleibt in ihrem prinzipiellen Mechanismus bei allen Belastungszuständen unverändert. Da geeignete

experimentell Untersuchungen und Modellansätze in dieser Richtung
dem Verfasser nicht bekannt sind, muß auf eine solche an sich
wünschenswerte Verbesserung des Modells von Katona et al.
verzichtet werden.

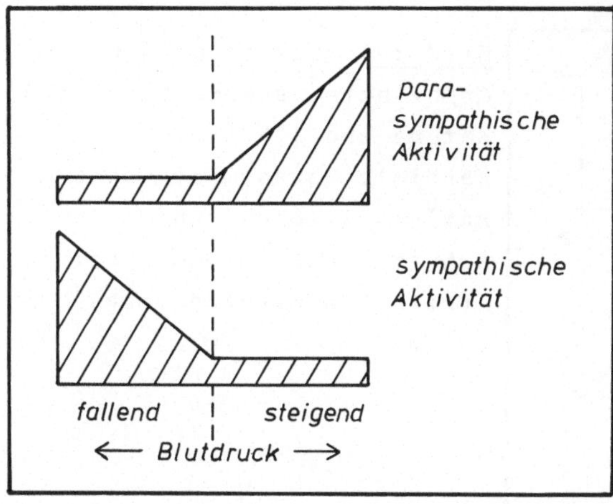

Bild 24: Relative Rolle des sympathischen und parasympathischen Nervensystems bei der Herzfrequenzregelung nach Glick und Braunwald (1965).

Die Verarbeitung des Barorezeptorsignals FS im vasomotorischen
Zentrum zum Signal F'_{zns} nach Bild 23 kann in folgender Weise
formuliert werden, indem die Laplace-Transformierten benutzt
werden:

$$(4.3a) \quad FS' = FS - \mu \, ,$$

$$(4.3b) \quad F_{sym} = \frac{1}{1+\sigma_1 s} \, \frac{1}{1+\sigma_2 s} \, FS' \quad \text{für} \quad FS' < 0 \, ,$$

$$(4.3c) \quad F_{vag} = \frac{1}{1+\tau_1 s} \, FS' \quad \text{für} \quad FS' \geq 0 \text{ und } \frac{\tau_2}{\tau_2 - \tau_1} \, FS' \geq F_{vag} \, ,$$

$$(4.3d) \quad F_{vag} \, (1 + \tau_2 s) = 0 \quad \text{für} \quad FS' \geq 0 \text{ und } \frac{\tau_2}{\tau_2 - \tau_1} \, FS' \leq F_{vag} \, ,$$

$$(4.3e) \quad F'_{zns} = F_{sym} + F_{vag} + \mu \, ,$$

wobei nach Katona et al. (1967)

$$\mu = 50 \text{ mmHg},$$

$$\sigma_1 = 2{,}0 \text{ s},$$

$$\sigma_2 = 1,0 \text{ s,}$$

$$\tau_1 = 1,5 \text{ s} \quad (\tau_1 \text{ entspricht } \frac{R_1 \, R_2}{R_1 + R_2} C \text{ im Bild 23) und}$$

$$\tau_2 = 4,5 \text{ s} \quad (\tau_2 \text{ entspricht } R_2 C \text{ im Bild 23) gilt.}$$

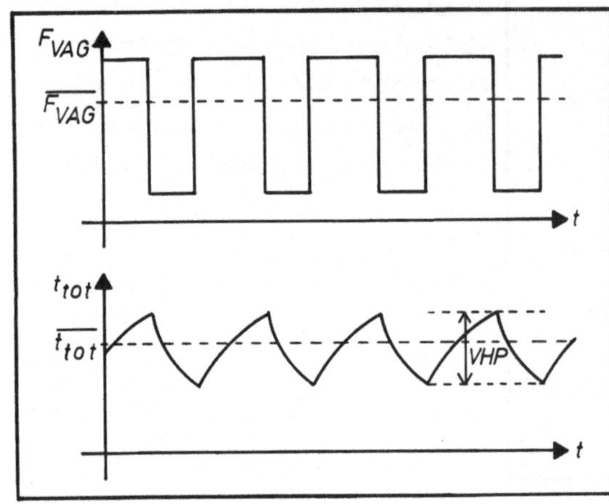

Bild 25: Respiratorische Arrhythmie, schematisch nach Katona und Jih (1975): Kardiale parasympathische Aktivität (oben) und Schwankungen der Herzperiode (reziproke Herzfrequenz, unten).

Die respiratorische Arrhythmie hat ebenso wie die Verschiebung des Arbeitspunktes der Herzfrequenz durch körperliche Aktivität ihre Ursache in der zentralnervösen Verkoppelung der vasomotorischen Zentren mit anderen Gehirnzentren bzw. ihrer Mehrfachfunktionen. So beeinflußt die Aktivität des Atemzentrums die kardiale parasympathische Aktivität. Im Bild 25 ist nach Katona und Jih (1975) schematisch der Zusammenhang zwischen den Schwankungen der Herzperiode (reziproke Herzfrequenz) und der kardialen parasympathischen Aktivität dargestellt. Zwischen der Schwankungsbreite VHP der Herzperiode und der parasympathischen Aktivität besteht nach Katona und Jih eine direkte Proportionalität. Der Ansatz

$$(4.4) \quad F_{zns} = F'_{zns} (1 + Y_{rsp} r) ,$$

$$\text{wobei } r = \begin{cases} -1 & \text{bei Inspiration} \\ 1 & \text{bei Expiration} \end{cases} ,$$

kann sowohl der schematischen Darstellung in Bild 25 als auch der Proportionalität zur parasympathischen Aktivität gerecht werden. Der Parameter γ_{rsp} kann mittels der Gleichungen 4.6/4.6a und den experimentellen Ergebnissen von Katona und Jih bestimmt werden:

$$(4.4a) \quad \gamma_{rsp} = 0,02$$

Bevor das Signal F_{zns} aus dem zentralen Nervensystem das Herz erreicht, erfährt es durch die Ausbreitungsgeschwindigkeit der Nervenimpulse in den efferenten Nervenbahnen eine Verzögerung von ca. 200 ms (nach Dick (1968)). Im Modell wird die Verzögerung durch ein Verzögerungsglied 1. Ordnung simuliert. Es gilt also für das im Herzen eintreffende Signal FH unter Benutzung der Laplace-Transformierten

$$(4.5) \quad FH = \frac{1}{1 + \tau_3 s} F_{zns} \quad \text{mit} \quad \tau_3 = 0,2 \text{ s} .$$

In Katona's Modell (Bild 23) ist das kontinuierliche Ausgangssignal F'_{zns} direkt proportional der Herzperiode, d.h. umgekehrt proportional der momentanen Herzfrequenz. Berücksichtigt man nun, daß das am Herzen eintreffende kontinuierliche Signal FH (Gleichung 4.5) in das diskrete Signal der Entladungsimpulse im Sinusknoten des rechten Atrium umgewandelt wird, so kann eine lineare Beziehung zwischen efferentem Signal FH und Herzperiode t_{tot} nur so interpretiert werden, daß zwar das Schwellenpotential im Sinusknoten linear durch das Signal FH bedinflußt wird, nicht aber die Depolarisationsgeschwindigkeit. Im Bild 26 wird diese Interpretation durch ein Blockdiagramm dargestellt.

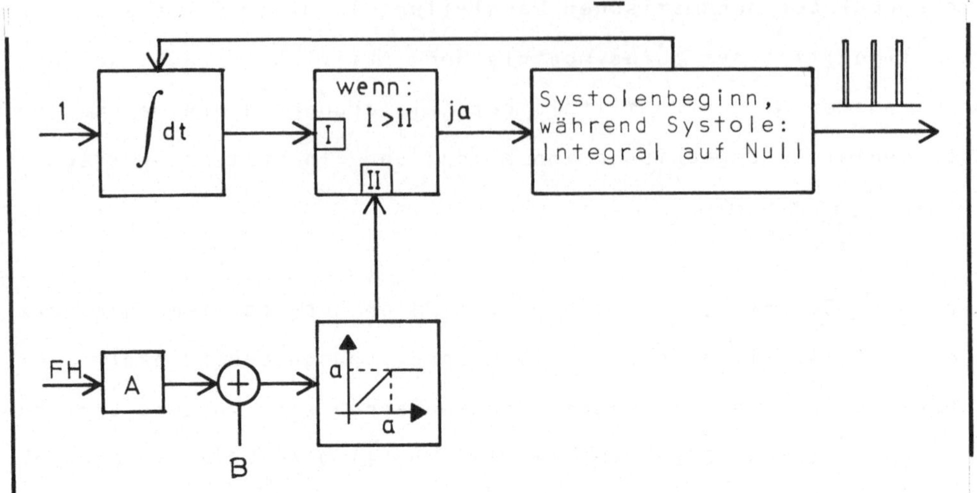

<u>Bild 26:</u> Blockdiagramm der Steuerung des Schwellenpotentials im Sinusknoten des rechten Atriums durch das am Herzen vom zentralen Nervensystem eintreffende Signal FH.

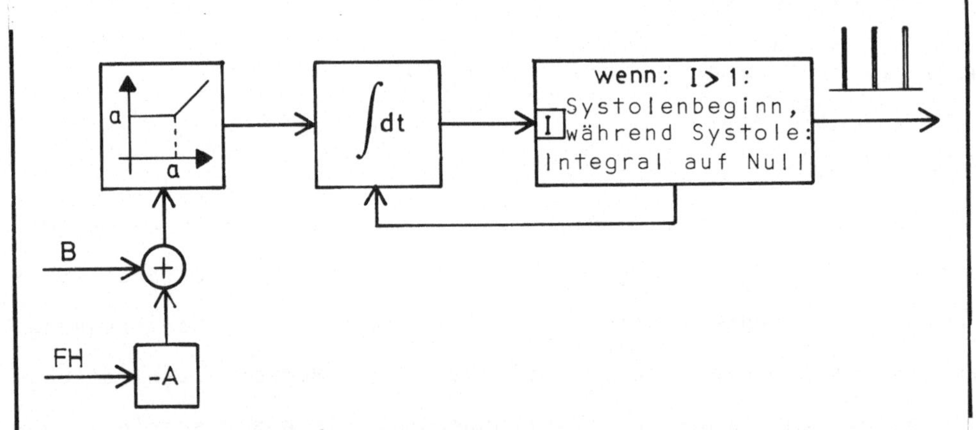

<u>Bild 27:</u> Blockdiagramm der Steuerung der Depolarisationsgeschwindigkeit im Sinusknoten des rechten Atriums durch das am Herzen vom zentralen Nervensystem eintreffende Signal FH.

Da dieses Bild der Steuerung des Schwellenpotentials durch sympathische und parasympathische Reize wenig den physiologischen Erkenntnissen entspricht (siehe u.a. Trautwein (1972)) wird von Dick (1968) vorgeschlagen, die Depolarisationsgeschwindigkeit durch das Signal FH linear zu steuern und das Schwellenpotential konstant zu halten (Bild 27).

Dadurch wird natürlich der lineare Zusammenhang zwischen efferentem Signal FH und Herzperiode t_{tot} aufgegeben. Denn für den stationären Fall, d.h. konstanten Druck P im Karotissinus, ist unter Vernachlässigung der respiratorischen Arrhythmie nach 4.2 bis 4.5 das Signal FH identisch gleich dem Druck P. Mit Gleichung 3.21 im Abschnitt 3.5. für die Systolendauer in den Vorhöfen sowie dem Blockdiagramm im Bild 27 gilt dann für die Herzperiode

$$(4.6) \quad t_{tot} = \begin{cases} 0,11 + \dfrac{1,10}{a} & \text{für } P \geq \dfrac{B-a}{A} + \beta \\[2mm] 0,11 + \dfrac{1,10}{B-A(P-\beta)} & \text{für } \beta < P \leq \beta + \dfrac{B-a}{A} \\[2mm] 0,11 + \dfrac{1,10}{B} & \text{für } P \leq \beta \ . \end{cases}$$

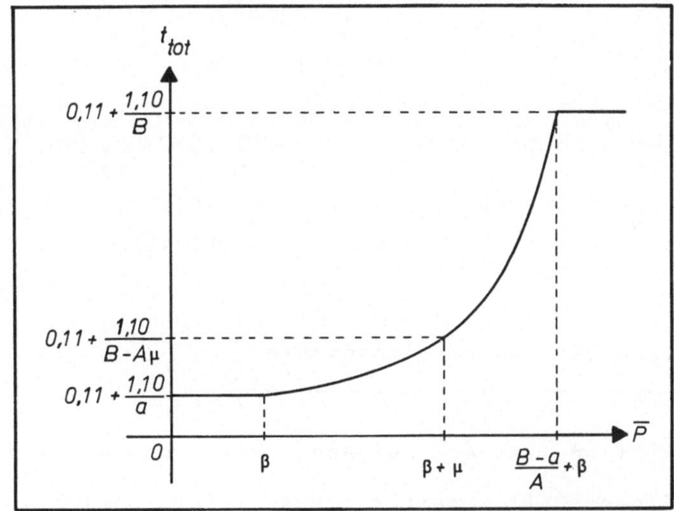

<u>Bild 28:</u> Herzperiode t_{tot} i.Abh.v. mittleren Karotissinusdruck $\overline{P}$ (vgl. Gl. 4.6).

Im Bild 28 ist Gleichung 4.6 schematisch dargestellt. Gleichung 4.6 gestattet es auch die Parameter A, B und a so zu wählen, daß die Herzperiode t_{tot} bzw. die Herzfrequenz $1/t_{tot}$ sich in Anhängigkeit vom mittleren Karotissinusdruck in einem physiologisch vernünftigen Rahmen bewegen. Im Bild 29 sind die

Kurvenverläufe der Herzperiode bzw. Herzfrequenz in Abhängigkeit vom mittleren Karotissinusdruck für den folgenden Parametersatz dargestellt:

$$(4.6a) \quad \begin{cases} A = 6,0 \cdot 10^{-2} \ (mmHg \ s)^{-1} \\ B = 4,29 \ s^{-1} \\ a = 0,28 \ s^{-1} \ . \end{cases}$$

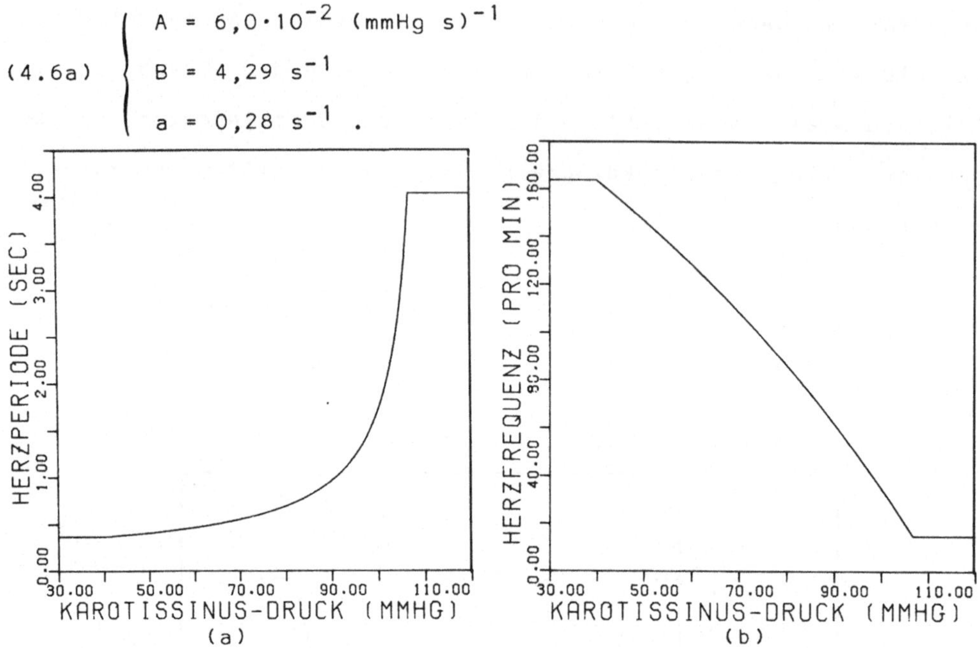

Bild 29: Herzperiode (a) und Herzfrequenz (b) i.Abh.v. mittleren Karotissinusdruck für den Parametersatz Gl. 4.6a.

4.4. Regelung der Kontraktionsstärke

Bei der Erfüllung seiner Aufgaben wird das Herz durch eine wichtige Eigenschaft seiner Muskulatur unterstützt: Bei wachsender Frequenz der Herzaktionen wächst nicht nur die Kontraktionsgeschwindigkeit der Herzmuskelfasern, wie durch die Gleichungen 3.20 und 3.21 beschrieben, sondern auch die Kontraktionsstärke nimmt zu. Letzteres bedeutet aber in der Modellsprache der Herzkammermodelle von Abschnitt 3.5., daß die Maximalwerte der Druck-Volumen-Verhältnisse a_{max} (Tabelle III) mit wachsender Herzfrequenz größer bzw. bei fallender kleiner werden.

Zur Beschreibung eines solchen funktionalen Zusammenhanges diene
ein Modellvorschlag von Blinks und Koch-Weser (1961): Jede
Aktivierung des Herzmuskels bzw. einer Herzmuskelfaser bewirkt
bezüglich der Kontraktilität, genauer der maximalen
Kontraktionskraft, zwei entgegengesetzte Effekte: einen negativ
inotropen Effekt der Aktivierung (NIEA), der die Kontraktilität
unmittelbar folgender Aktionen schwächt, und ein positiv
inotroper Effekt der Aktivierung (PIEA), der die Kontraktilität
unmittelbar folgender Aktionen vergrößert. Beide Effekte sind
kummulativ und werden mit unterschiedlichen Zeitkonstanten
abgebaut.

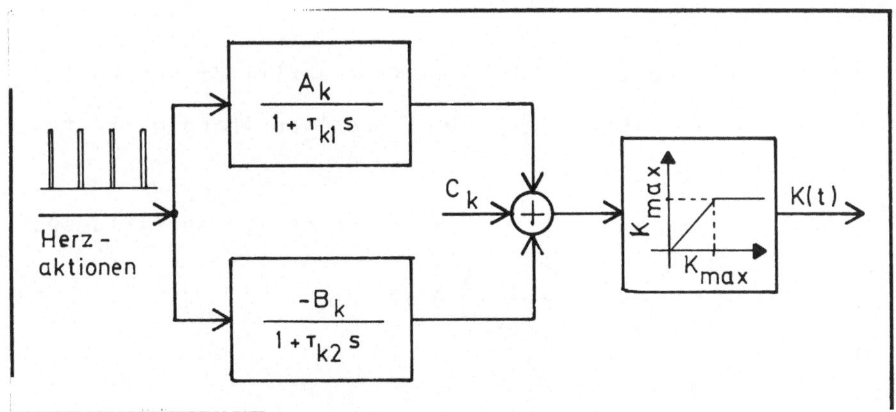

Bild 30: Blockdiagramm der Abhängigkeit der Kontraktionskraft K(t) von den Herzaktionen nach Blinks und Koch-Weser
(1961) (vgl. Gl. 4.7).

Mit diesem rein phänomenologischen Modell, deren beide
Hauptgrößen, NIEA und PIEA, nicht näher zu physiologischen
Vorgängen im Herzmuskel in Bezug gesetzt werden, können Blinks
und Koch-Weser sehr gut ihre umfangreichen Untersuchungen an
Herzmuskelpräparaten verschiedener Tiergattungen interpretieren.
In Bild 30 ist das Modell als Blockschaltbild dargestellt, und

Bild 31 zeigt ein typisches Simulationsergebnis, das den Messungen von Blinks und Koch-Weser gut entspricht.

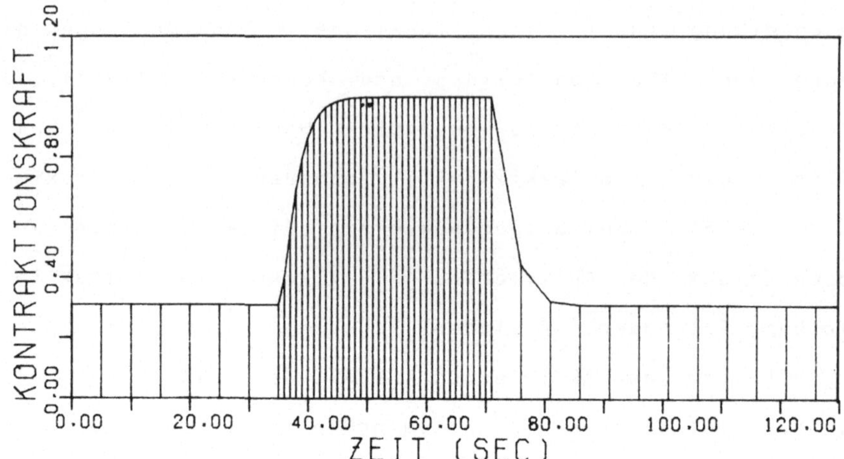

Bild 31: Kontraktionskraft bei zwei verschiedenen Herz-
perioden t_{tot}=5s und t_{tot}=1s. Simulationsergebnisse nach
Bild 30 bzw. Gl. 4.7 und 4.7a.

Das Modell der frequenzabhängigen Kontraktilität nach Bild 30 läßt sich unter Verwendung der Laplace-Transformierten in folgender Weise formulieren:

$$(4.7) \begin{cases} \Delta(t) = \sum_j \delta(t-t_j) \text{ mit } t_j \text{ dem Beginn der j-ten Atriumsystole} \\ K(s) = \left(\dfrac{A_k}{1+\tau_{k1}s} - \dfrac{B_k}{1+\tau_{k2}s} \right) \Delta(s) + C_k \\ K(t) \leq K_{max} \\ a_{max}(t) = a^N_{max} K(t) \, , \end{cases}$$

wobei a^N_{max} die Normalwerte des maximalen Druck-Volumen-
Verhältnisses nach Tabelle III und

K_{max} die maximale Kontraktionskraft darstellen.

In Anpassung an die Messungen von Blinks und Koch-Weser sowie unter der Voraussetzung, daß das Modellsystem Antwortzeiten von ca. 4-5 s haben soll, wurden folgende Parameterwerte bestimmt:

$$(4.7a) \begin{cases} A = 0,96 \\ B = 1,17 \\ C = 0,22 \\ \tau_{k1} = 2,125 \text{ s} \\ \tau_{k2} = 1,125 \text{ s} \\ K_{max} = 1,78 \quad . \end{cases}$$

Im Bild 32 wird das stationäre Verhalten des Simulationsmodells nach 4.7/4.7a mit Messungen von Koch-Weser und Blinks (1963) am Katzen-Papillarmuskel verglichen.

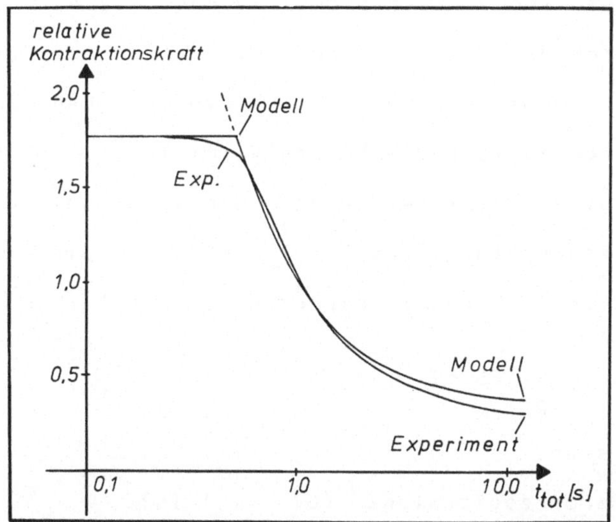

<u>Bild 32:</u> Relative Kontraktionskraft i.Abh.v. der Herzperiode t_{tot}. Stationäre Simulationsergebnisse des Modells nach Bild 30 bzw. Gl. 4.7 und 4.7a, experimentelle Ergebnisse nach Koch-Weser und Blinks (1963).

Das phänomenologische Modell von Blinks und Koch-Weser basiert auf reinen in-vitro-Untersuchungen. Mögliche unterschiedliche Effekte des intakten innervierten Herzens sind nicht berücksichtigt. Insofern kann es nur als eine grobe Näherung des tatsächlichen physiologischen Zusammenhangs angesehen werden. Aber es bietet den großen Vorteil der Einfachheit und besitzt verhältnismäßig wenig Parameter. So dürfte das schon im Abschnitt 1.2. zitierte Modell von Martin et al. (1969) aufgrund der experimentellen Vorgehensweise dort - intakte innervierte Herzen - sicher eine adäquatere Beschreibung der physiologischen Verhältnisse liefern, aber es muß dafür einen beträchtlichen Zuwachs an Komplexität und Prameteranzahl hinnehmen.

4.5. Periphere Speicher und Widerstände

Das autonome motorische System der kleinen Gefäße, Arterien und Venen, wird durch das sympathische Nervensystem des Grenzstranges versorgt und bekommt so von den vasomotorischen Zentren die Signale des Barorezeptorreflexbogens vermittelt. Nach Beneken und deWit (1967) ist die Verzögerungszeit dieser Signale ca. 10 s, so daß der Übertragungsblock "ZNS" (vgl. Bild 21) als ein einfaches Übertragungsglied 1. Ordnung angenommen werden kann:

$$(4.8) \quad FP(s) = \frac{1}{1 + \tau_p s} FS(s) \quad ,$$

wobei τ_p = 10 s und

FS das Barorezeptorsignal (Gl. 4.2) ist.

Im Abschnitt 3.3. traten in Gleichung 3.15 die steuerbaren Größen C und V_u auf. Entsprechend dem Vorgehen von Snyder (1969b) wird der folgende lineare Ansatz zur Steuerung von C und V_u gemacht:

$$(4.9) \quad \begin{aligned} V_u &= a_p + b_p FP \\ C &= c_p + d_p FP \quad , \end{aligned}$$

wobei a_p = 4,9 cm^3 , b_p = 0,014 cm^{3}mmHg^{-1} ,

c_p = 0,043 cm^{3}mmHg^{-1} und d_p = 2,27·10^{-3} cm^{3}mmHg^{-2} .

Mit diesen Parametern und der Gleichung 3.15 ergibt sich die in Bild 33 dargestellte Kurvenschar für die Druck-Volumen-Beziehung im peripheren Standardspeicher.

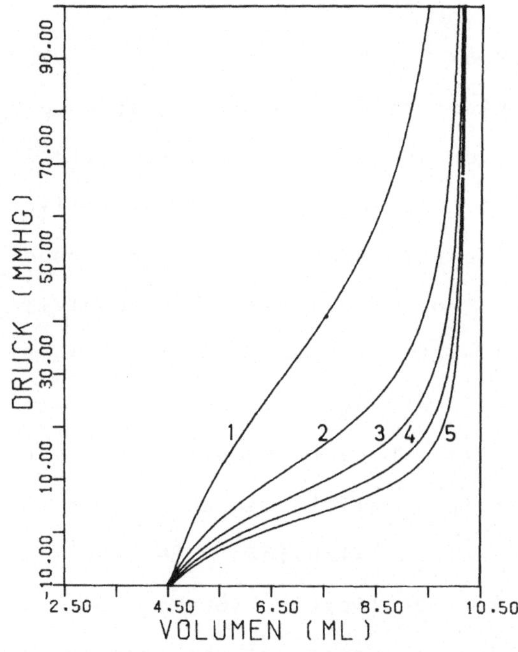

Bild 33: Druck-Volumen-Beziehung des peripheren Standard-
speichers bei verschiedenen
mittleren Karotissinusdrücken
$\overline{P}$, nach Gl. 3.14 und 4.9.

1 : $\overline{P}$ = 40 mmHg
2 : $\overline{P}$ = 65 mmHg
3 : $\overline{P}$ = 90 mmHg
4 : $\overline{P}$ = 115 mmHg
5 : $\overline{P}$ = 140 mmHg

Für die Regelung der peripheren Widerstände wird von Beneken und
deWit (1967) nach Untersuchungen von Sagawa (1967) für den
reziproken Widerstand $1/R_{zns}$, relativ zum Normalwiderstand, ein
lineares Modell vorgeschlagen:

$$(4.10) \quad R_{zns} = \frac{1}{1 + K_p \left(\frac{FP}{FP_N} - 1 \right)} \quad ,$$

wobei K_p = 0,75 und

FP$_N$ der Normalwert von FP (Gl. 4.8) bei

normalem Karotissinusdruck ist.

R_{zns} tritt als Faktor des Strömungswiderstandes in den
Gleichungen zur Beschreibung der entsprechenden (Bild 5)
Volumenflüsse auf. Ein weiterer Faktor des Strömungswiderstandes
wird zur Simulation der Autoregulation der entsprechenden
Volumenflüsse im folgenden Abschnitt 4.6. eingeführt.

4.6. Autoregulation "Sauerstoff-Versorgung"

Die Modelle von Huntsman (1968) und Granger (1970) zur Autoregulation des peripheren Widerstandes beruhen beide auf demselben Grundprinzip, welches von dem Blockschema im Bild 22 nur unvollständig dargestellt wird: Die Regelgröße ist eigentlich nicht der Blutfluß, sondern der Sauerstoffpartialdruck im Gewebe. Der Fluß ist ein Teil der Regelstrecke und muß so eingestellt werden, daß der Sauerstoffpartialdruck im Gewebe konstant bleibt bzw. dem Sauerstoffbedarf des aktiven, d.h. Sauerstoff verbrauchenden Gewebes, entspricht. Dieser Modellansatz läßt außer acht, daß nicht der Sauerstoff allein, sondern auch die Metaboliten des Stoffwechsels einen wichtigen Beitrag zur Autoregulation im peripheren Bereich liefern (Guyton et al. (1973)). Da der Modellansatz aber als Grundlage der Modelle von Huntsman und Granger deren umfangreiche experimentelle Ergebnisse recht gut beschreibt, soll er dem im folgenden darzustellenden Modell mit der einschränkenden Interpretation zugrunde liegen, daß der Sauerstoffpartialdruck im Gewebe ein Maß für alle die Autoregulation beeinflussenden Metabolite sein soll.

Es wird ein Modell vorgeschlagen, das sich in wesentlichen Teilen auf Annahmen und experimentelle Ergebnisse sowohl bei Huntsman wie bei Granger stützt. Insgesamt müssen fünf Annahmen gemacht werden:

1. Der Volumenstrom F wird nicht nur über den Strömungswiderstand der kleinen Arterien und Arteriolen gesteuert, sondern auch über eine variable Dichte des Kapillarnetzes.

2. Der Sauerstoffeinstrom in das Gewebe ist proportional dem Blutstrom, der arteriovenösen Sauerstoffdifferenz, der zur

Verfügung stehenden Kapillarfläche und dem reziproken mittleren Kapillarenabstand.

3. Der Sauerstoffpartialdruck im Gewebe ist ungefähr gleich dem im venösen Blut.

4. Der metabolische Sauerstoffverbrauch ist oberhalb eines bestimmten Schwellenwertes des Sauerstoffpartialdruckes im Gewebe unabhängig von diesem; unterhalb des Schwellenwertes wird der Transport des Sauerstoffs zu den Sauerstoff verbrauchenden Zellteilen durch eine lineare Abhängigkeit vom Sauerstoffpartialdruck im Gewebe approximiert.

5. Die beiden Stellgrößen, arterieller Strömungswiderstand und Kapillardichte, werden über jeweils einen Proportionalregler durch die Regelgröße Sauerstoffpartialdruck im Gewebe mit einer Verzögerung 3. Ordnung gesteuert.

Im einzelnen ergeben sich aus den Annahmen die folgenden Gleichungen:

Aus der 1. Annahme für den Volumenfluß F folgt

$$(4.11) \quad \Delta P = F \, (R_K^O \, R_K + R_A^O \, R_A) \, R_N \, R_{zns} \, ,$$

wobei ΔP die Druckdifferenz,

$\quad R_N$ der Normalwiderstand,

$\quad R_{zns}$ der Faktor der zentralnervösen Widerstandsregelung,

$\quad R_K^O$ der relative Anteil des Kapillardichte-Widerstandes am Gesamtwiderstand,

$\quad R_A^O$ der relative Anteil des arteriellen Strömungs- widerstandes am Gesamtwiderstand,

$\quad R_K$ die Stellgröße "Kapillardichte-Widerstand" (dimensionslos) und

$\quad R_A$ die Stellgröße "arterieller Widerstand" (dimensionslos) sind.

Aus der 2. und 3. Annahme für den Sauerstoffstrom aus dem Blut $\dot{V}^B_{O_2}$ folgt

$$(4.12a) \qquad \dot{V}^B_{O_2} = N^{\frac{3}{2}} \; \overline{F} \left\{ H(P^A_{O_2}) - H(P^T_{O_2}) \right\} \; ,$$

wobei N die Kapillardichte (dimensionslos,

$\quad$ N ~ Kapillarfläche, $\sqrt{N}$ ~ reziproken mittleren

$\quad$ Kapillarabstánd) ,

$\quad P^A_{O_2}$ der Sauerstoffpartialdruck im arteriellen Blut,

$\quad P^T_{O_2}$ der Sauerstoffpartialdruck im Gewebe (gleich dem

$\quad$ Sauerstoffpartialdruck im venösen Blut) und

$\quad H(P_{O_2})$ der relative Sauerstoffvolumenanteil bei einem

$\quad$ Partialdruck P_{O_2} (Sauerstoffbindungskurve des

$\quad$ Blutes, Funktionsverlauf im Bild 34) sind,

sowie

$$(4.12b) \qquad \overline{F}(s) = \frac{1}{1 + \tau_{A1} s} \; F(s) \quad \text{mit} \quad \tau_{A1} = 2,0 \; s \; .$$

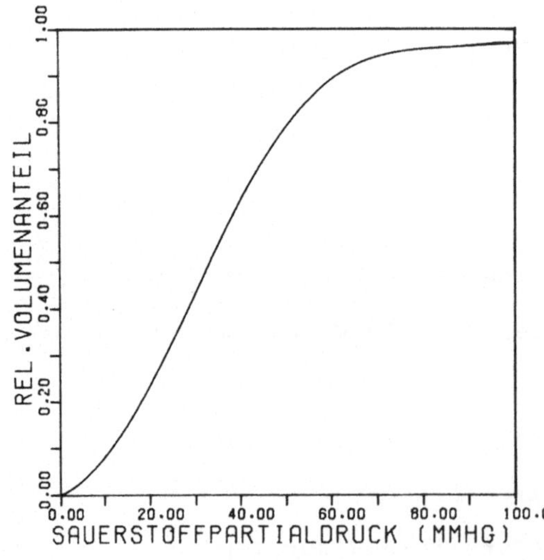

Bild 34: Relativer Sauerstoff-volumenanteil im Blut $V^B_{O_2}$ i.Abh.v. Sauerstoffpartiál-druck $P^B_{O_2}$ (Sauerstoffbindungs-kurve).

Aus der 4. Annahme für den metabolischen Sauerstoffverbrauch $\dot{V}^m_{O_2}$ folgt

$$(4.13) \quad \dot{V}^m_{O_2} = \begin{cases} n\, m_o & \text{für } P^T_{O_2} \geq n\, \gamma_o \\[2ex] \dfrac{n\, m_o}{\gamma_o}\, P^T_{O_2} & \text{für } P^T_{O_2} < n\, \gamma_o \end{cases} ,$$

wobei $n m_o$ das n-fache des Ruhe-O_2-Verbrauchs m_o und γ_o ein Schwellenwert sind.

Aus der 5. Annahme für die Stellgrößen "Kapillardichte-Widerstand" R_K und "arterieller Widerstand" R_A folgt

$$(4.14a) \quad \begin{cases} N(s) = \zeta_K - \dfrac{(\zeta_K - 1)}{\left(1 + \dfrac{T_{A2}}{3} s\right)^3} \; \dfrac{P^T_{O_2}(s)}{P^{To}_{O_2}} \\[3ex] N(t) \geq 0{,}2 \end{cases} ,$$

wobei $\zeta_K > 1$ gilt und $P^{To}_{O_2}$ der normale O_2-Partialdruck im Gewebe ist,

$$(4.14b) \quad R_K(t) = \frac{1}{N(t)} ,$$

sowie

$$(4.15) \quad \begin{cases} R_A(s) = \zeta_A + \dfrac{(1 - \zeta_A)}{\left(1 + \dfrac{T_{A2}}{3} s\right)^3} \; \dfrac{P^T_{O_2}(s)}{P^{To}_{O_2}} \\[3ex] R_A(t) \leq 3{,}0 \end{cases} ,$$

wobei $\zeta_A < 1$ gilt.

Weiterhin gilt noch zur Berechnung des Sauerstoffpartialdruckes im Gewebe eine Näherung der Sauerstoffbindungskurve des Gewebes

$$(4.16) \quad P^T_{O_2} = K_T \, \frac{V^T_{O_2}}{V^{Tmax}_{O_2} - V^T_{O_2}}$$

und die einfache Beziehung für die Sauerstoffmenge im Gewebe

$$(4.17) \quad V^T_{O_2} = V^{To}_{O_2} + \int_0^t (\dot{V}^B_{O_2} - \dot{V}^m_{O_2}) \, dt' ,$$

wobei $V_{O_2}^{To}$ der Anfangswert ist.

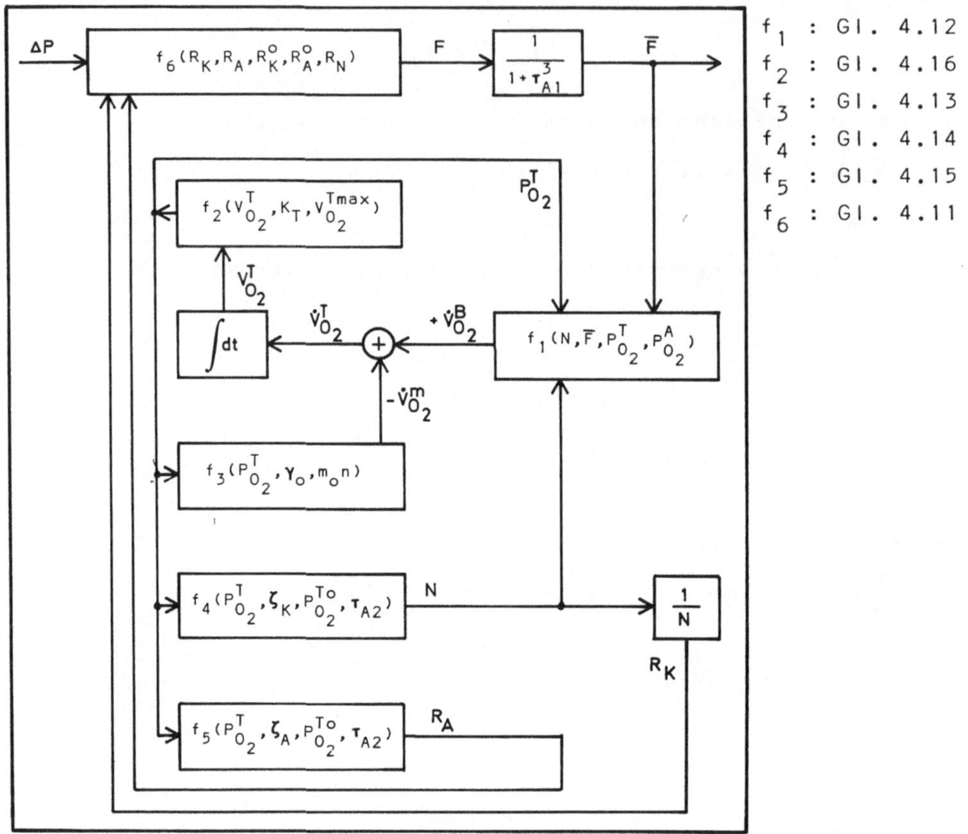

<u>Bild 35:</u> Blockdiagramm des Autoregulationsmechanismus zur Regelung des Sauerstoffpartialdrucks im Gewebe $P_{O_2}^T$. Bedeutung der Übertragungsblöcke f_i vgl. Text.

Im Bild 35 sind in einem Blockdiagramm die Verknüpfungen der Gleichungen 4.11 - 4.17 dargestellt. In Tabelle V sind alle Parameterwerte, nach den Ergebnissen von Huntsman (1968) und Granger (1970) bestimmt, zusammengestellt. Da die Werte auf je 100 g durchströmtes Gewebe bezogen sind, sind gleichfalls in Tabelle V die Gewichtsfaktoren der Flüsse mit angegeben. Sie normieren den jeweiligen Fluß auf ein Durchströmungsgebiet von 100 g Gewebe.

$$R_K^O = 0,25 \quad , \quad \tau_{A1} = 1 \text{ s} \quad , \quad \zeta_K = 3,5 \quad , \quad P_{O_2}^A = 100 \text{ mmHg}$$

$$R_A^O = 0,75 \quad , \quad \tau_{A2} = 6 \text{ s} \quad , \quad \zeta_A = 0,2 \quad , \quad P_{O_2}^{To} = 40 \text{ mmHg}$$

$$K_T = 3,33 \text{ mmHg} \quad , \quad m_O = 2,42 \cdot 10^{-2} \text{ ml s}^{-1}/100 \text{ g}$$

$$\gamma_O = 5 \text{ mmHg} \quad , \quad V_{O_2}^{Tmax} = 0,97 \text{ ml}/100 \text{ g}$$

(a)

i-tes Segment	j-tes Segment	Gewichtsfaktor $[100 \text{ g}^{-1}]$
AS	AV	54,48
TA	RA	81,19
AB	CE	16,02
AI	BO	37,39
AF	BU	37,39
AO	RA	6,41

(b)

Tabelle V: Parameterwerte der Autoregulation zur Regelung des Sauerstoffpartialdrucks im Gewebe (a) und Gewichtsfaktoren der Flüsse (b), siehe Text.

Im Bild 36 sind typische Zeitverläufe bei zwei unterschiedlichen "Störungen" dargestellt (Bild 36 a und b). Sie zeigen ein charakteristisches Einschwingverhalten, das ca. 20-25 s nach Auftreten der Störung ausgeklungen ist. Der Beitrag der beiden Widerstandsanteile R_A und R_K zur Flußregulierung bei steigendem Sauerstoffverbrauch wird in der Darstellen von Bild 36c deutlich.

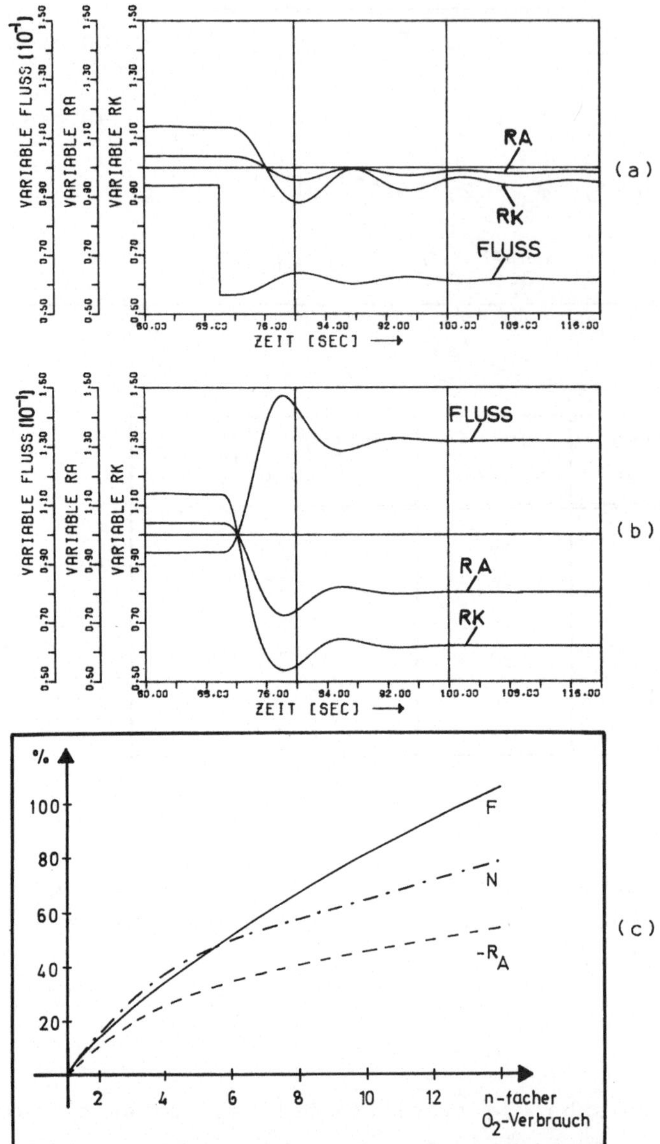

Bild 36: Simulationsergebnisse des Autoregulationsmodells
"Sauerstoffversorgung" für die Variablen Fluß F, Kapillar-
widerstand R_K, Arteriolenwiderstand R_A und Kapillardichte
N. (a) : Abfall des Perfusionsdruckes um 40%, (b) : 10-facher
O_2-Verbrauch, (c) : relativer Anstieg von F und N bzw. Abfall
von R_A i.Abh.v. O_2-Verbrauch.

Beim Einsatz des Autoregulationsmodells zur Regulation des Koronarflusses F_{AORA} muß berücksichtigt werden, daß der Sauerstoffbedarf des Herzmuskels nicht nur wesentlich höher (ca. 10-mal größer nach Gauer (1972)) als der des übrigen Muskelgewebes, sondern auch direkt abhängig von der jeweiligen Herzleistung ist.

Im Anhang C wird die vom Herzen während eines Zyklus verrichtete Arbeit berechnet. Sie setzt sich aus einem Anteil W_i der isometrischen Kontraktionsphase und einem Anteil W_m der Austreibungs- und Füllungsphase zusammen:

$$(4.18) \qquad W_m = A_m \int_{\substack{Herz- \\ zyklus}} P \, (F_{ein} - F_{aus}) \, dt \; ,$$

wobei $F_{ein/aus}$ die ein- bzw. ausfließenden Flüsse des Ventrikels,

$\qquad$ P der Ventrikeldruck und

$\qquad$ A_m ein Normierungsfaktor sind.

$$(4.19) \qquad W_i = A_i \sqrt{V_{ed}} \, (P_{max} - P_{ed}) \; ,$$

wobei V_{ed} das enddiastolische Volumen des Ventrikels,

$\qquad$ P_{ed} der enddiastolische Druck des Ventrikels,

$\qquad$ P_{max} der maximale Ventrikeldruck während eines Zyklus und

$\qquad$ A_i ein Normierungsfaktor sind.

Da der linke Ventrikel die bei weitem größte Arbeit der Herzkammern und Vorhöfe verrichtet, wird seine Arbeit als Maß für die gesamte Herzarbeit angenommen. Somit kann für den Sauerstoffverbrauch des Herzens angesetzt werden

$$(4.20) \qquad m_H = \frac{m_H^o (W_m + W_i)}{t_{tot}} + \dot{Q}_{O_2} \; ,$$

wobei $\dot{Q}_{O_2}$ der Ruhe-O_2-Verbrauch des Herzens und

m_H^O ein Dimensionsfaktor sind.

Die Werte der Parameter wurden nach experimentellen und theoretischen Untersuchungen von Ghista et al. (1972) bestimmt:

$$(4.20a) \quad \begin{cases} A_m \, m_H^O = 7,143 \cdot 10^{-6} \ \text{mmHg}^{-1}/100g \\[2mm] A_i \, m_H^O = 6,667 \cdot 10^{-5} \ \text{mmHg}^{-1}/100g \\[2mm] \dot{Q}_{O_2} \quad\; = 0,05 \ \text{ml} \ s^{-1}/100g \end{cases}$$

Der Einsatz der mechanischen Größen von 4.18/4.19 in den Sauerstoffverbrauch des Herzens nach 4.20 bedeutet für den Autoregulationsmechanismus eine zusätzliche Rückkoppelungsschleife.

4.7. Autoregulation "Fluß"

Gehirn- und Nierendurchblutung zeigen beide hinsichtlich ihrer Druck-Fluß-Beziehung ein ähnliches Verhalten, das auf sehr wirksame Autoregulationsmechanismen hindeutet. In Bild 37 ist schematisch nach Schneider (1971) die Durchblutung in Abhängigkeit vom Perfusionsdruck für beide Organe dargestellt. Das Plateau F_s wird nur aufgrund starker Störungen der Autoregulation verlassen, so z.B. Lähmung der Gefäßmuskulatur bei der Niere oder bei akutem Sauerstoffmangel im Gehirn. Unterhalb eines bestimmten Schwellenwertes ΔP_s des Perfusionsdruckes liegt eine normale, etwa lineare Druck-Fluß-Beziehung vor. Ohne näher einen Bezug zu den tatsächlichen physiologischen Mechanismen herzustellen, wird für die Regulierung des Flusses auf dem Plateau ein Integralregler für die Stellgröße "reziproker Widerstand" angenommen. Ebenso wie im Fall der Autoregulation "Sauerstoffversorgung" glättet ein Verzögerungsglied 1. Ordnung den Fluß, bevor er zur Regelung abgegriffen wird. Das Gleiche gilt für die Druckdifferenz. Es folgt also für die Regelung des Flusses F_{ij} vom i-ten in das j-te Segment

$$(4.21a) \quad P_i - P_j = R_{ij} F_{ij} \, ,$$

$$(4.21b) \quad \overline{F}_{ij}(s) = \frac{F_{ij}(s)}{1 + \tau s} \quad \text{mit } \tau = 2,0 \text{ s} \, ,$$

$$(4.21c) \quad \overline{\Delta P}_{ij}(s) = \frac{P_i - P_j}{1 + \tau s} \quad \text{mit } \tau = 2,0 \text{ s} \, ,$$

$$(4.21d) \quad
\begin{cases}
\dfrac{1}{R_{ij}} = \dfrac{1}{R_{ij}^N} - K_F \displaystyle\int (\overline{F}_{ij} - F_{ij}^s) \, dt & \text{für } \overline{\Delta P}_{ij} \geq P_{ij}^s \\[2em]
R_{ij} = \dfrac{\Delta P_{ij}^s}{F_{ij}^s} & \text{für } \overline{\Delta P}_{ij} < P_{ij}^s \, ,
\end{cases}$$

wobei R_{ij}^N der Widerstand bei normaler Druckdifferenz $P_i - P_j$ und $(F_{ij}^s, \Delta P_{ij}^s)$ der Knickpunkt der Druck-Fluß-Beziehung (Bild 37) sind.

Im Anhang D wird in einer kurzen Analyse des nichtlinearen Regelkreises mittels Linearisierung ein Kriterium für die Wahl des Parameters K_F angegeben, das im wesentlichen eine möglichst geringe Regelabweichung zum Ziel hat. Danach ergiebt sich

$$(4.21e) \quad K_F = 6,25 \cdot 10^{-1} \text{ mmHg}^{-1} \text{ s}^{-1} \, .$$

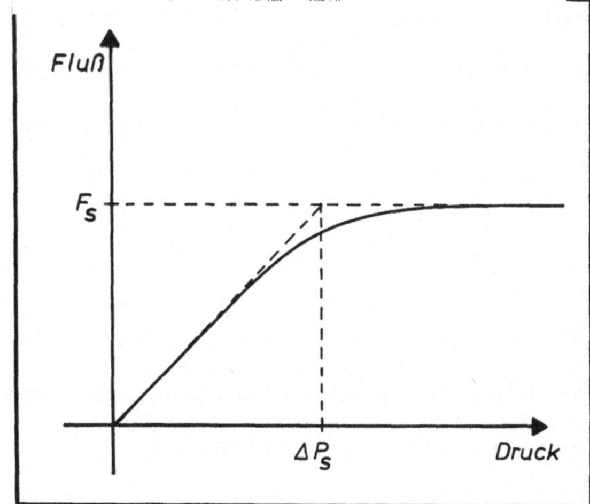

Bild 37: Durchblutung von Nieren und Gehirn i.Abh.v. Perfusionsdruck, schematisch.

5.   Realisierung des Simulationsmodells

5.1.   Numerisches Integrationsverfahren

Das gesamte globale Herzkreislaufmodell stellt sich letztlich sowohl hinsichtlich seiner mechanischen wie auch regelungstechnischen Submodelle als ein nichtlineares n-dimensionales Differentialgleichungssystem 1. Ordnung dar:

$$(5.1) \quad \underline{\dot{x}} = \underline{f}(x_1,\ldots,x_n;u_1,\ldots,u_r;t) \ ,$$

wobei $x_i(t)$ die i-te Zustandsgröße und

$\quad\quad u_j(t)$ die j-te vorgegebene Zeitfunktion sind und

$\quad\quad n \simeq 100$.

Solche Systeme lassen sich hauptsächlich nur noch mit zwei Methoden auf ihr Verhalten hin untersuchen: Der analogen Simulation oder der Simulation mittels numerischer Näherungsverfahren; eine Kombination beider Methoden ist auch möglich.

Die analoge Methode ist, wie schon mehrfach erwähnt und zitiert, mit großem Erfolg zur Simulation von Herzkreislaufmodellen angewandt worden; ebenso fand der Hybridrechner ein dankbares Anwendungsgebiet in der Herzkreislaufsimulation. Es ist ein Ziel der vorliegenden Arbeit (Abschnitt 1.3.) zu zeigen, daß der Einsatz numerischer Simulationsverfahren ebenfalls bei Herzkreislaufmodellen des vorliegenden Typs zum Erfolg führen kann.

An den meisten Großrechenanlagen stehen Programmpakete zur Verfügung, die die digitale Simulation kontinuierlicher Systeme ohne großen programmtechnischen Aufwand gestatten. So wurden

Vorstufen dieses globalen Herzkreislaufmodells, etwa dem Modell von Beneken (1965) entsprechend, erfolgreich mit dem System DYNAMO (Pugh (1970)) und CSMP (IBM (1972)) simuliert (Gille und Ranft (1977)). Im Verlauf des weiteren Modellausbaus zeigten sich aber bald die Grenzen der kommerziellen Programmsysteme (Rechenzeit, Speicherbedarf, Programmumfang usw.). Ein Rückgriff auf gängige Programmsprachen, wie z.B. FORTRAN IV, war unvermeidbar.

Kernstück eines digitalen Simulationsprogramms ist der numerische Integrationsalgorithmus. Prinzipiell stellt jeder solcher Integrationsalgorithmus eine Näherung des Differentialgleichungssystems 5.1 durch ein Differenzengleichungssystem dar. Eine digitale Simulation liefert also als Näherung der kontinuierlichen Zeitverläufe der Modellgrößen Punktfolgen.

Es steht eine Fülle von nummerischen Integrationsverfahren zur Verfügung (Jentsch (1969)): Ein- und Mehr-Schritt-Verfahren, Prädiktor-Korrektor-Verfahren, variable und konstante Zeitschritt-Verfahren usw. Ihre Einsatzmöglichkeiten hängen ganz vom konkreten Einzelfall ab. So sind es folgende Kriterien, die ein Integrationsalgorithmus bei der Simulation dieses Herzkreislaufmodells erfüllen sollte:

- Die Flexibilität des Gesamtmodells nach den Prinzipien von Abschnitt 2.3. muß auch in der simulationstechnischen Realisierung erhalten bleiben. Das heißt z.B., die Austauschbarkeit auch sehr unterschiedlicher Submodelle sollte von Seiten der Programmierung problemlos sein.
- Eine ausreichende numerische Genauigkeit und Stabilität muß

gewährleistet sein.

- Der Rechenzeitbedarf sollte auch längere Simulationsläufe in ökonomischen Grenzen ermöglichen.

Vor allem das erste und letzte Kriterium geben den Einschritt-Verfahren mit konstanter Schrittlänge deutlich den Vorzug. Eine einfache, aber entsprechend dem zweiten Kriterium ausreichend genaue Methode stellt das Trapez-Prädiktor-Korrektor-Verfahren (auch verbessertes Eulersches Verfahren genannt) dar. Ein mit der Eulerschen Formel (5.2a) gewonnener Prädiktorwert wird in die Trapez-Formel (5.2b) des Korrektors eingesetzt, der den entgültigen Punkt des Zeitschrittes berechnet:

$$(5.2a) \begin{cases} {}^{P}\underline{x}^{m+1} = \underline{x}^m + \Delta t \; \underline{f}^m \\[1em] \underline{f}^m = \underline{f}(x_1^m,\ldots,x_n^m;u_1(m\Delta t),\ldots,u_r(m\Delta t);m\Delta t) \end{cases} \left.\begin{array}{l} \text{Prädiktor:} \\ \text{Eulersche} \\ \text{Formel} \end{array}\right.$$

$$(5.2b) \begin{cases} \underline{x}^{m+1} = \underline{x}^m + \dfrac{\Delta t}{2}({}^{P}\underline{f}^{m+1} + \underline{f}^m) \\[1em] {}^{P}\underline{f}^{m+1} = \underline{f}({}^{P}x_1^{m+1},\ldots;u_1((m+1)\Delta t),\ldots;(m+1)\Delta t) \end{cases} \left.\begin{array}{l} \text{Korrektor:} \\ \text{Trapez-} \\ \text{Formel} \end{array}\right.$$

Pro Zeitschritt muß das Differentialgleichungssystem 5.1 zweimal ausgewertet werden. Das Verfahren ist von 2. Ordnung, d.h. der Abbrechfehler ist von 3. Ordnung in Δt. Da die Eulersche Formel allein nur von 1. Ordnung ist, wird durch den Einsatz der Trapez-Formel eine Verbesserung des Verfahrens um eine Ordnung erreicht. Außerdem hat das Trapez-Prädiktor-Korrektor-Verfahren gegenüber der einfachen Eulerschen Formel einen größeren Bereich der nummerischen Stabilität, oder anders ausgedrückt, das Verfahren ist robuster gegenüber seinen eigenen Fehlern.
Der Rahmen der Arbeit gestattet es nicht, näher auf die Probleme der Integrationsfehler und der nummerischen Stabiltität einzugehen. Es muß daher auf die einschlägige Literatur

hingewiesen werden, z.B. Jentsch (1969). Im übrigen zwingt die Komplexität der Modelle trotz aller Theorie zu einer heuristischen Vorgehensweise; d.h. erst die Anwendung zeigt die Vor- und Nachteile der Verfahren für das jeweilige Problem auf.

5.2.   Numerisches Differentiationsverfahren

Obwohl, wie im vorangegangenen Abschnitt beschrieben, das gesamte Modell als Differentialgleichungssystem 1. Ordnung grundsätzlich mittels eines numerischen Integrationsverfahrens berechnet bzw. simuliert werden kann, ist es aus simulationstechnischen Gründen sinnvoll, in einigen Submodellen auch ein numerisches Differentiationsverfahren zur näherungsweisen Berechnung des Differentialquotienten anzuwenden, und zwar für die Volumendifferentiation in den Gleichungen 3.3 und 3.9. Um einen glatteren Kurvenverlauf zu erzielen, wird eine Näherung des Differentialquotienten durch einen Differenzenquotienten gewonnen, zu dessen Berechnung drei Stützstellen der abzuleitenden Größe – statt zwei wie bei dem normalen Differenzenquotienten – herangezogen werden (Bild 38).

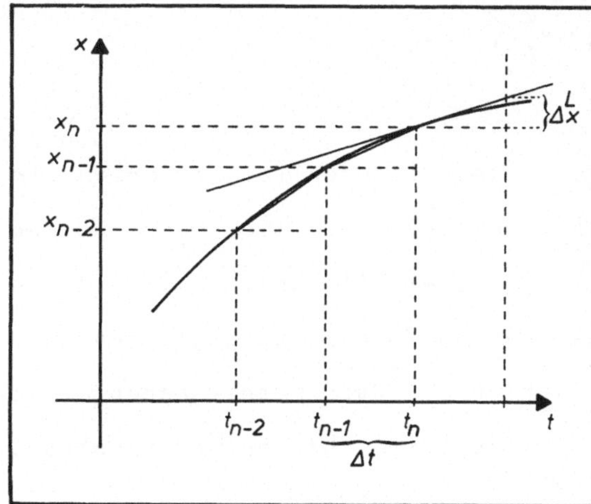

Bild 38: Näherung des Differentialquotienten im Punkt (t_n, x_n) durch das gewichtete Mittel der vorangegangenen beiden Differentialquotienten $\dfrac{\Delta \overset{L}{x}}{\Delta t}$ (vgl. Gl. 5.4).

Der wahre Kurvenverlauf durch die drei Stützpunkte kann durch einen Polynom 2. Grades angenähert werden. Die ersten Ableitungen des Polynoms an den Stützstellen sind dann auch Näherungen der Ableitungen der wahren Funktion an den Stützpunkten. Nach der Lagrangeschen Interpolationsformel (Zurmühl (1965)) gilt für das Interpolationspolynom der drei Stützpunkte

$$(5.3a) \qquad P(t) = L_o(t)\, x_{n-2} + L_1(t)\, x_{n-1} + L_2(t)\, x_n \, ,$$

$$(5.3b) \qquad L_o(t) = \frac{t^2 - t\,(t_n + t_{n-1}) + t_n t_{n-1}}{2(\Delta t)^2} \, ,$$

$$(5.3c) \qquad L_1(t) = \frac{t^2 - t\,(t_n + t_{n-2}) + t_n t_{n-2}}{(\Delta t)^2} \, ,$$

$$(5.3d) \qquad L_2(t) = \frac{t^2 - t\,(t_{n-2} + t_{n-1}) + t_{n-2} t_{n-1}}{2(\Delta t)^2} \, ,$$

wobei $\Delta t = (t_n - t_{n-1}) = (t_{n-1} - t_{n-2})$.
Für die Steigung im Punkt (t_n, x_n) gilt nach 5.3a–d

$$(5.4) \qquad \left. \frac{dP(t)}{dt} \right|_{t=t_n} = \frac{\Delta^L x}{\Delta t} \, ,$$

wobei $\Delta^L x = \frac{3}{2}\,(x_n - x_{n-1}) - \frac{1}{2}\,(x_{n-1} - x_{n-2})$.

Die Gleichung 5.4 als Näherung des Differentialquotienten im n-ten Stützpunkt ist also das gewichtete Mittel der beiden Differenzenquotienten zwischen den drei Stützstellen. Größere Schwankungen der Differenzenquotienten werden ausgeglichen und dadurch die simulierten Zeitverläufe der Modellgrößen, die funktional direkt von den Differentialquotienten abhängen, geglättet.

5.3. Mehr-Schrittweiten-Verfahren

Die Wahl der Schrittweite Δt wird durch zwei gegenläufige Tendenzen bestimmt: Möglichst große Schrittweiten Δt zur Verringerung der Rechenzeiten einerseits, andererseits aber ein Δt ,das klein genug ist, um eine ausreichend gute Näherungslösung durch das Simulationsverfahren sicherzustellen. Die letztere Bedingung ist dann gerade noch erfüllt, wenn Δt höchstens die Größenordnung der kleinsten im Modellsystem auftretenden Zeitkonstanten hat. Als eine Faustregel für das Eulersche Integrationsverfahren gilt (Forrester (1972))

$$(5.5) \qquad \frac{T_{min}}{5} \leq \Delta t \leq \frac{T_{min}}{2} \; .$$

Oft findet man bei sehr komplexen Systemen, daß die Größenordnungen der Zeitkonstanten des Modells in mehrere Größenklassen zerfallen, die dann auch beträchtlich weit auseinanderliegen können. So erstrecken sich die Werte der Zeitkonstanten des Herzkreislaufmodells über einen Skalenbereich von vier Größenordnungen. Außerdem bieten sich deutlich zwei Größenklassen an: Zeitkonstanten der Herzkreislaufmechanik im Bereich 10^{-2} s und Zeitkonstanten hauptsächlich der Herzkreislaufregelung im Bereich von 1 s.

Entsprechend der Größenordnung ihrer Zeitkonstanten kann man das Gesamtmodell in Untersysteme aufteilen, und diesen Untersystemen Schrittweiten Δt nach der Faustformel 5.5 zuteilen. Der Integrationsalgorithmus läuft also jetzt nicht mehr im einheitlichen Rhythmus für das gesamte Modell ab, sondern ineinandergeschachtelt mit verschiedenen Schrittweiten für die einzelnen Untersysteme (Bild 39). Wenn die folgenden Bedingungen erfüllt sind, dann kann im Fall von zwei Untersystemen als Schrittweite des numerischen Integrationsverfahrens für das erste Untersystem Δt_1 und das zweite Untersystem Δt_2 gewählt werden (Bild 39):

$$(5.6) \left\{ \begin{array}{l} \text{1. Bed. :} \quad \Delta t_1 < \tau_1,\ldots,\tau_p \text{ und } \Delta t_2 < \tau_{p+1},\ldots,\tau_q \\ \text{2. Bed. :} \quad \dfrac{1}{\Delta t_2} > \omega_{max} \\ \text{3. Bed. :} \quad \Delta t_2 = I\,\Delta t_1 \text{ mit } I \text{ ganzzahlig und größer Null,} \end{array} \right.$$

wobei ω_{max} die größte auftretende Frequenz im Frequenzspektrum des Eingangs für das 2. Untersystem ist.

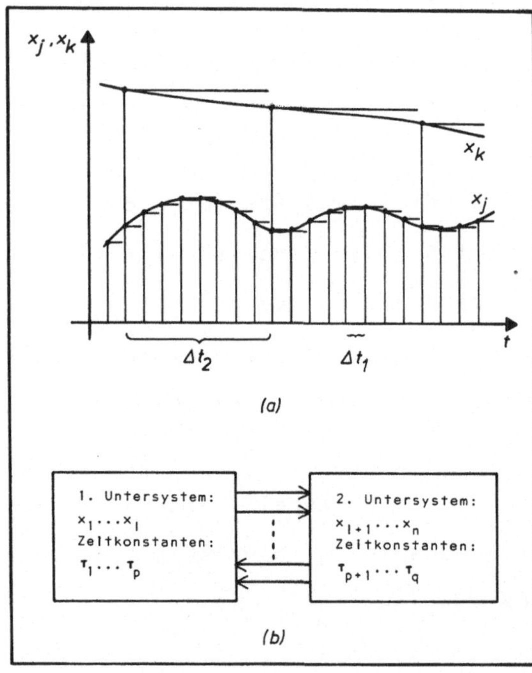

Bild 39: Numerische Integration mit zwei Schrittweiten Δt_1 und Δt_2.
(a) Zeitverläufe zweier Modellgrößen x_j und x_k mit unterschiedlichen Zeitkonstanten, schematisch.
(b) Zerlegung des Modells in zwei Untersysteme.

Bei einer Aufteilung in zwei Untersysteme erhält der Integrationsalgorithmus 5.2a/b folgende Form:

$$(5.7a) \quad {}^P x_i^{m+1} = x_i^m + I\,\Delta t\, f_i^m$$

$$(5.7b) \quad {}^P x_i^{m+1} = {}^P x_i^{m+2} = \ldots = {}^P x_i^{m+I-1} = x_i^m$$

$$(5.7c) \quad x_i^{m+k-1} = x_i^m$$

$$(5.7d) \quad f_i^m = f_i(x_1^m,\ldots,x_n^m;u_1(m\Delta t),\ldots;m\Delta t)$$

$$(5.7e) \quad {}^P x_j^{m+k} = x_j^{m+k-1} + \Delta t \; f_j^{m+k-1}$$

$$(5.7f) \quad f_j^{m+k-1} = f_j(x_1^{m+k-1},\ldots,x_n^{m+k-1};u_1((m+k-1)\Delta t),\ldots;(m+k-1)\Delta t)$$

$$(5.7g) \quad {}^P f_j^{m+k} = f_j({}^P x_1^{m+k},\ldots,{}^P x_n^{m+k};u_1((m+k)\Delta t),\ldots;(m+k)\Delta t)$$

$$(5.7h) \quad x_j^{m+k} = x_j^{m+k-1} + \frac{\Delta t}{2}({}^P f_j^{m+k} + f_j^{m+k-1})$$

$$(5.7i) \quad {}^P f_i^{m+l} = f_i({}^P x_1^{m+l},\ldots,{}^P x_n^{m+l};u_1((m+l)\Delta t),\ldots;(m+l)\Delta t)$$

$$(5.7j) \quad x_i^{m+l} = x_i^m + \frac{l\Delta t}{2}({}^P f_i^{m+l} + f_i^m)$$

Für die Indizes in 5.7a-j gelten dabei folgende Wertebereiche:

$$i = 1,\ldots,r$$
$$j = r+1,\ldots,n$$
$$k = 1,\ldots,l$$
$$m = 0,1,2,\ldots$$

Eine Zerlegung des globalen Herzkreislaufmodells in die Untersysteme "Herzkreislaufmechanik" und "Herzkreislaufregelung" erfüllt die Bedingungen von 5.6, wenn folgende Schrittweiten gewählt werden:

$$(5.8) \quad \begin{cases} \Delta t_1 = 1,25 \cdot 10^{-3} \text{ s} \\ \Delta t_2 = 20 \; \Delta t_1 \; . \end{cases}$$

In Tabelle VI ist die Zuteilung der einzelnen Submodelle der Kapitel 3. und 4. zu den beiden Untersystemen zusammengestellt. Insgesamt können mehr als die Hälfte der über 100 Integrale mit der 20-fachen Schtittweite Δt_2 integriert werden. Dadurch kann der Rechenzeitbedarf um 40% gesenkt werden. Das FORTRAN IV –

Programm, wie es im Anhang E beschrieben und im Anhang F abgedruckt ist, benötigt auf der CDC-Anlage CYBER 76 des Regionalen Rechenzentrums für Niedersachsen zur Simulation von 1s Realzeit ca. 0,85 s CPU-Zeit, wenn das Zwei-Schrittweiten-Verfahren mit den Schrittweiten 5.8 benutzt wird, und ca. 1,4 s CPU-Zeit, wenn man nur ein Ein-Schrittweiten-Verfahren mit der Schrittweite Δt_1 (5.8) verwendet. Grundsätzlich wäre noch eine weitergehende Aufteilung in Untersysteme möglich. Es stellt sich aber dann die Frage, ob der erhöhte Programmieraufwand und die geringere Übersichtlichkeit und damit die geringere Flexibilität gegenüber dem Rechenzeitgewinn gerechtfertigt ist.

	Submodelle	Gleichungen
1. Unter- system $\Delta t =$ $1,25 \cdot 10^{-3}$ s	große Arterien	3.1 – 3.5
	große Venen	3.6 – 3.12
	periphere Gefäße	3.13 – 3.15
	Koronarfluß	3.16
	Pulmonalfluß	3.17
	Ventrikel u. Vorhöfe	3.18 – 3.22
	Herzfrequenz (Depol.)	Bild 27
	Herzarbeit	4.18 , 4.19
2. Unter- system $\Delta t =$ $2,50 \cdot 10^{-2}$ s	Barorezeptor	4.2a
	Herzfrequenz (ZNS)	4.3 – 4.5
	Kontraktionsstärke	4.7
	periphere Speicher	4.8 , 4.9
	periphere Widerstände	4.8 , 4.10
	Autoregulation	4.11–4.17,4.21

Tabelle VI: Zuteilung der Submodelle des Herzkreislaufmodells zu den beiden Untersystemen des Integrationsalgorithmus.

6.   Ergebnisse der Simulation

6.1.   Modellparameter
____

Die Festlegung der Werte der Modellparameter ist sowohl eng mit
der Modellkonstruktion als auch mit der Verifikation des Modells
verknüpft. Bei der Formulierung der einzelnen Modellelemente bzw.
Submodelle werden die Beziehungen der Parameter zu Meßgrößen des
realen Systems festgelegt – sofern der Modellansatz eine solche
Beziehung überhaupt gestattet – und damit prinzipiell die
Bestimmung ihrer Werte. Das Zusammenwirken der einzelnen
Submodelle im Gesamtmodell führt dann oft noch zu einer
Veränderung der Parameterwerte, um eine bessere Anpassung an das
reale System zu erreichen. Bei einer solchen Korrektur der
Parameterwerte muß allerdings mit Vorsicht vorgegangen werden.
Der durch die modellmäßig festgelegten Beziehungen "Modell –
reales System" abgesteckte Rahmen des Wertebereiches sollte nicht
verlassen werden, damit diese Beziehungen nicht verloren gehen
und so die Interpretierbarkeit der Modellergebnisse infrage
gestellt wird.

So gehen z.B. in den Gleichungen 2.22a-d (Abschnitt 2.2.) für die
Parameter eines Gefäßabschnittes (Strömungswiderstand R,
Trägheitswiderstand L, Kapazität C und innerer Reibungswiderstand
der Gefäßwand G) meßbare Größen wie die Dichte ρ und die
Viskosität η des Blutes ein. Etwas problematischer ist schon die
Meßbarkeit der Viskosität η_0 und des Elastizitätsmoduls E des
Wandmaterials sowie die geometrischen Daten des Gefäßabschnittes,
wie Länge, Radius und Wandstärke. Für einfache schlauchartige
Gefäßabschnitte dürfte das letztere Problem lösbar sein, aber

schon nicht mehr für ganze Gefäßgebiete. Zur Bestimmung dieser Parameterwerte müssen dann andere Kriterien als aus elementaren Ansätzen ableitbare Formeln wie 2.22a-d herangezogen werden.

So kann mittels bekannter Flüsse durch Gefäßgebiete, die durch ein Segment dargestellt werden sollen, und mittels der Druckdifferenz der Strömungswiderstand abgeschätz werden. Ein weitere wichtiger Weg zur Gewinnung der Parameterwerte stellt eine stufenweise Modellentwicklung dar. Einfache Submodelle werden sukzessive durch komplexere ersetzt. Die Parameterwerte der neuen Submodelle werden so gewählt, daß sich die neuen Submodelle natlos in den Platz der alten einfacheren hinsichtlich ihrer Ein- und Ausgänge einpassen.

Die wohl wichtigste und wirksamste Methode der Parametergewinnung sind die Parameterschätzverfahren, deren Kern ein exakt formulierbares Fehlerkriterium ist. Mittels dieser Fehlerkriterien werden die Modellparameter so geschätzt, daß das Modellverhalten dem des realen Systems angepaßt wird (Unbehauen et al. (1974)). Der Einsatz der Parameterschätzverfahren ist allerdings nur bei einfachen Herzkreislaufmodellen (Sims (1969)) oder nicht zu komplizierten Submodellen des Kreislaufs (Wesseling et al. (1973), Rader und Stevens (1974)) möglich. Besonders hinsichtlich der Kreislaufteilmodelle - sowohl Regelung als auch Mechanik - sollten die Parameterschätzverfahren intensiver als bisher Anwendung finden. Je komplexer das globale Modell wird, desto wichtiger sind gut fundierte Parametersätze der Submodelle. Im Rahmen dieser Arbeit war die Anwendung von Parameterschätzverfahren nicht möglich, da Messungen am realen System, also Experimente, hierfür Voraussetzung sind.

Segment	Kapazität C $[\text{ml mmHg}^{-1}]$	ungedehntes Volumen V_u [ml]
AO	0,34	15,2
AR	0,35	24,0
CA	0,17	35,0
AS	0,31	30,0
TA	0,35	53,0
AB	0,21	58,0
AI	0,11	42,5
AF	0,11	25,0
PA	4,30	50,0
PV	8,40	460,0
VP	0,33	95,0
VS	0,40	115,5
JU	0,30	67,7
CS	1,00	90,0
CI	1,20	125,0
CE	1,50	155,0
VI	0,35	130,0
VF	0,35	81,7
LA	--	30,0
LV	--	60,0
RA	--	30,0
RV	--	40,0

Tabelle VIIa: Parameterwerte:
Kapazitäten C und ungedehnte Volumina V_u.

Segment	Normierungsfaktor f^s $[\times 10^{-2}]$
AV	2,33
KV	4,77
RE	5,86
SM	1,11
IM	4,55
VH	1,68
BO	1,87
BU	2,77

Tabelle VIIb: Parameterwerte:
Normierungsfaktor f^s der peripheren Volumina (vgl. Gl. 3.15a).

Segmente	Widerstandsparameter λ $[\text{ml s}^{-1}]$	Trägheitsparameter κ $[\text{mmHg}^{-1}\text{s}^{-2}]$	Widerstand R $[\text{mmHg ml}^{-1}\text{s}]$	Venenklappenwiderstand R^r $[\text{mmHg ml}^{-1}\text{s}]$
VF - VI	62,9	$2,32\ 10^{-2}$	--	4,7
VI - CE	65,8	$2,12\ 10^{-2}$	--	2,3
VS - CS	57,0	$2,83\ 10^{-2}$	--	--
JU - CS	49,5	$3,74\ 10^{-2}$	--	--
CE - CI	--	--	$5,95\ 10^{-1}$	--
CI - RA	--	--	$1,50\ 10^{-2}$	--
CS - RA	--	--	$6,00\ 10^{-2}$	--

Tabelle VIIc: Parameterwerte: Widerstands- (λ) und Trägheitsparameter (κ), Widerstände (R) und Venenklappenwiderstände (R^r) großer Venen.

Segmente	Widerstand R $[\mathrm{mmHg\ ml^{-1}s}]$
AO – RA	11,25
PA – PV	0,22
PV – LA	$7,0\ 10^{-3}$
AS – AV	15,35
AV – VS	1,1
CA – KV	8,2
KV – JU	0,55
TA – RA	11,23
TA – RE	4,3
RE – CI	0,7
TA – VH	25,2
TA – SM	4,38
SM – VP	0,32
AB – IM	27,96
IM – VP	2,0
VP – VH	0,28
VH – CI	0,5
AB – CE	53,35
AI – BO	21,53
BO – VI	1,5
AF – BU	21,53
BU – VF	1,4
RA – RV	$6,0\ 10^{-3}$
LA – LV	$6,0\ 10^{-3}$

Tabelle VIId: Parameterwerte: periphere
Widerstände bzw. Normalwerte der peripheren
Widerstände und Mitralklappenwiderstände.

Segmente	Widerstand R $[\mathrm{mmHg\ ml^{-1}s}]$	Trägheitswiderstand L $[\mathrm{mmHg\ ml^{-1}s^{2}}]$
AO – AR	$1,0\ 10^{-4}$	$4,3\ 10^{-4}$
AR – CA	$2,0\ 10^{-1}$	$2,0\ 10^{-2}$
AR – AS	$6,2\ 10^{-2}$	$2,0\ 10^{-2}$
AR – TA	$9,0\ 10^{-4}$	$3,8\ 10^{-3}$
TA – AB	$1,2\ 10^{-2}$	$4,0\ 10^{-3}$
AB – AI	$7,2\ 10^{-2}$	$3,0\ 10^{-2}$
AI – AF	$7,2\ 10^{-2}$	$2,5\ 10^{-2}$
LV – AO	$1,0\ 10^{-3}$	$2,0\ 10^{-4}$
RV – PA	$1,0\ 10^{-3}$	$1,8\ 10^{-4}$
	Querschnittänderungsparameter Γ $[\mathrm{mmHg\ ml^{-2}s^{2}}]$	
LV – AO	$2,6\ 10^{-5}$	
RV – PA	$5,9\ 10^{-5}$	

Tabelle VIIe: Parameterwerte: Strömungs- (R)
und Trägheitswiderstände (L) großer Arterien
sowie Querschnittänderungsparameter (Γ) der
Ventrikelausgänge.

Alle oben erwähnte Methoden - außer den Parameterschätzverfahren - fanden ihre Anwendung bei der Gewinnung der Parameterwerte dieses Herzkreislaufmodells. Dabei stellten die Modelle von Beneken (1965, 1967) und Snyder (1969b) den Grundstock der Parameterwerte. Soweit nicht schon im Kapitel 3. aufgeführt sind in den Tabellen VIIa-VIIe die Parameterwerte der Herzkreislaufmechanik zusammengestellt. Die Parameterwerte der Regelung sind alle bei der Beschreibung der Submodelle im Kapitel 4. aufgeführt.

6.2.   Drücke, Flüsse und Volumina in ruhend-liegender Position

Wie schon Eingangs (Abschnitt 1.1.) erwähnt, sind dem Verfasser bei der Beurteilung und Diskussion der Modellergebnisse aus physiologischer Sicht enge Grenzen gesetzt. Die Vorstellung der Simulationsergebnisse beschränkt sich deshalb auf die Auswahl einiger prägnanter Größen des Kreislaufs und einigen kurzen Erläuterungen aus der Sicht der Modellansätze zu ihrem Verhalten (z.B. Zeitverläufe) unter normalen Bedingungen sowie unter dem Einfluß verschiedener "innerer" und "äußerer" Störungen.

Die in den Abbildungen und Tabellen verwandten Einheiten sind

$$[\text{Fluß}] \quad = \text{ml s}^{-1},$$
$$[\text{Volumen}] = \text{ml},$$
$$[\text{Druck}] \quad = \text{mmHg} \ (1 \text{ mmHg} = 1,333 \cdot 10^{2} \text{ N m}^{-2}) \text{ und}$$
$$[\text{Frequenz}] = \text{min}^{-1}.$$

Dieser Abschnitt soll einen Überblick über den Normalzustand des Herzkreislaufmodells geben. Das Modellsystem befindet sich im "Normalzustand", wenn alle Parameter ihre Normalwerte annehmen, keine Gravitationskräfte auf das Gefäßsystem wirken, der Sauerstoffverbrauch des Gewebes nicht erhöht ist und alle Submodelle sowohl der Herzkreislaufmechanik als auch der Regelung in voller Funktion sind. Die Atmung, d.h. die Druckverläufe im thorakalen, abdominalen und alveolaren Raum, ist die der Darstellung im Bild 18.

Die Tabellen VIII und IX geben eine Übersicht über die Verteilung der Volumina und Flüsse in den verschiedenen Bereichen bzw. parallelen Strombahnen des Gefäßsystems. Einige Abweichungen gegenüber physiologischen Werten sind nicht prinzipieller Art, sondern können durch Änderung entsprechender Parameterwerte ausgeglichen werden, ohne daß das dynamische Verhalten des Modells wesentlich beeinflußt wird.

	Herz	Lunge	große Arterien	große Venen	periph. Bereich	Gesamt-volumen
Volumen [ml]	420	670	480	800	2980	5350

Tabelle VIII: Verteilung des Blutvolumens auf die Gefäßbereiche des Kreislaufmodells

Strombahnen	Fluß $[ml\ s^{-1}]$
Koronarkreislauf	2,0
Arme	5,0
Kopf	9,5
Thorax	7,0
Nieren	18,0
Intestinum und art. hepath.	21,0
Abdominalbereich (Muskeln)	2,5
Beine, oben	3,5
Beine, unten	3,5
Herzzeitvolumen	71,0

Tabelle IX: Verteilung des Herzzeitvolumens auf neun parallele Strombahnen des Kreislaufmodells.

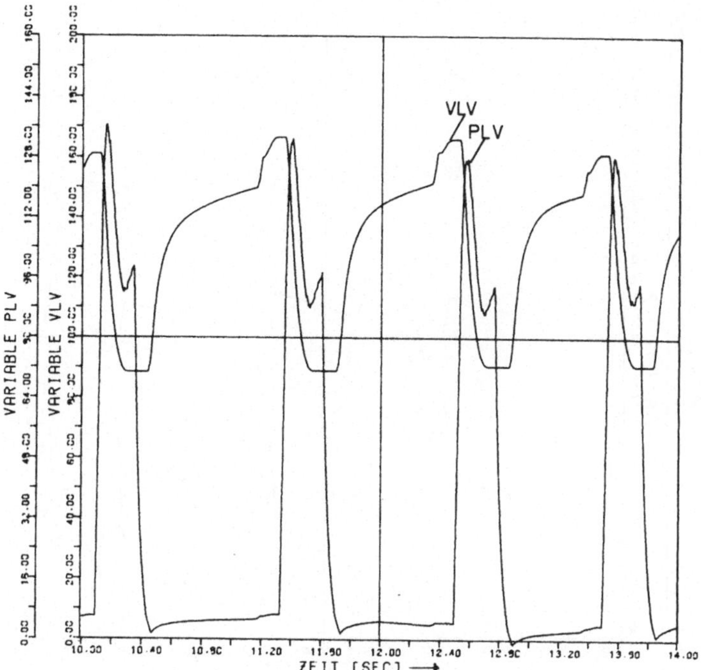

Bild 40: Volumen (VLV) und Druck (PLV) im linken Ventrikel.

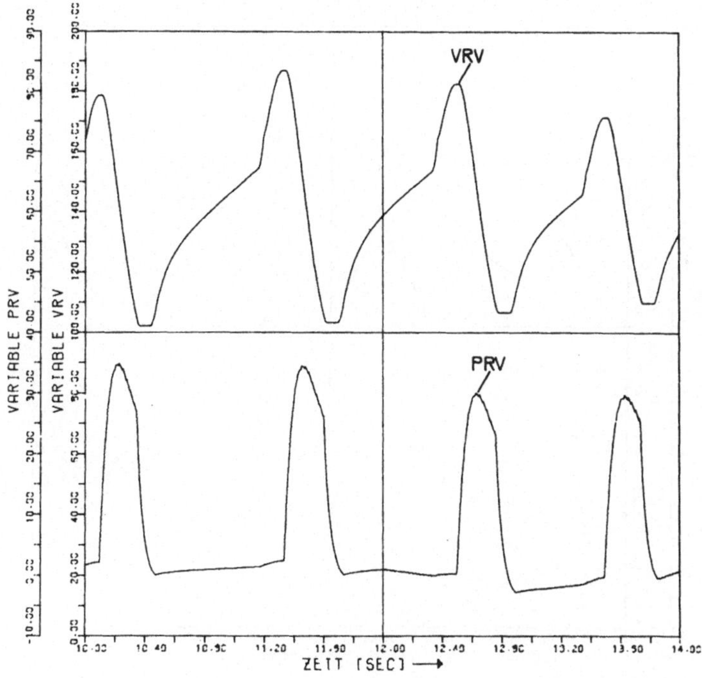

Bild 41: Volumen (VRV) und Druck (PRV) im rechten Ventrikel.

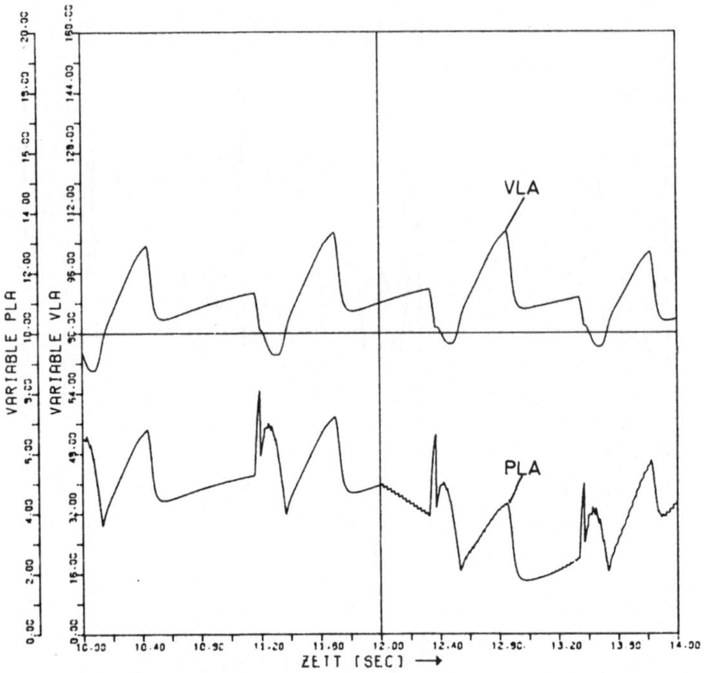

Bild 42: Volumen (VLA) und Druck (PRA) im linken Atrium.

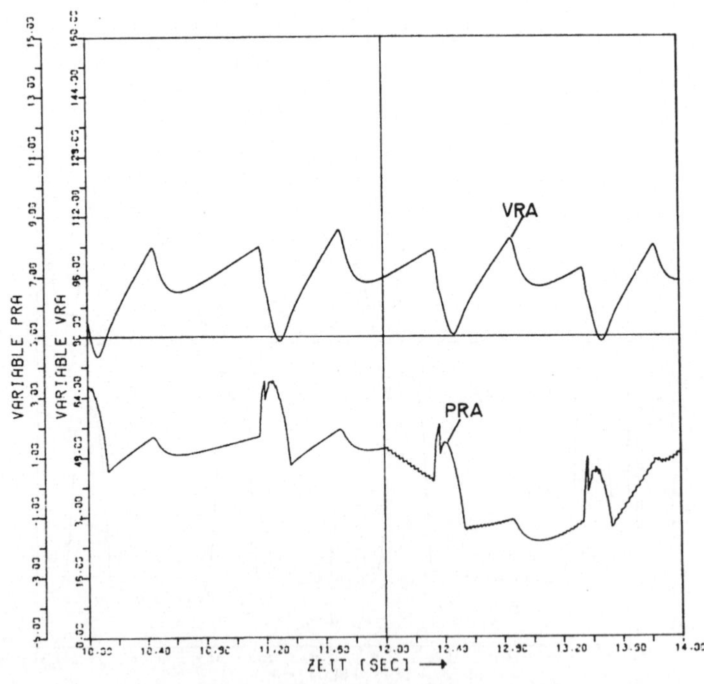

Bild 43: Volumen (VRA) und Druck (PRA) im rechten Atrium.

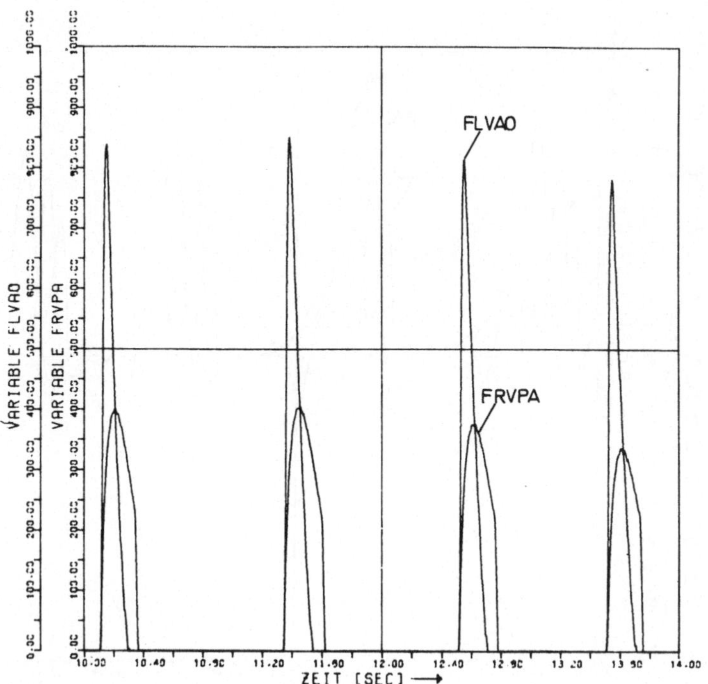

Bild 44: Fluß aus dem linken (FLVAO) und rechten (FRVPA) Ventrikel.

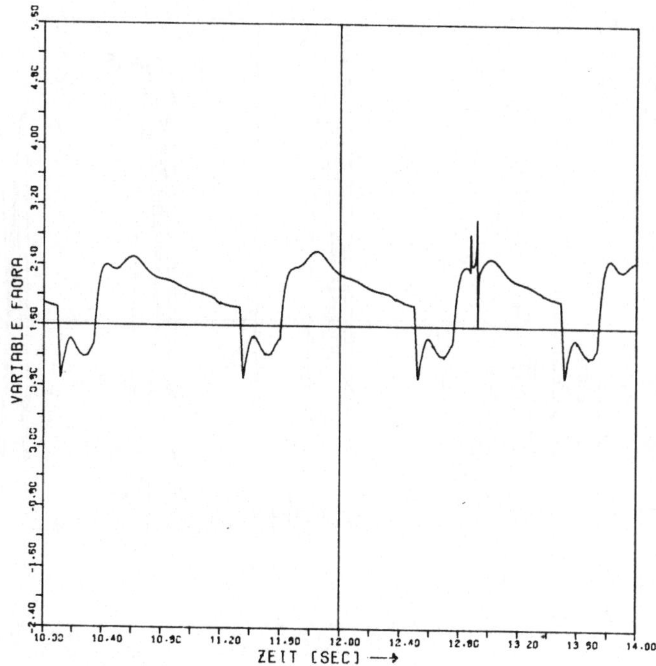

Bild 45: Koronarfluß (FAORA).

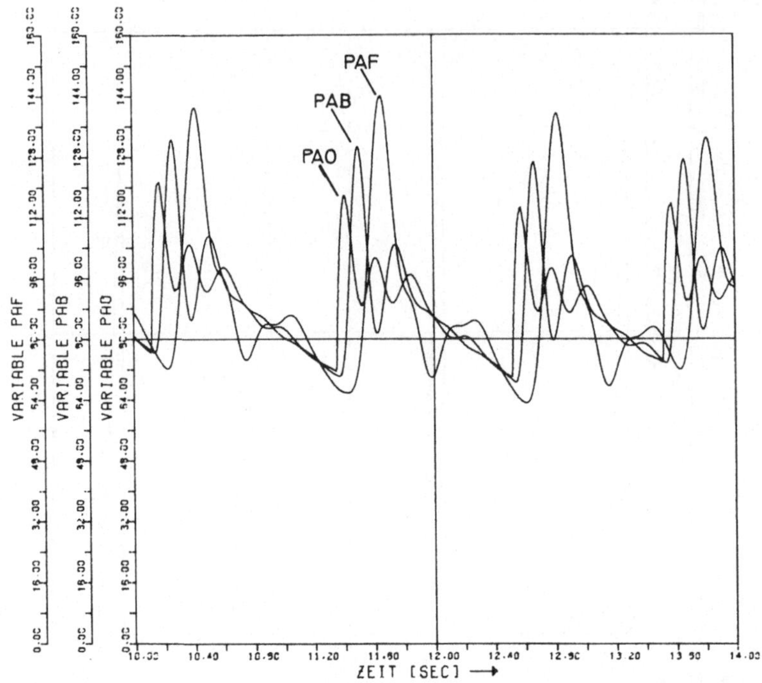

Bild 46: Drücke in den großen Arterien (Segmente: AO, AB, AF).

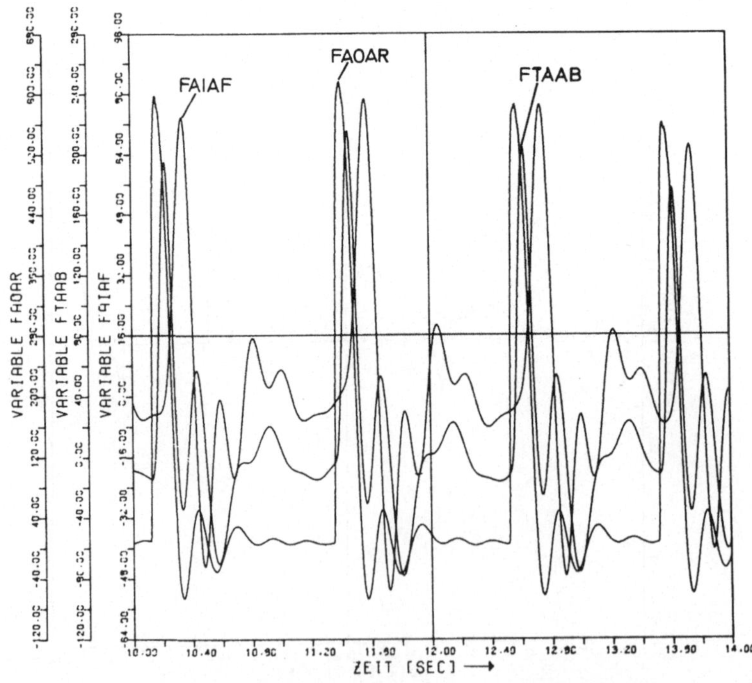

Bild 47: Flüsse in den großen Arterien (zwischen den Segmenten: AI-AF, AO-AR, TA-AB).

Das dynamische Verhalten des Herzens soll durch die Bilder 40 - 45 demonstriert werden. Es sind jeweils Druck und Volumen der beiden Ventrikel und Vorhöfe (Bild 40: PLV-VLV, Bild 41: PRV-VRV, Bild 42: PLA-VLA, Bild 43: PRA-VRA), die Ventrikelausflüsse (Bild 44: FLVAO-FRVPA) und der Koronarfluß (Bild 45: FAORA) in Abhängigkeit von der Zeit aufgetragen. Der Einfluß der Atmung - Beginn der Inspiration auf der dargestellten Zeitskala bei 12s - zeigt sich sowohl in einer Arrhythmie, d.h. Verkürzung des Herzzyklus bei Inspiration, als auch in einer Verringerung der Herzkammervolumina und der Ventrikelausflüsse bei Inspiration. Eine Druckabnahme bei Inspiration ist im Sinne einer Aufschaltung des "äußeren" Druckes P_{TH} zu erklären. Die Herzfrequenz liegt bei ca. 60 min^{-1} . Der Koronarfluß zeigt im Sinne des "Wasserfall-Modells" einen deutlichen Abfall während der Ventrikelsystole. Physiologisch müßte dem Abfall ein kurzfristiger Anstieg vorausgehen, verursacht durch Auspressung des Blutes bei beginnender Muskelkontraktion. Dieser Effekt wäre im Modell aber nur durch den zusätzlichen Einbau eines Volumenspeichers im Koronarkreislauf zu simulieren.

Die Druckverläufe in den Segmenten AO, AB und AF (Bild 46) zeigen zwei Charakteristika der Dynamik des Arterienpulses: eine Pulsgeschwindigkeit von 5-8 $m\ s^{-1}$ je nach Ort im Arterienbaum und eine Amplitudenüberhöhung mit wachsender Herzferne von 40 mmHg auf 65 mmHg. Abweichend von der physiologischen Pulsform sind die durch den Aortenklappenschluß verursachten überhöhten Schwingungen des Pulses im Aortenbogen, die sich dann auch durch den ganzen Arterienbaum fortpflanzen. Eine sorgfältige Abgleichung der Parameterwerte der Segmente AO und AR des Aortenbogens dürfte zu einer Verbesserung der Pulsform führen.

Dieselben Schwingungen im Gefäßbaum der großen Arterien zeigen auch die Volumenflüsse in der Aorta und den Beinarterien (Bild 47: FAOAR-FTAAB-FAIAF). Es treten herzwärts gerichtete Flüsse auf, deren Spitzenwerte mit wachsender Entfernung vom Herzen von ca. 10% auf ca. 50% der Spitzenwerte in peripherer Richtung ansteigen.

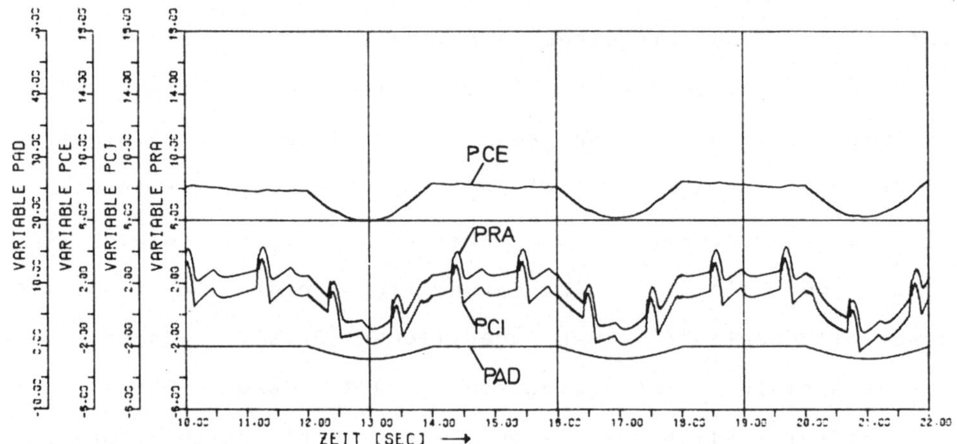

(a) Atemtyp: negativer Abdominaldruck (PAD).

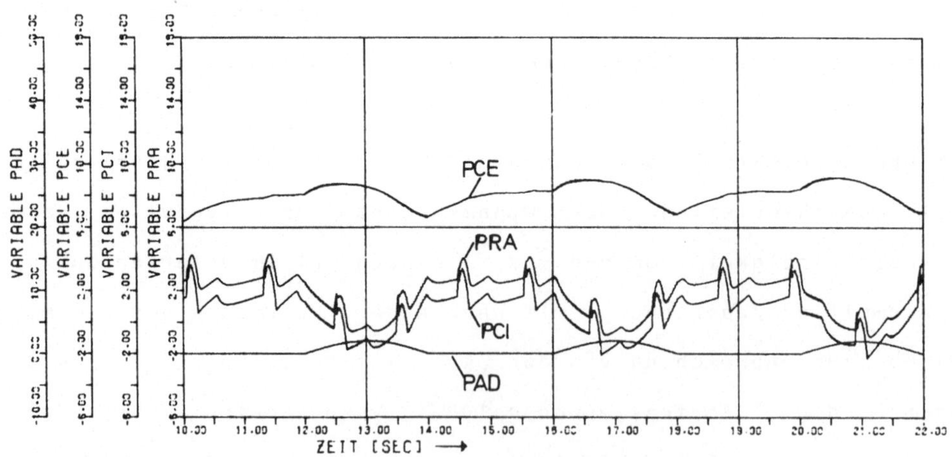

(b) Atemtyp: positiver Abdominaldruck (PAD).

Bild 48: Drücke im rechten Atrium und der unteren großen Hohlvene (Segmente: PRA, PCI, PCE).

103

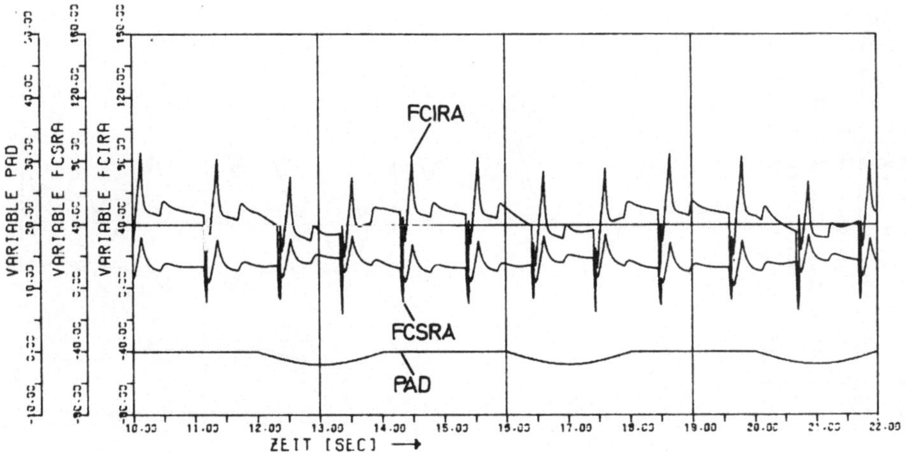

(a) Atemtyp: negativer Abdominaldruck (PAD).

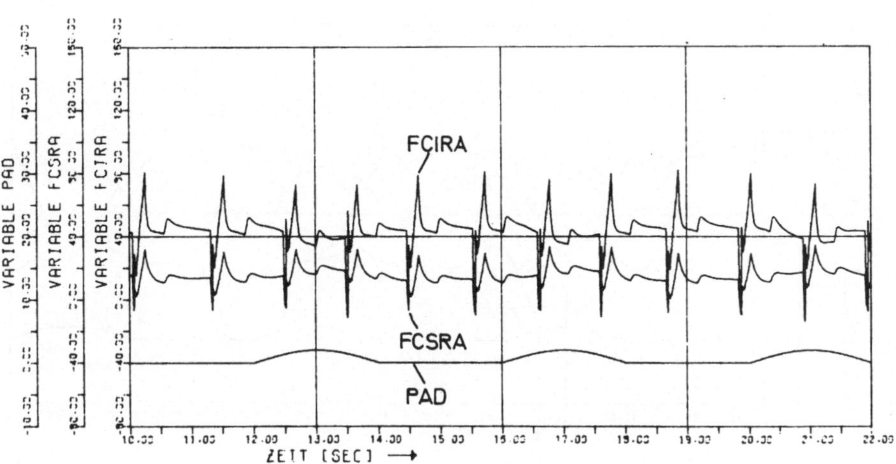

(b) Atemtyp: positiver Abdominaldruck (PAD).

Bild 49: Flüsse aus der großen Hohlvene in das rechte Atrium
(zwischen den Segmenten: CS-RA, CI-RA).

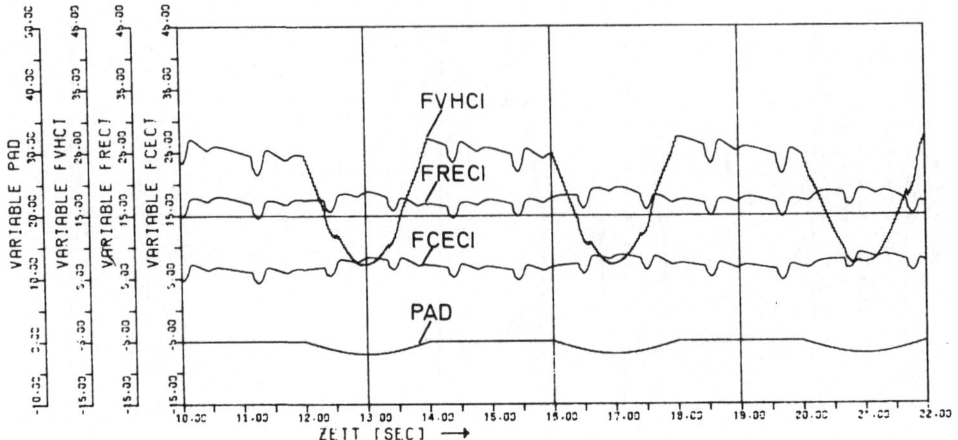

(a) Atemtyp: negativer Abdominaldruck (PAD).

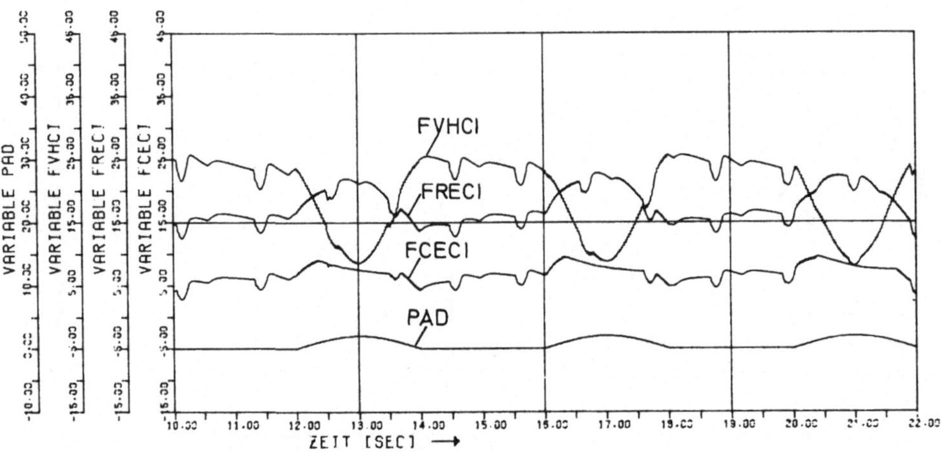

(b) Atemtyp: positiver Abdominaldruck (PAD).

Bild 50: Flüsse in die thorakale Hohlvene (zwischen den Segmenten: CE-CI, RE-CI, VH-CI).

Drücke und Flüsse der großen Venen im Rumpfbereich, d.h. der großen Hohlvene und ihrer Hauptäste, werden neben den Herzaktionen entscheidend auch durch die Atmung bestimmt (Bild 48a/b: PRA-PCE-PCI, Bild 49a/b: FCSRA-FCIRA, Bild 50a/b: FVHCI-FRECI-FCECI). Zum Vergleich werden die Drücke und Flüsse für beide Atemtypen, negative und positive Druckpulse im Abdomen (Bild 18), nebeneinander gestellt. Der unterschiedliche Atemtypus zeigt seine größte Wirkung bei den Flüssen vom Abdominalbereich (Segmente CE, VH und RE) in den Thorax (Segment CI). In beiden Fällen führt die Ventilwirkung des Zwerchfells auf den Leberfluß (FVHCI) zu starken respiratorischen Schwankungen. Sie werden im Fall positiver respiratorischer Druckschwankungen im Abdomen (Bild 50b) durch entsprechend gegenläufige Amplituden der Flüsse FRECI und FCECI ausgeglichen, so daß bis auf die durch die Herzaktionen verursachten Pulsationen ein nahezu gleichmäßiger Volumenfluß in der thorakalen vena cava entsteht. Bezüglich des Flusses FCECI, d.h. des in der abdominalen Hohlvene, kommt dieser Effekt nicht voll zur Geltung, da der atmungsbedingte Druckanstieg im Abdomen, PAD , das Gefäß kollabieren läßt und so ein erhöhter Strömungswiderstand einen weiteren Flußanstieg verhindert (Bild 50b). Im Fall negativer respiratorischer Druckschwankungen im Abdomen (Bild 50a) kann die Zwerchfellwirkung auf den Fluß in die thorakale Hohlvene nicht ausgeglichen werden.

6.3. Orthostase

Die im Modell implementierten Regelungsmechanismen des zentralen Nervensystems finden einen wirksamen Test in der Orthostase. Der Test läuft in folgender Weise ab (Bild 51-57): Zur Zeit t=20s setzt die Wirkung der Gravitation ein und hat nach 5s seine volle Stärke erreicht, d.h. innerhalb von 5s geht das Modell von ruhend-liegender Position zu ruhend-stehender über. Nach 20s konstanter Gravitationswirkung (stehend) wird innerhalb von 5s wieder die ruhend-liegende Position eingenommen. Die Atmung sowie alle anderen Bedingungen der ruhend-liegenden Position (vgl. Abschnitt 6.2.) bleiben während des gesamtem Tests konstant.

Im Bild 51 ist die Reaktion des Simulationsmodells auf diesen Test durch die Zeitverläufe der drei Größen Herzzeitvolumen (HZV), Aortendruck im Aortenbogen (PAO) und Herzfrequenz HF) dargestellt. Zusätzlich ist noch die respiratorische Druckpulsation im Thorax (PTH) aufgeführt. Wie Bild 51 zeigt, ist der voll intakte Regelungsmechanismus in der Lage, sowohl den arteriellen Mitteldruck als auch das Herzzeitvolumen nach einer ca. 5s langen Übergangsphase auf ihre Normalniveaus einzuregulieren. Die Herzfrequenz steigt dabei von ca. 60 min^{-1} auf ca. 90 min^{-1}. Die Druckamplitude des arteriellen Pulses nimmt um etwa 10 mmHg ab. Die Übergangsphase ist mit einem stark gedämpften Einschwingvorgang verbunden (vgl. Abschnitt 6.4.).

Neben der Wirkung des Gravitationstests ist auf Bild 51 deutlich der Einfluß der Atmung auf die drei Größen (HZV, PAO, HF) zu erkennen. Synchron mit geringer zeitlicher Verzögerung zu den Atemaktivitäten gehen eine Zunahme des Herzzeitvolumens und der Herzfrequenz einher. Im vorangegangenen Abschnitt 6.2. war schon auf die respiratorischen Schwankungen der Amplitude des Aortenpulses hingewiesen worden.

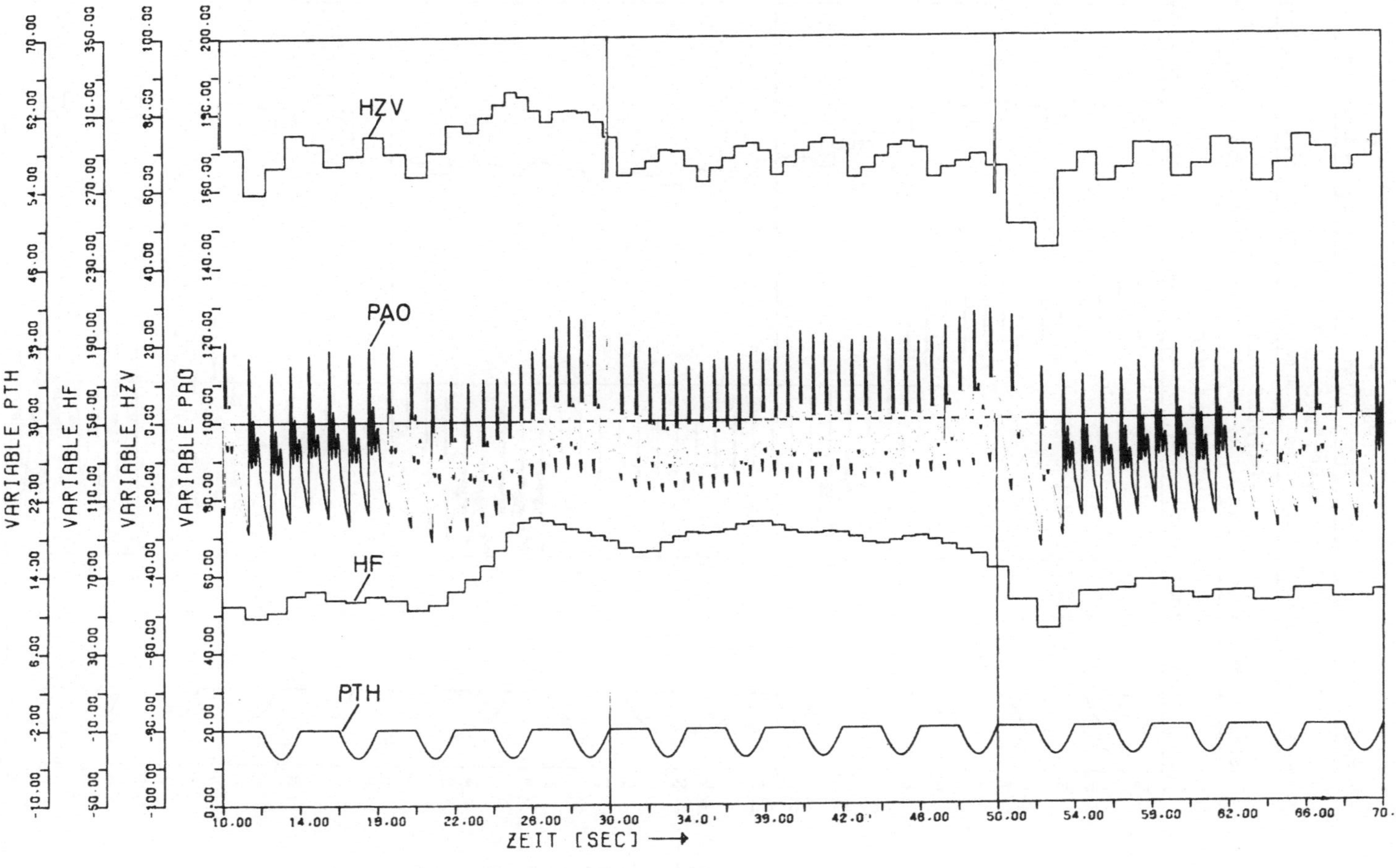

Bild 51: Normaler Orthostasetest (vgl. Text).

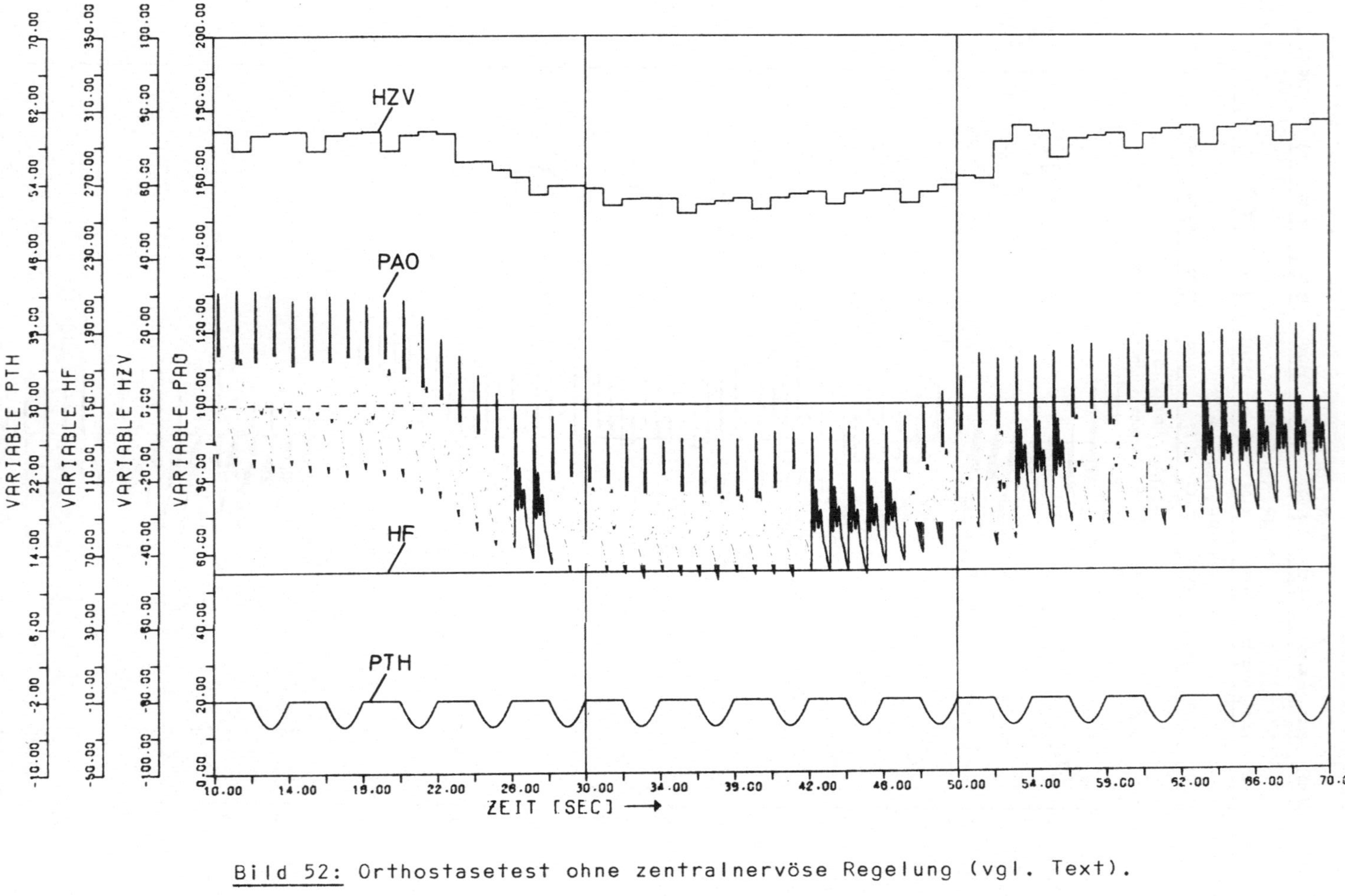

Bild 52: Orthostasetest ohne zentralnervöse Regelung (vgl. Text).

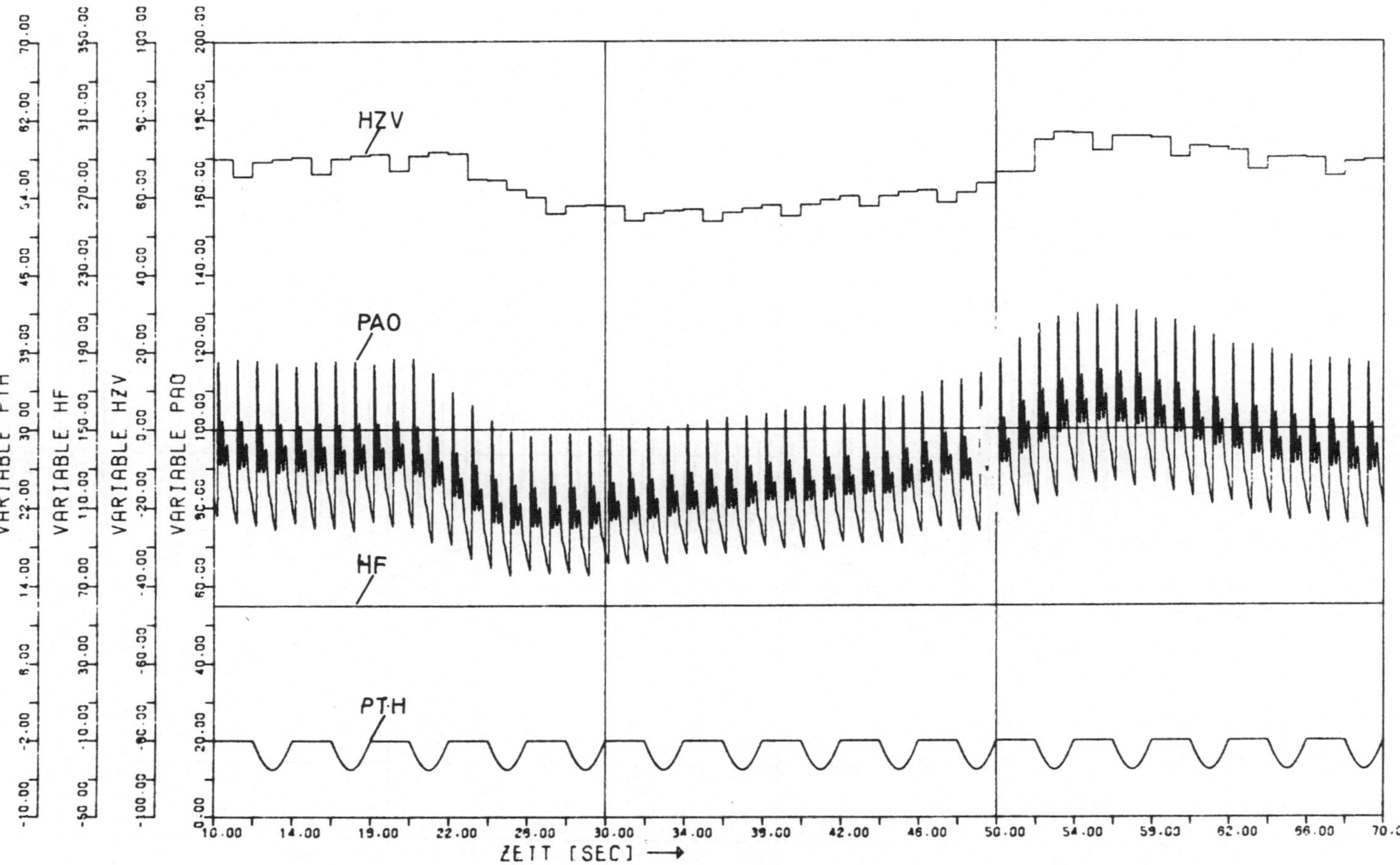

Bild 53: Orthostasetest mit konstanter Herzfrequenz (vgl. Text).

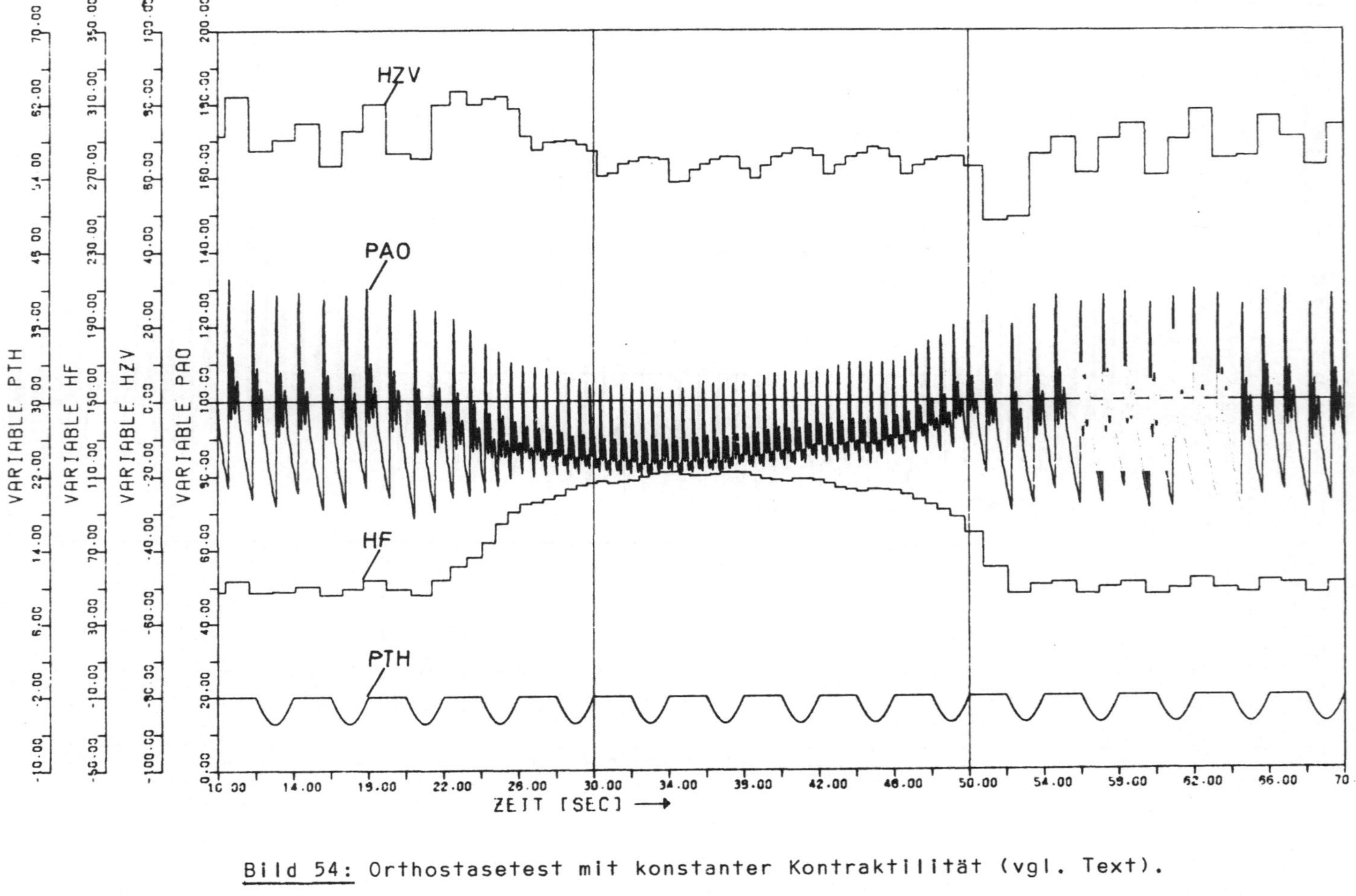

Bild 54: Orthostasetest mit konstanter Kontraktilität (vgl. Text).

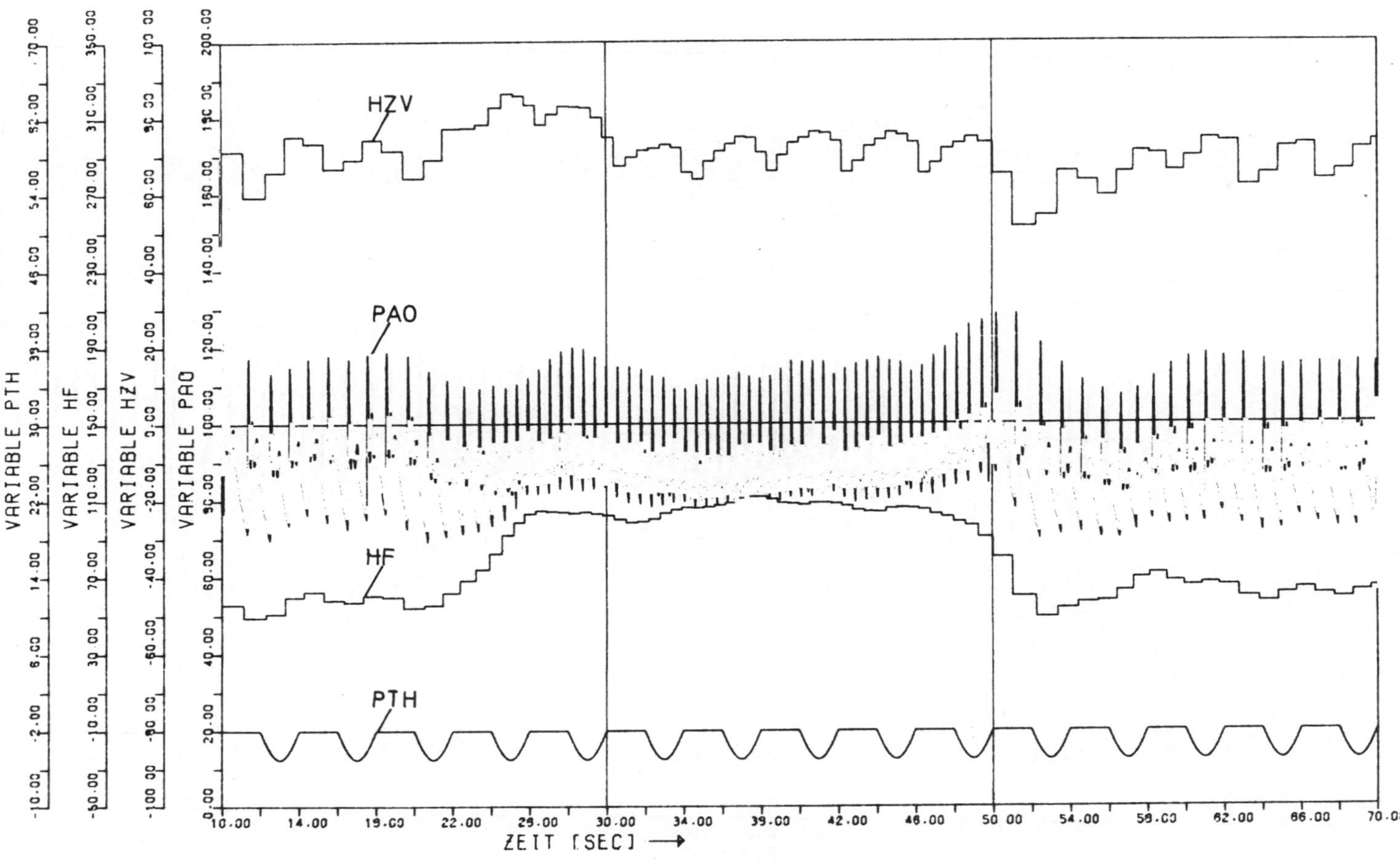

Bild 55: Orthostasetest ohne periphere Regelung (vgl. Text).

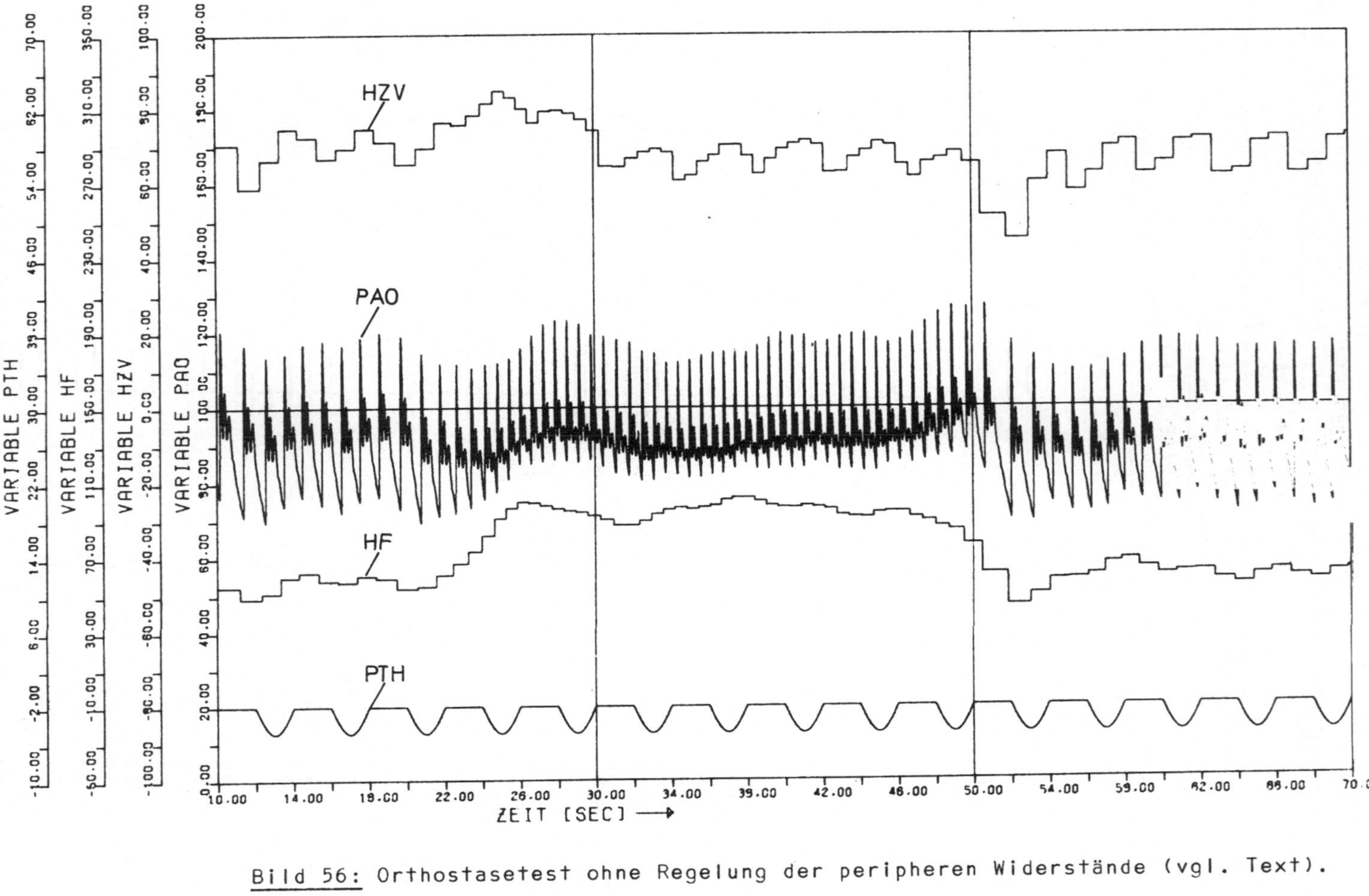

Bild 56: Orthostasetest ohne Regelung der peripheren Widerstände (vgl. Text).

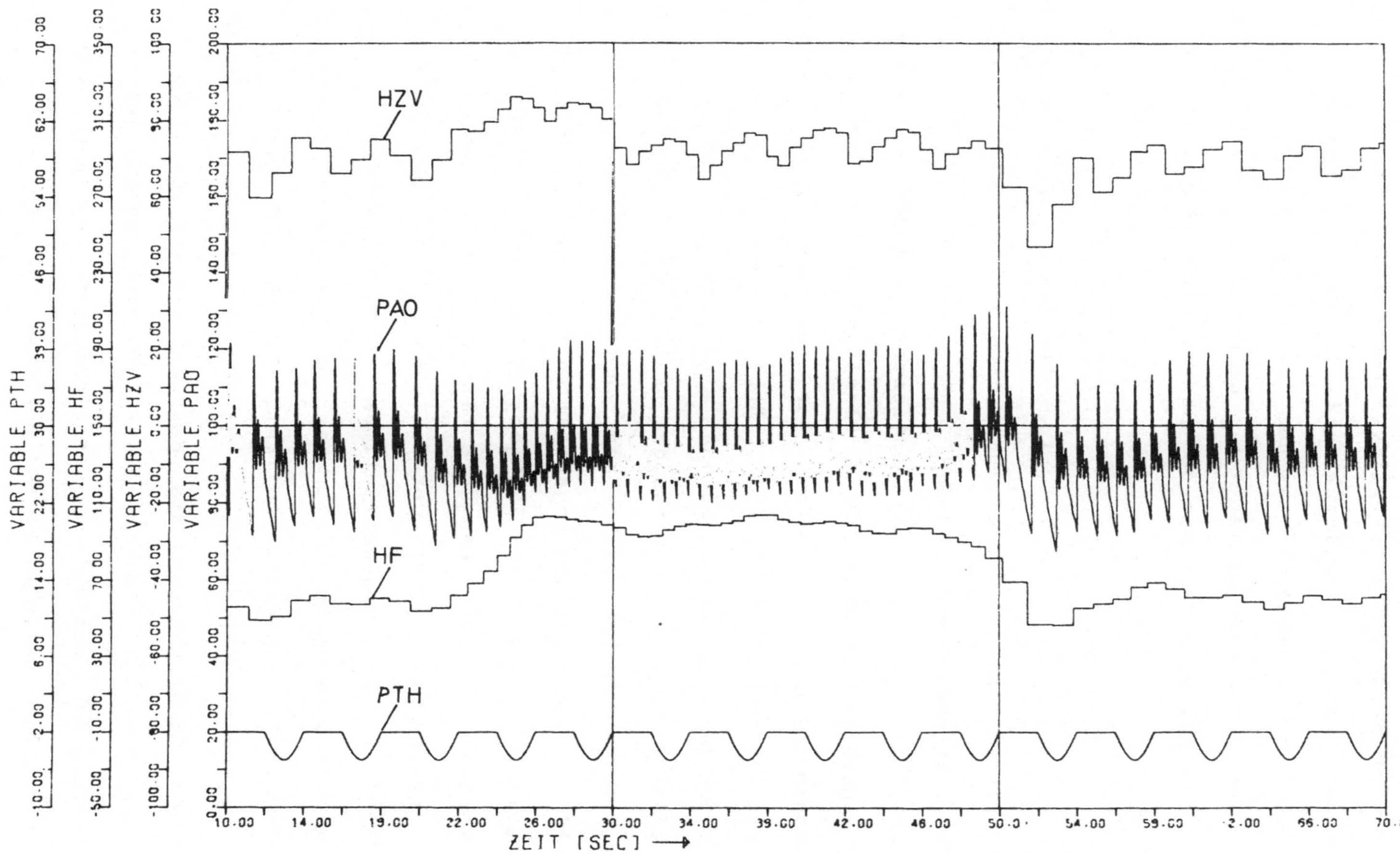

Bild 57: Orthostasetest ohne Regelung der peripheren Speicher (vgl. Text).

Außer dem im Bild 51 dargestellten Verhalten zeigt das Modell noch einen weiteren typischen Effekt der Orthostase: die Verlagerung von Blutvolumen aus dem Rumpfbereich in die Beine. Dabei nimmt das Blutvolumen der Beine um ca. 250 ml zu; gleichzeitig ist eine Abnahme des Herzvolumens um ca. 100 ml zu verzeichnen.

Um eine Überblick über die Wirkungen der einzelnen Regelschleifen im Verhältnis zum gesamten Regelmechanismus zu erhalten, werden jeweils einzelne oder mehrere Regelschleifen ausgeschaltet und der obige Orthostasetest auf das so veränderte Modell angewandt (Bild 52-57). Eine Ausschaltung des gesamten Barorezeptorreflexbogens, also der gesamten zentralnervösen Regelung im Modell (Bild 52), führt zu einem Rückgang des Herzzeitvolumens um ca. 25% und einem Abfall des mittleren arteriellen Druckes im Aortenbogen um ca. 30%. Eine Reglung nur der peripheren Bereiche, d.h. konstanter Herzfrequenz (Bild 53), schwächt die Reaktion des ungeregelten Kreislaufmodells auf den Gravitationstest etwas ab: Rückgang des Herzzeitvolumens um ca. 15% und Abfall des mittleren arteriellen Druckes um ca. 12%. Die Regelungszeit ist jetzt etwa 2-3-mal so lang wie bei vollständigem Regelungsmechanismus. Eindrucksvoll ist die Reaktion des Modells auf den Orthostasetest, wenn die Kontraktilität des Herzens konstant gehalten wird (Bild 54). Nur durch erhebliche Steigerung der Herzfrequenz auf ca. 110 min^{-1} kann ein größerer Rückgang des Herzzeitvolumens als um ca. 5-10% verhindert werden. Bei normaler Herzregulation zeigt eine Ausschaltung der peripheren zentralnervösen Regelung (Bild 55) nur eine relativ geringe Verschlechterung des Kreislaufzustandes gegenüber normaler Regulation (Bild 51): Abfall des

Herzzeitvolumens und des mittleren arteriellen Druckes im
Aortenbogen um ca. 5-10% und einen Anstieg der Herzfrequenz auf
ca. 100 min^{-1} . Entsprechend verhält sich das Modell bei
alleiniger Abschaltung der Regulation der peripheren Widerstände
(Bild 56) bzw. der Regulation der peripheren Speicher (Bild 57).
Interessant ist, daß ohne periphere Widerstandsregelung aber mit
Regelung der peripheren Speicher (Bild 56) ein sogar gegenüber
der normalen Regulation erhöhtes Herzzeitvolumen (ca. 5%)
registriert werden kann. Offensichtlich geht die Konstanthaltung
des arteriellen Blutdrucks durch Erhöhung des peripheren
Widerstandes auf Kosten des Herzzeitvolumens.

Insgesamt zeigt das Modell bei der Orthostase ein befriedigendes
Regelverhalten. Nicht ganz den physiologischen Verhältnissen
entspricht allerdings die Wirkung der Regelung der peripheren
Bereiche. Ihr Beitrag zur Kreislaufregulation ist zu gering.

6.4.   Simulationsergebnisse verschiedener
        "innerer" und "äußerer" Störungen

Neben der orthostatischen Belastung soll die Reaktion des Modells
auf einige weitere Veränderungen gegenüber dem Normalzustand
vorgestellt werden.

Beim Valsalva-Versuch wird durch Pressen der Druck im Thorax und
Abdomen erheblich erhöht und steigt bis ca. 40 mmHg an. Bild 58
zeigt die Modellantwort auf den Valsalva-Versuch, der bei t=20s
einsetzt und bei einem Thorax- und Abdominaldruck (P_{TH} bzw. P_{AD})
von 40 mmHg 20s anhält. Vor und nach dem Versuch ist die Atmung
normal. Am heftigsten reagiert, wie zu erwarten, der venöse

Rückstrom (VRS) auf den starken Druckanstieg im Rumpfbereich. 4s nach Beginn des Versuches geht er fast bis auf Null zurück, um dann, wie das Herzzeitvolumen (HZV), etwa 55% des Normalwertes zu erreichen. Nach Normalisierung der Atmung ist es ebenfalls wieder der venöse Rückstrom, der am ausgeprägtesten anwortet. Der Arterienpuls reagiert auf die Druckerhöhung mit einer 30% Verringerung seiner Pulsamplitude. Die Herzfrequenz (HF) zeigt die im Rahmen des Modells zu erwartende Reaktion: Bei Einsatz der Druckerhöhung kurzfristige Frequenzerniedrigung und bei Beendigung des Versuches kurzfristige kräftige (bis 110 min^{-1}) Frequenzerhöhung.

Eine für den Kreislauf erhebliche Belastung stellt ein Blutverlust dar. Der Körper reagiert darauf soweit wie möglich mit einer Umverteilung des Flüssigkeitsvolumens aus dem interstitiellen Raum in den Kreislauf. Im Herzkreislaufmodell ist ein solcher Mechanismus zum Flüssigkeitsaustausch zwischen Blutgefäßen und Interstitium nicht vorgesehen. Entsprechend ist die Modellreaktion auf einen Blutverlust nur beschränkt und dann nur in ihrer Kurzzeitantwort mit dem realen System vergleichbar. Bild 59 stellt die Simulation eines Blutverlustes von 500 ml in 15s bei t=20s und eine Reinfusion der gleichen Blutmenge in 30s bei t=60s dar (VTRANS). Herzzeitvolumen (HZV) und Aortendruck (PAO) stellen sich nach dem Blutverlust auf ein um ca. 15% niedrigeres Niveau ein. Die Herzfrequenz erhöht sich auf 90 min^{-1}, nachdem sie kurzfristig bis auf 125 min^{-1} angestiegen ist.

Deutlich wird bei diesem Beispiel die übersteuernde Wirkung des Barorezeptorreflexbogens. Dem linearen Blutverlust entspricht nicht etwa ein linearer arterieller Druckabfall und ein linearer

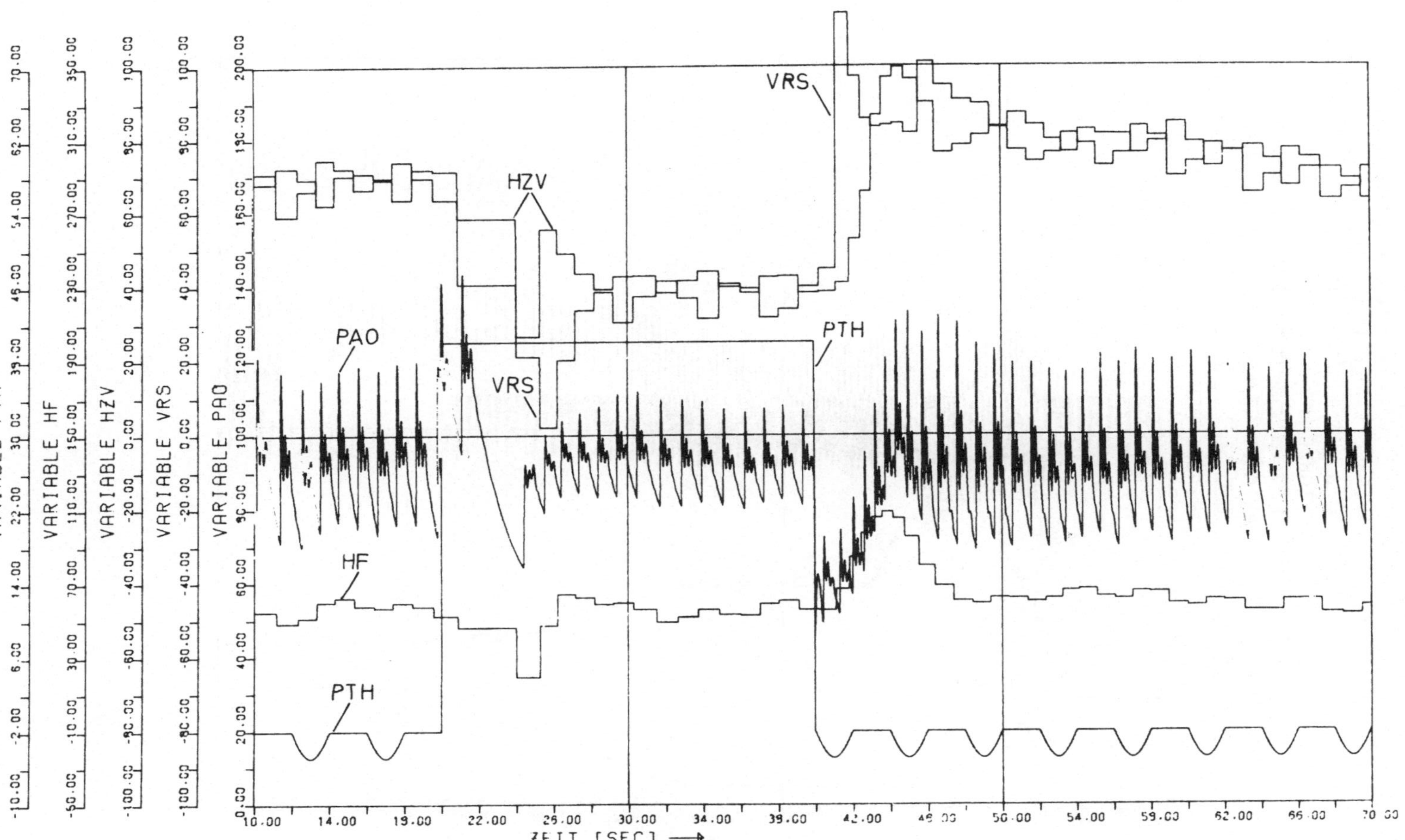

Bild 58: Valsalva-Versuch (vgl. Text).

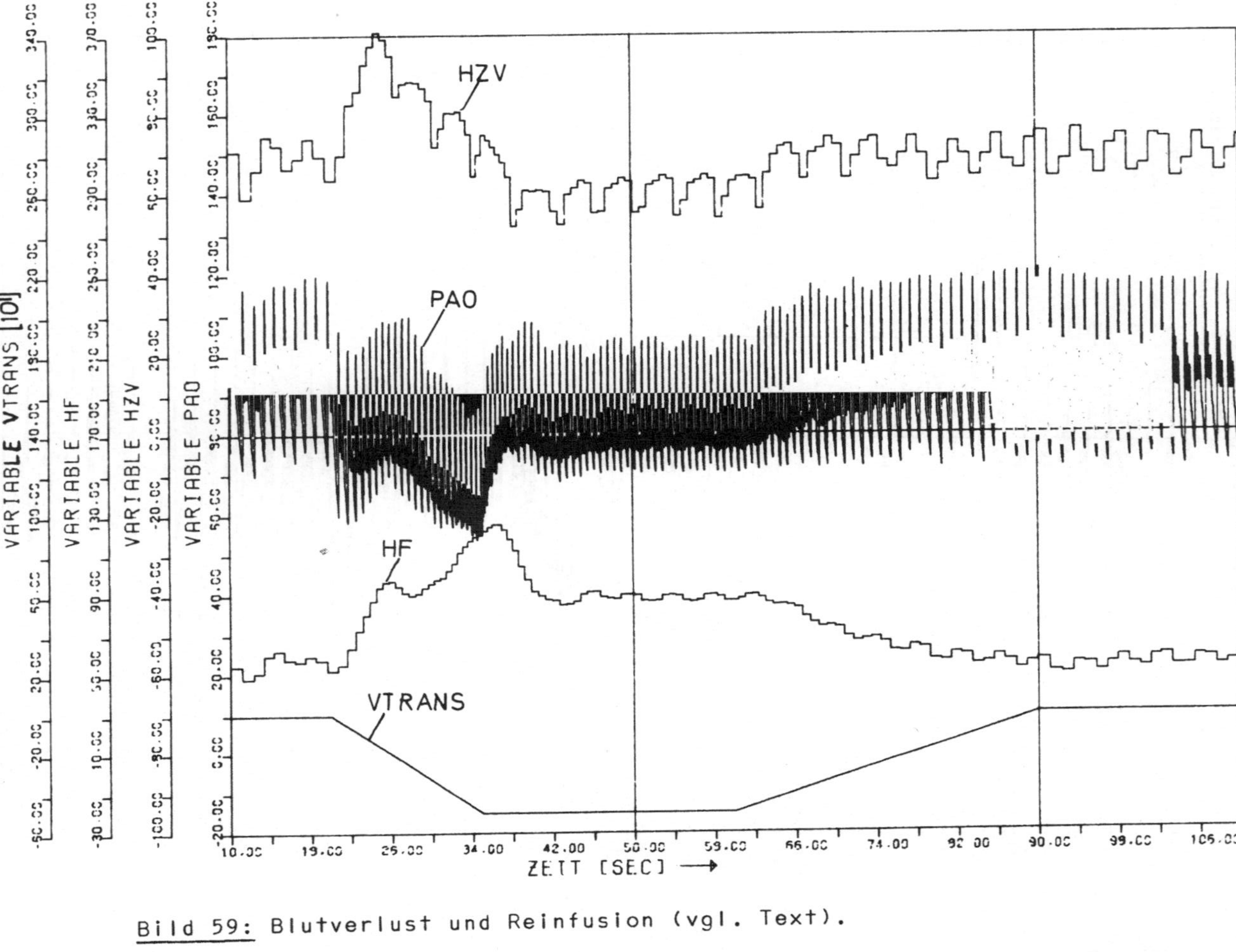

Bild 59: Blutverlust und Reinfusion (vgl. Text).

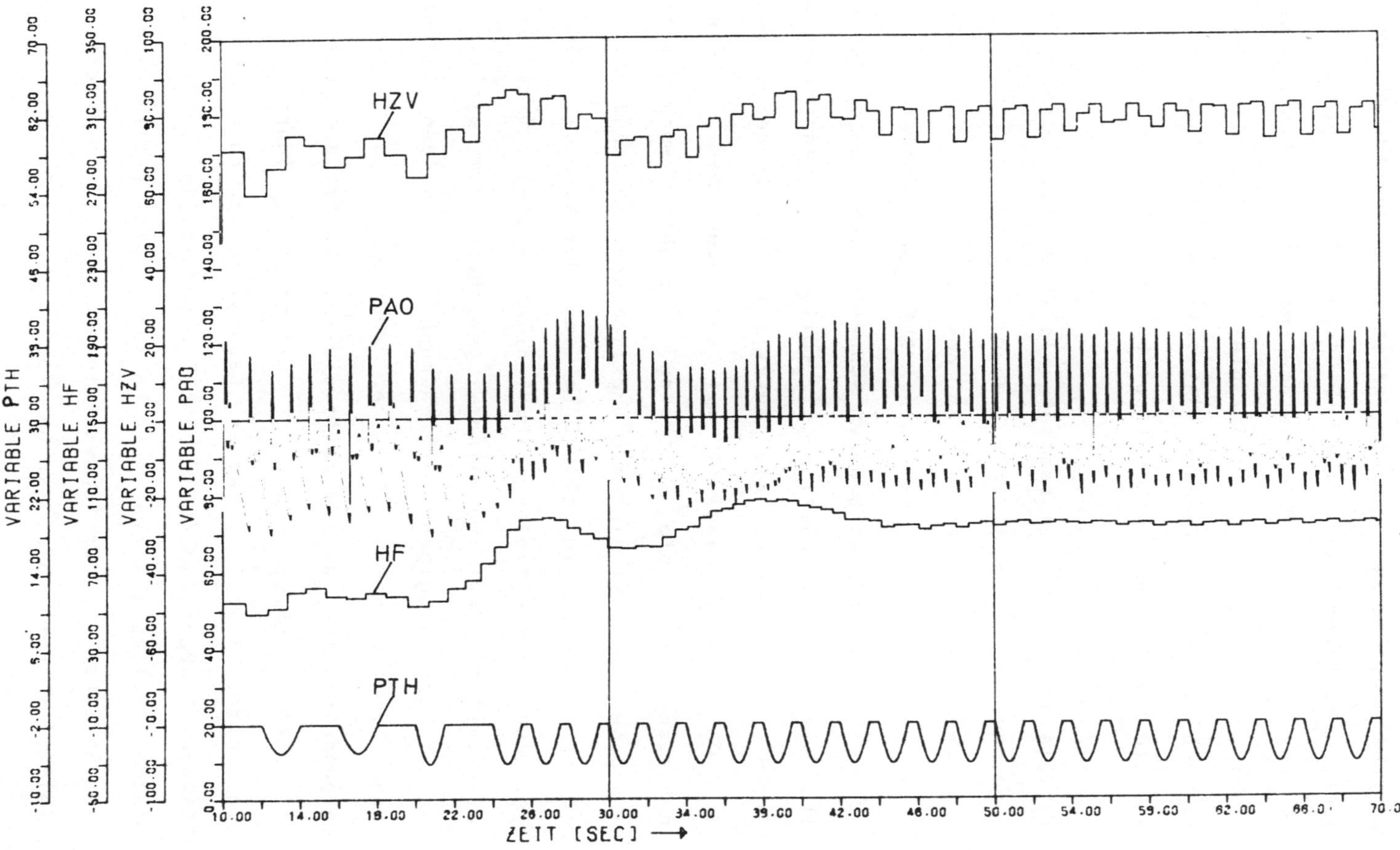

Bild 60: Erhöhte körperliche Aktivität (vgl. Text).

Herzfrequenzanstieg, sondern beide, arterieller Blutdruck und Herzfrequenz, reagieren auf die Störung mit einer stark gedämpften Schwingung. Dieses Einschwingverhalten des Regelkreise nach Störungen läßt sich auch am Beispiel des Orthostasetestes (Bild 51) und in dem folgenden "Aktivitätstest" (Bild 60) beobachten. Die Schwingungsperiode liegt bei ca. 10-12s.

Der "Aktivitätstest" (Bild 60) besteht wie im Orthostasetest aus einer Lageänderung. Zusätzlich aber erhöht sich der Sauerstoffbedarf der Muskulatur um das 10-fache, und die Atemfrequenz verdoppelt sich bei einer 25%-igen Vertiefung der Atmung. Da diese Aktivität etwa einem schnellen Gehen entsprechen soll, wird die im Abschnitt 3.6. (Bild 19) beschriebene Druckpulsation im Gewebe durch die Muskelaktivität in den Beinen simuliert. Das Modell reagiert mit dem oben beschriebenen Einschwingvorgang auf die Störung "erhöhte körperliche Aktivität". Dabei schwingt sich die Herzfrequenz (HF) auf ca. 95 min^{-1} und der mittlere arterielle Druck auf den Normalwert 90 - 100 mmHg ein. Das Herzzeitvolumen (HZV) nimmt um etwa 10% zu. Die Beinmuskelaktivität führt zu einer gegenüber dem einfachen Orthostasetest geringfügigen Verringerung des in den Beinen versackenden Blutvolumens auf ca. 200 ml. Der recht unbefriedigende Anstieg des Herzzeitvolumens dürfte auf mehrere Ursachen zurückzuführen sein: Einerseits führt das Autoregulationsmodell bei 10-facher Sauerstoffnachfrage nur zu einem 80%-igen Flußanstieg (Bild 36c), andererseits wird durch die einfache multiplikative Aufschaltung des zentralnervös gesteuerten peripheren Widerstandes (Gleichung 4.11 im Abschnitt 4.6.) letztlich nur ein knapp 50%-iger Flußanstieg im Muskelgewebe erreicht. Außerdem werden nur ca. 30% des gesamtem

Herzzeitvolumens zur Versorgung von Muskelgewebe bereitgestellt (Tabelle IX). Der Fluß durch das Intestinum verringert sich um ca. 3-4%. Im Rahmen des Modellansatzes ist ein größeres Herzzeitvolumen bei Aktivität also nicht zu erwarten. Dazu wäre die Implementierung weiterer zusätzlicher Regelungsmechanismen erforderlich.

Als letztes Beispiel für eine "innere" Störung sollen Defekte an der Aortenklappe bzw. am Ausgang des linken Ventrikels vorgestellt werden (Bild 61 - 63). Die folgenden drei Varianten eines Klappendefektes sind gewählt worden: Eine Stenose (Bild 61a/b), die zu einem um das 50-fache erhöhten Strömungswiderstand am Ventrikelausgang führt, einen Aortenklappendefekt (Bild 62a/b), der einen Rückfluß in den Ventrikel ermöglicht, und beide Defekte kombiniert (Bild 63a/b). Wie ein Vergleich mit den Bildern 40, 44 und 46 zeigt, führt eine Stenose zu einer Amplitudenabflachung des Aortenpulses, ein Klappendefekt zu einer erheblichen Vergrößerung des maximalen Ventrikelvolumens sowie einer deutlichen Vergrößerung der Pulsamplitude und schließlich beide Defekte zusammen zu einem geringfügig abgeschwächten Erscheinungsbild wie bei reinem Klappendefekt.

Es sind noch eine ganze Reihe weiterer "Störungen" des Systems Herzkreislaufmodell denkbar, die die Leistungsfähigkeit des Modells testen könnten. Aber ihre Darstellung würde den Rahmen dieser Arbeit sprengen. Die vorgestellten Beispiele dürften genügen, um die Möglichkeiten aber auch Grenzen des Simulationsmodells aufzuzeigen.

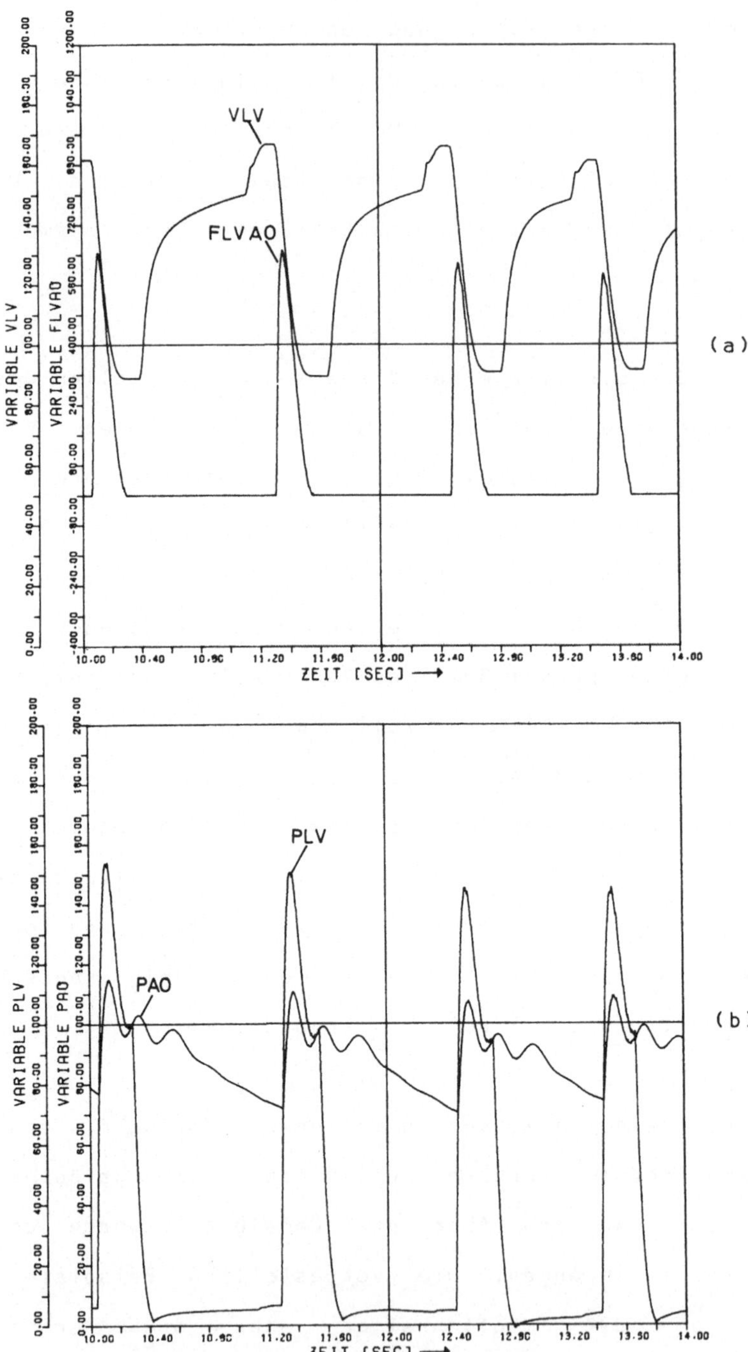

Bild 61: Stenose im Ausgang des linken Ventrikels: Volumen (VLV) im linken Ventrikel und Fluß (FLVAO) aus dem linken Ventrikel (a), Druck (PLV) im linken Ventrikel und Aortendruck (b).

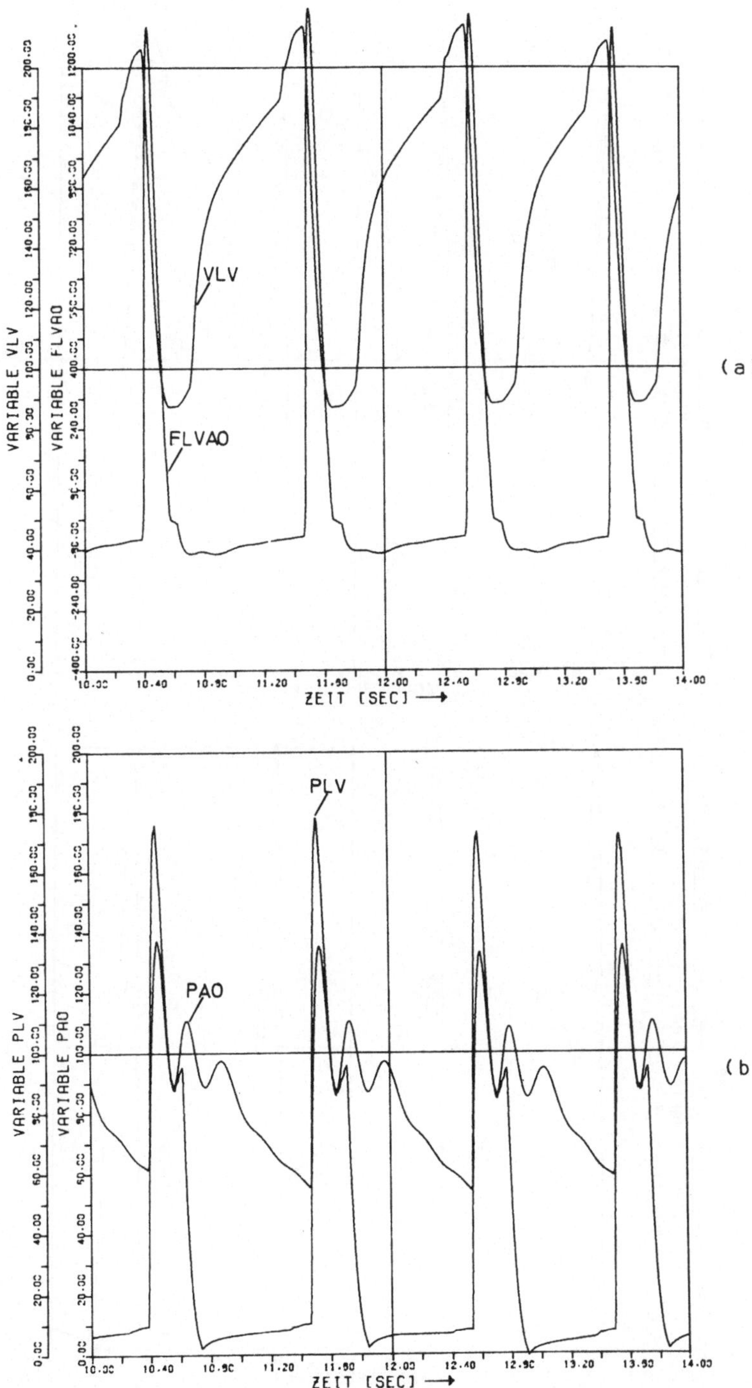

Bild 62: Aortenklappendefekt: Volumen (VLV) im linken Ventrikel und Fluß (FLVAO) aus dem linken Ventrikel (a), Druck (PLV) im linken Ventrikel und Aortendruck (PAO) (b).

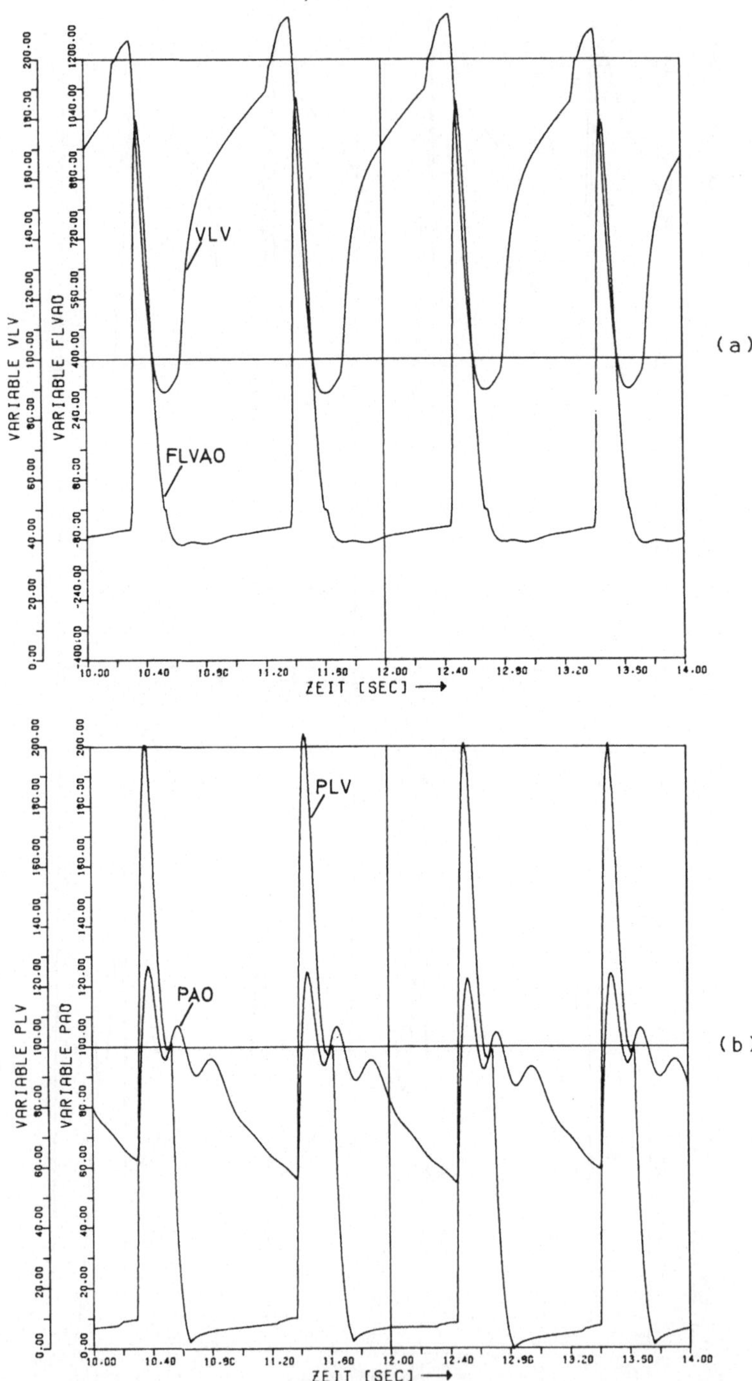

Bild 63: Aortenklappendefekt mit Stenose: Volumen (VLV) im linken Ventrikel und Fluß (FLVAO) aus dem linken Ventrikel (a), Druck (PLV) im linken Ventrikel und Aortendruck (PAO) (b).

7.   Diskussion

Im folgenden soll in Kürze diskutiert werden, inwieweit die im Abschnitt 1.1. gesteckten Ziele mit der Arbeit erreicht werden konnten und in welcher Richtung Anwendungmöglichkeiten sowie Erweiterungen bzw. Verbesserungen des Simulationsmodells zu sehen sind.

Die im Abschnitt 2.3. formulierten Strukturprinzipien lassen einen problemlosen Aufbau des globalen Herzkreislaufmodells aus sehr unterschiedlichen Submodellen zu. Man denke z.B. an die beiden verschiedenen Modellansätze zur Beschreibung des Flusses in den großen Venen (Abschnitt 3.2.). Diese flexible Modellstruktur erlaubt eine Modellierung der Herzkreislaufmechanik, die den Erfordernissen einer Implementierung sowohl zentralnervöser wie lokaler Regulationsmechanismen genügt.

Es sei an dieser Stelle erlaubt, einen Ausblick auf eine künftig notwendige Entwicklungsarbeit in der Herzkreislaufsimulation zu machen: Die in diesem Modell formulierten und angewandten Strukturprinzipien erstrecken sich ausschließlich auf die Herzkreislaufmechanik. Sie haben sozusagen einen horizontalen Charakter. Die zahlreichen Regelmechanismen des Kreislaufs, ihre Wechselwirkung untereinander und ihre Verknüpfung mit der Herzkreislaufmechanik, machen aber die Herausarbeitung vertikaler Strukturprinzipien im Sinne einer hierarchischen Struktur zwingend erforderlich. Probleme, die die Hierarchie der Regelkreise betreffen, traten schon in diesem Kreislaufmodell im Zusammenhang mit der Wechselwirkung der lokalen und zentralen

Regelmechanismen auf. Lösungen für Probleme solcher Art dürften in einer Theorie hierarchischer Systeme zu suchen sein, wie sie z.B. von Mesarović et al. (1970) entworfen wurde.

Wichtige Voraussetzung für die volle Ausschöpfung einer flexiblen Modellstruktur ist eine adäquate Realisierungsmöglichkeit des Simulationsmodells. Verwandte Modelle, wie die von Beneken (1965, 1967) oder Snyder (1969b), finden iher Realisierung entweder ganz auf dem Analogrechner oder in wesentlichen Teilen, hauptsächlich der Herzkreislaufmechanik, auf dem Analogteil des Hybridrechners. Auf die dadurch bedingte Einschränkung bei Nichtlinearitäten in den Modellen wurde im Abschnitt 1.2. schon hingewiesen. Hinzu kommen oft erheblich einengende Bedingungen durch begrenzte Interface - Kapazitäten zwischen Analog- und Digitalteil der Hybridanlage. Die Anwendung rein digitaler Simualtionsmethoden findet Einschränkungen dieser Art auf den heute in immer größerem Umfang zur Verfügung stehenden Großrechenanlagen nicht mehr vor. Das vorgestellte Modell geht in einigen Punkten sowohl hinsichtlich der Regelung als auch der mechanischen Submodelle deutlich über den Grad an Komplexität und Nichtlinearität in den Modellen von Snyder bzw. Beneken hinaus. Eine Begrenzung ist nicht so sehr in der digitalen Simulationstechnik als vielmehr in der Komplexität des Herzkreislaufsystems selber zu sehen. Mögliche Probleme, die bei einem Ausbau des Modells hinsichtlich Rechenzeit- und Speicherbedarf entstehen könnten, dürften von der rasanten Entwicklung in der Computertechnik, sowohl was Software als auch Hardware anbelangt, in absehbarer Zukunft überholt werden.

Im Kapitel 6. konnte nur eine Auswahl aus der Vielzahl möglicher

Simulationsläufe des Modells vorgestellt werden. Eine intensivere Austestung des Modells und seiner verschiedenen Modellansätze vor allem aus physiologischer Sicht steht noch aus. Doch schon die wenigen Beispiele geben einen Überblick, wo die Stärken und Schwächen des Modells liegen.

Wesentliche mechanische Eigenschaften des Gefäßsystems und des Herzens können durch das Modell simuliert werden. Die Korrektur von Parameterwerten im Sinne einer besseren Anpassung der simulierten Zeitverläufe einiger Größen, wie z.B. des Aortendruckes, an bekannte Meßergebnisse des realen Systems sowie einer physiologischeren Verteilung des Herzzeitvolumens auf die parallelen Strombahnen erscheint wünschenswert. Die Modellansätze für die venösen Gefäße und ihre Verwendung im globalen Modell bedürfen noch genauerer Prüfungen, deren Probleme allerdings sowohl auf theoretischen wie auf experimentellen Schwierigkeiten bei der Untersuchung der kollabierbaren Gefäße beruhen.

Die Wirkung der Orthostase auf den Kreislauf wird in qualitativer und mit Einschränkungen auch quantitativer Hinsicht vom Modell befriedigend simuliert. Weniger befriedigend ist dabei die Rolle der Regelung der peripheren Bereiche berücksichtigt. Offensichtlich ist eine Differenzierung der verschiedenen peripheren Bereiche hinsichtlich ihrer Funktionen in der Regelung des Kreislaufs bei der Orthostase notwendig. Dieselbe Forderung ist vor allem auch hinsichtlich der Kreislaufregelung bei erhöhter körperlicher Aktivität zu erheben. Letzteres Problem verlangt zu seiner Lösung darüberhinaus die schon erwähnte hierarchische Strukturierung der verschiedenen Regelungsmechanismen sowohl lokaler wie zentraler Art. Die im vorgestellten Kreislaufmodell implementierten Regelmechanismen bedürfen auf jeden Fall der Ergänzung; die Regelung des arteriellen Druckes und des Sauerstoffpartialdruckes im Muskelgewebe bilden nur einen Teil der vom Körper eingesetzten Regelungsmechanismen. Im Abschnitt 4.3. wurde z.B. auf einen Ansatzpunkt in dieser Hinsicht hingewiesen: die funktionale Abhängigkeit des Schwellenwertes von der Belastungsanforderung des Kreislaufs in Katona's Modell des Barorezeptorreflexbogens.

Zum Abschluß sei noch auf zwei Anwendungsgebiete des Herzkreislaufmodells hingewiesen, die sich durch den Modelltyp unmittelbar anbieten. Die relativ feine Aufgliederung des Gefäßsystems in Volumenspeicher - eine Segmentierung, die simulationstechnisch ohne großen Aufwand noch verbessert werden könnte, allerdings auf Kosten einer Vergrößerung der Parameterzahl - erfüllt eine wesentliche Voraussetzung für die Simulation von Schockzuständen bei starkem Blutverlust und der Verteilung von Pharmaka durch den Blutkreislauf im Körper.

Hinsichtlich der Untersuchung von Schockzuständen muß das Modell vor allem um eine Kopplung des interstitiellen Flüssigkeitsvolumens mit dem Blutvolumen im Gefäßsystem ergänzt werden. Ein Modellansatz hierzu wurde von Beneken und deWit (1967) vorgeschlagen.

Die Simulation von Massetransport bedarf ebenfalls einer Ergänzung des Modells (Rideout und Schaefer (1970)): Jedem Blutspeicher (m-tes Segment) mit einem Volumen V_m wird ein Speicher zugeordnet, der ein Volumen q_m des zu transportierenden Stoffes enthält. Die beiden Volumina V_m und q_m sind durch die

Konzentration des Stoffes im Blut über die Gleichung

$$(7.1) \qquad \frac{q_m}{V_m} = c_m \; ,$$

wobei c_m die Konzentration ist,

verknüpft. Eine entsprechende Gleichung gilt für die Zu- und Abflüsse der beiden Speichertypen:

$$(7.2) \qquad \frac{f_{m+1}}{F_{m+1}} = \begin{cases} c_m & \text{für } F_{m+1} \geq 0 \\ c_{m+1} & \text{für } F_{m+1} < 0 \; , \end{cases}$$

wobei f_{m+1} der Ausfluß aus dem "Stoff"-Speicher,

F_{m+1} der Ausfluß aus dem Blut-Speicher und

c_{m+1} die Konzentration des Stoffes im (m+1)-ten Speicher sind.

Für das Volumen im Stoffspeicher gilt weiterhin

$$(7.3) \qquad q_m = q_m^o + \int_o^t (f_m - f_{m+1}) \, dt' \, ,$$

wobei q_m^o die Anfangsmenge ist.

Die Gleichungen 7.1 bis 7.3 führen keine weiteren Parameter in das Modell ein. Ihr Einbau in das Modell ist ohne großen programmiertechnischen Aufwand möglich. Wird für bestimmte Stoffspeicher, wie z.B. die Leber oder die Nieren, zusätzlich noch ein Abbau oder eine Ausscheidung

$$(7.4) \qquad f'_{m+1} = r_m \, q_m \, ,$$

wobei r_m die Abbau- bzw. Ausscheidungsrate im m-ten Speicher ist, definiert, so ist die Simulation der Verteilung und des Abbaus oder der Ausscheidung eines bestimmten Stoffes, z.B. Pharmakons, im Blutkreislauf möglich.

Zu Beginn (Kapitel 1.) war mit Fitzhugh's Zitat festgestellt worden, ein Modell sei etwas Einfaches, gemacht, um etwas Kompliziertes zu verstehen. Zusammenfassend soll noch einmal betont werden, worin der Verfasser das spezifisch "Einfache", das dieses Modell anbietet, sieht: Die Verwendung digitaler Simulationstechniken in Verbindung mit wenigen unkomplizierten Strukturprinzipien stellt einem interdisziplinären Team in der physiologischen Forschung ein flexibles und leicht realisierbares Simulationsmodell in der Herzkreislaufforschung zur Verfügung, das eine Erweiterung des theoretischen aber auch experimentellen Arbeitsfeldes bietet.

Zusammenfassung

Ausgehend von hydrodynamischen Grundgleichungen werden Prinzipien für die Strukturierung eines Herzkreislaufmodells entwickelt. Das Gefäßsystem des Kreislaufs wird in 30 Segmente aufgeteilt. Die Segmente haben die Bedeutung von Volumenspeichern. Der Transport des Blutes zwischen den Speichern geschieht durch Volumenflüsse. Die Segmentierung ist den Anforderungen einer Implementierung von Regelungsmechanismen zentralnervöser und lokaler Art angepaßt.

Bei der Beschreibung der Mechanik der Volumenspeicher und Volumenflüsse kommen sehr unterschiedliche Modelle zur Anwendung. In den Modellansätzen insbesondere für die großen Venen und die peripheren Gefäße finden Nichlinearitäten in der Gefäßmechanik Berücksichtigung. Die Kontraktionseigenschaften des Herzens werden durch das Modell des zeitabhängigen Druck-Volumen-Verhältnisses beschrieben. Mechanische Einwirkungen von Atmung, Muskelaktivität und Gravitation auf den Kreislauf werden durch geeignete Modellannahmen berücksichtigt.

Zwei wichtige Typen der Kreislaufregulation sind im Modell repräsentiert: Der Barorezeptorreflexbogen, als ein Regelungsmechanismus des zentralen Nervensystems, und die Autoregulation peripherer Bereiche des Kreislaufs. Der Barorezeptorreflexbogen regelt den arteriellen Blutdruck über vier verschiedene Stellgrößen: Herzfrequenz, Kontraktionsstärke, periphere Widerstände und periphere Speicher. Die Autoregulation wird durch zwei unterschiedliche Modellansätze beschrieben: Der mehrfach vermaschte Regelkreis zur Regulation des Sauerstoffpartialdruckes im Muskelgewebe beruht auf mehreren physiologischen Annahmen über die Autoregulation im peripheren Bereich. Zur Regelung des Volumenflusses durch Nieren und Gehirn wird ein einfacher Integralregler als heuristischer Ansatz verwandt.

Zur digitalen Realisierung des Simulationsmodells wird ein Mehr-Schrittweiten-Verfahren entwickelt, das sich eines Prädiktor-Korrektor-Verfahrens als numerischen Integrationsalgorithmus bedient. Ein FORTRAN IV - Programm ermöglicht auf einer Großrechenanlage Simulationsläufe mit akzeptablem Rechenzeitaufwand.

Leistungsfähigkeit und Grenzen (Verifikation) des Herzkreislaufmodells werden durch die Simulation verschiedener Kreislaufgrößen, wie z.B. Drücke, Flüsse, Volumina, Herzfrequenz und Herzzeitvolumen, und ihrer Reaktionen auf "Störungen" des Systems, wie z.B. durch Orthostase oder einen Blutverlust, demonstriert.

In einer kurzen Diskussion wird auf wünschenswerte Verbesserungen und Erweiterungen des Modells sowie auf die Bedeutung und mögliche Anwendungen des Modellansatzes für die Herzkreislaufforschung hingewiesen.

Literatur

Albergoni, N.C.; R.E. Walters; 1974:

Interaction model between the circulatory and respiratory systems. IEEE Trans. Bio-Med. Eng. 19, 108-113.

Alexander, R.S.; 1954:

The participation of the venomotor system in pressor reflexes. Circ. Res. 2, 405-409.

Anderson, C.M.; J.W. Clark, Jr.; 1975:

Analog simulation of left ventrivular bypass mode control. IEEE Trans. Bio-Med. Eng. 22, 384-392.

Anliker, M.; R.L. Rockwell; E. Ogden; 1971:

Nonlinear analysis of flow pulses and shock waves. Part I: Derivation and properties of mathematical model. Z. ang. Math. Phys. 22, 217-246.

Attinger, E.O.; A. Anné; 1966:

Simulation of the cardiovascular system. Ann. N.Y. Acad. Sci. 128, 810-829.

Auslander, D.M.; T.E. Lobdell; D. Chong; 1973:

A large-scale model of the human cardivascular system and its application to ballistocardiography. Bibl. Cardiol. 36, 15-21.

Bauer, R.D.; Th. Pasch; E. Wetterer; 1973:

Theoretical studies on the human arterial pressure and flow

pulse by means of a non-uniform tube model. J. Biomech. 6, 289-298.

Beneken, J.E.W.; 1965:

A mathematical approach to cardio-vascular function, the uncontrolled human system. Dissertation, Univ. Utrecht.

Beneken, J.E.W.; B. DeWit; 1967:

A physical approach to hemodynamic aspects of the human cardiovascular system. In "Physical Bases of Circulatory Transport: Regulation and Exchange." (E.B. Reeve, A.C. Guyton, Hrsg.), 1-45, W.B.Saunders, Philadelphia.

Beneken, J.E.W.; 1972:

Some computer models in cardivascular research. In "Cardivascular Fluid Dynamics", Vol. 1 (D.H. Bergel, Hrsg.), 173-223, Academic Press, London.

Blinks, J.R.; J. Koch-Weser; 1961:

Analysis of the effects of changes in rate and rhythm upon myocardial contractility. J. Pharmacol. Exp. Ther. 134, 373-389.

Brower, R.W.; A. Noordergraaf; 1973:

Pressure-flow characteristics of collabsible tubes: a reconcilation of seemingly contradictory results. Am. Biomed. Eng. 1, 333-355.

Dick, D.E.; 1968:

An hybrid computer study of major transients in the canine

cardiovascular system. Dissertation, Univ. Wisconsin.

Dickinson, C.J.; 1969:

A digital computer model of the effects of gravitational stress upon the heart and venous system. Med. & Biol. Eng. 7, 267-275.

Donovan, F.M., Jr.; 1975:

Disign of a hydraulic analog of the circulatory system for evaluating artificial heart. Biomater. Med. Devices Artif. Organs 3, 439-449.

Downey, J.M.; E.S. Kirk; 1975:

Inhibition of coronary blood flow by a vascular waterfall mechanism. Cic. Res. 36, 753-760.

Fitzhugh, R. ; 1969:

Mathematical models of excitation and propagation in nerve. In "Biological Engineereing" (H.P. Schwan, Hrsg.), 1-85, McGraw-Hill, New York.

Forrester, J.W.; 1972:

Grundzüge einer Systemtheorie. Betriebswirtschaftlicher Verlag Dr.Th.Gabler, Wiesbaden.

Frank, O.; 1899:

Die Grungform des arteriellen Pulses. 1. Abhandlung: Mathematische Analyse. Z. Biol. 37, 483-526.

Gauer, O.H.; 1972:

Kreislauf des Blutes. In " Physiologie des Menschen. Herz und Kreislauf", Bd. 3 (O.H. Gauer, K. Kramer, R. Jung, Hrsg.), 81-326, Urban & Schwarzenberg, München.

Ghista, D.N.; K.M. Patil, K.B. Woo; C. Oliver; 1972:
A human left ventricular control system model for cardiac diagnosis. J. Biomechanics 5, 365-390.

Gille, P.; U. Ranft; 1977:
Einsatz von Simulationssystemen in der medizinischen Forschung. In "Informationssyteme in der Medizinischen Versorgung (Ökologie der Systeme)", Bericht 21. Jahrestagung GMDS 1976, Schattauer Verlag, Stuttgart, 635-649.

Glick, G.; E. Braunwald; 1965:
Relative roles of the sympathetic and parasympathetic nervous systems in the reflex control of heart rate. Circ. Res. 16, 363-375

Granger, H.J.; 1970:
Quantitative analysis of autoregulation and interstitial fluid dynamics. Dissertation, Univ. Mississippi, Jackson.

Granger, H.J.; A.H. Goodman; B.H. Cook; 1975:
Metabolic models of microcirculatory regulation. Federation Proc. 34, 2025-2030.

Greene, M.E.; J.W. Clarke; D.N. Mohr; H.M. Bourland; 1973a:
A mathematical model of left-ventricular function. Med. & Biol. Eng. 11, 126-134.

Greene, M.E.; J.W. Clarke; 1973b:

   The innervated left ventricle: a mathematical model of
   function. Med. & Biol. Eng. 11, 464-468.

Guyton, A.C.; Th.G. Coleman; 1967:

   Long-term regulation of the circulation: Interalationships
   with body fluid volumes. In "Physical Bases of Circulatory
   Transport: Regulation and Exchange." (E.D. Reeve, A.C.
   Guyton, Hrsg.), 179-201, W.B.Saunders, Philadelphia.

Guyton, A.C.; Th.G. Coleman; H.J. Granger; 1972:

   Circulation: Overall regulation. Ann. Rev. Physiol. 34,
   13-46.

Guyton, A.C. ; C.E. Jones; Th.G. Coleman; 1973:

   Circulatory Physiology: Cardiac Output and its Regulation.
   W.B.Saunders, Philadelphia.

Hanna, W.I.; 1973:

   A simulation of human heart function. Biophys. J. 13,
   603-621.

Huntsman, L.L.; 1968:

   Control of peripheral vascular resistance: Experimental and
   theoretical studies. Dissertation, Univ. Pennsylvania.

IBM; 1972:

   System/360 Continuous System Modeling Program (CSMP). User's
   manual. IBM-Form GH20-0367-4.

Jentsch, W.; 1969:

Digitale Simulation kontinuierlicher Systeme. R.Oldenbourg
Verlag, München.

Katona, P.G.; G.O. Barnett; W.D. Jackson; 1967:

Computer simulation of the blood pressure control of the
heart period. In "Baroreceptors and Hypertension" (P. Kezdi,
Hrsg.),191-199, Pergamon Press, Braunschweig.

Katona, P.G.; F. Jih; 1975:

Respiratory sinus arrhythmia: noninvasive measure of
parasympathetic cardiac control. J. Appl. Physiol. 39,
801-805.

Koch-Weser, J.; J.R. Blinks; 1963:

The influence of the interval between beats on myocardial
contractility. Pharmacol. Rev. 15, 601-652.

Kresch, E.; A. Noordergraaf; 1972:

Cross-sectional shape of collabsible tubes. Biophys. J. 12,
274-294.

Lobdell, T.E.; 1970:

A digital computer model of the cardiovascular system.
Dissertation, Univ. California, Berkely.

Luczak, H.; F. Raschke; 1975:

Regelungstheoretisches Kreislaufmodell zur Interpretation
arbeitsphysiologischer und rhythmologischer Einflüsse auf die
Momentanherzfrequenz: Arrhythmie. Biol. Cybernetics 18,

1-13.

Martin, P.J.; M.N. Levy; H. Zieske; 1969:

   Bilateral carotid sinus control of ventricular performance in

   the dog. Circ. Res. 24, 321-337.

McDonald, D.A.; 1968:

   Hemodynamics. Ann. Rev. Physiol. 30, 525-556.

Mesarović, M.; D. Macko; Y. Takahara; 1970:

   Theory of Hierarchical, Multilevel Systems. Academic Press,

   New York.

Mesarović, M.; E. Pestel; 1974:

   Menschheit   am   Wendepunkt.   Deutsche   Verlags-Anstalt,

   Stuttgart.

Miller, N.C.; R.E. Walters; 1974:

   Interactive modeling as a forcing function for research in

   the physiology of human performance. Simulation 22, 1-13.

Moreno, A.H.; A.I. Katz; L.D. Gold; 1969:

   An integrated approach to the study of the venous system with

   steps toward a detailed model of the dynamics of the venous

   return to the right heart. IEEE Trans. Bio-Med. Eng. 16,

   308-324.

Moreno, A.H.; A.I. Katz; L.D. Gold; R.V. Reddy; 1973:

   The venous system. In "Engineering Principles in Physiology",

   Vol. 2 (J.H.U. Brown, D.S. Gann, Hrsg.), 145-169, Academic

Press, London.

Noordergraaf, A.; 1963:

Development of an analog computer for the human systemic arterial system. In "Circulatory Analog Computers" (A. Noordergraaf, G.N. Jager, N. Westerhof, Hrsg.), 29-44, North Holland Publishing Comp. Amsterdam.

Noodergraaf, A.; 1969:

Hemodynamics. In "Biological Engineering" (H.P. Schwan, Hrsg.), 391-545, McGraw-Hill, New York.

Pater, L. de; J.W. van den Berg; 1964:

An electrical analoque of the entire human circulatory system. Med. Electron. Biol. Eng. 2, 161-166.

Pater, L. de; 1966:

An electrical analoque of the human circulatory system. Dissertation, Univ. Groningen.

Permutt, S.; B. Bromberger-Barnea; H.N. Bane; 1962:

Alveolar pressure, pulmonary venous pressure, and the vascular waterfall. Med. Thorac. 19, 239-260.

Pestel, E.; E. Kollmann; 1968:

Grundlagen der Regelungstechnik. Friedr.Vieweg & Sohn, Braunschweig.

Poitras, J.W.; N. Pantelakis; C.W. Marble; K.R. Dwyer; G.O. Barnett; P.G. Katona; 1966:

Analysis of the blood pressure-baroreceptor nerve firing relationship. Eng. in Med. and Biol., Proc. 19the Annual Conf., 105.

Pugh, A.L., III; 1970:
DYNAMO II. User's manual. MIT Press, Cambridge.

Rader, R.D.; C.M. Stevens; 1974:
Renal parameter estimates in unrestrained dogs. Med. & Biol. Eng. 12, 465-478.

Ranft, U.; 1974:
Ein einfaches Gefäßmodell zur Simulation stationären Kreislaufverhaltens. II. Ein passiv dehnbares Gefäßmodell. Biomed. Techn. 19, 106-111.

Reddy, R.V.; 1971:
Characterization, identification and simulation of parts of the central venous system. Dissertation, Univ. Pennsylvania.

Reul, H.; B. Tesch; J. Schoenmackers; S.E. Effert; 1974:
Hydromechanical simulation of systemic circulation. Med. & Biol. Eng. 12, 431-436.

Rideout, V.C.; D.E. Dick; 1968:
Difference-differential equations for fluid flows in distensible tubes. IEEE Trans. Bio-Med. Eng. 14, 171-177.

Rideout, V.C.; R.L. Schaefer; 1970:
Hybrid computer simulation of the transport of chemicals in

the circulation. AICA Conf. Hybrid Computation, Proc., 348-354.

Robinson, B.F.; S.E. Epstein; G.D. Beiser; E. Braunwald; 1966:
Control of heart rate by the autonomic nervous system. Studies in man on the interrelation between baroreceptor mechanisms and exercise. Circ. Res. 19, 400-411.

Robinson, D.A.; 1963:
Ventricular dynamics and the cardiac representation problem. In "Circulatory Analog Computers" (A. Noodergraaf, G.N. Jager, N. Westerhof, Hrsg.), 56-73, North Holland Publishing Comp., Amsterdam.

Rödenbeck, M.; 1963:
Beiträge zur Modelltheorie des arteriellen und venösen Systems. Dissertation, Univ. Leipzig.

Rosenblueht, A.; F.A. Simeone; 1934:
The interrelations of vagal and accelerator effects on the cardiac rate. Am. J. Physiol. 110, 42-55.

Sagawa, K.; 1967:
Analysis of the CNS ischemic feedback regulation of the circulation. In "Physical Bases of Circulation Transport: Regulation and Exchange" (E.B. Reeve, A.C. Guyton, Hrsg.), 129-139, W.B.Saunders, Philadelphia.

Sagawa, K; 1973:
The circulation and its control I: Mechanical properties of

the cardiovascular system.

The circulation and its control II: Neural and humoral control of the heart and vessels.

The heart as a pump.

In "Engineering Principles in Physiology", Vol. 2 (J.H.U. Brown, D.S. Gann, Hrsg.), 49-126, Academic Press, London.

Sagawa, K.; 1975:

Critique of a larg-scale organ system model: Guytonian cardiovascular model. Ann. Biomed. Eng. 3, 386-400.

Sato, T.; S.M. Yamashiro; D. Vega; F.S. Grodins; 1974:

Parameter sensitivity analysis of a network model of systemic circulatory mechanics. Ann. Biomed. Eng. 2, 289-306.

Schaaf, B.W.; P.H. Abbrecht; 1972:

Digital computer simulation of human systemic arterial pulse wave transmission: A nonlinear model. J. Biomech. 5, 345-364.

Schneider, M.; 1971:

Einführung in die Physiologie des Menschen. Springer-Verlag, Berlin.

Sims, J.B.; 1969:

An hybrid-computer-aided study of parameter estimation in the systemic circulation system. Dissertation, Univ. Wisconsin.

Snyder, M.F.; V.C. Rideout; R.J. Hillestad; 1968:

Computer modeling of the human systemic arterial tree. J.

Biomech. 1, 341-353.

Snyder, M.F.; V.C. Rideout; 1969a:

Computer simulation studies of the venous circulation. IEEE Trans. Bio-Med. Eng. 16, 325-334.

Snyder, M.F.; 1969b:

A study of the human venous system using hybrid computer modeling. Dissertation, Univ. Wisconsin.

Suga, H.; 1971:

Theoretical analysis of a left-ventricular pumping model based on the systolic time-varying pressure/volume ratio. IEEE Trans Bio-Med. Eng. 18, 47-55.

Suga, H.; K. Sagawa; 1972:

Mathematical interrelationship between instantaneous ventricular pressure-volume ratio and myocardial force-velocity relation. Ann. Biomed. Eng. 1, 160-181.

Talbot, S.A.; U. Gessner; 1973:

Systems Physiology. J.Wiley & Sons, New York.

Tewari, K.P.; K. Sundaram; 1971:

Digital computer simulation of pulse wave transmission in arteries. Med. & Biol. Eng. 9, 297-304.

Thoma, H.; 1973:

Automatische Regelung herzsynchroner Kreislaufpumpen. Biomed. Techn. 18, 61-73 und 106-117.

Trautwein, W.; 1972:

Erregungsphysiologie des Herzens. In "Physiologie des Menschen. Herz und Kreislauf.", Bd. 3 (O.H. Gauer, K. Kramer, R. Jung, Hrsg.), 1-80, Urban & Schwarzenberg, München.

Unbehauen, H.; B. Göhring; B. Bauer; 1974:

Parameterschätzverfahren zur Systemidentifikation. R.Oldenbourg Verlag, München.

Warner, H.R.; 1959:

The use of analog computer for analysis of control mechanisms in the circulation. Proc. I.R.E. 47, 1913-1916.

Warner, H.R.; 1965:

Some computer techniques of value for study of ciculation. In "Computers in Biomedical Research", Vol.II (R.W. Stacy, B.D. Waxmann, Hrsg.), 239-268, Academic Press, New York.

Warner, H.R.; R.O. Russel; 1969:

Effect of combined sympathetic and vagal stimulation on heart rate in the dog. Circ. Res. 24, 567-573.

Weber, E.H.; 1850:

Über die Anwendung der Wellenlehre auf die Lehre vom Kreislauf des Blutes und insbesondere auf die Pulslehre. Ber. Verhandl. Königl. Sächs. Ges. Wiss., Math. Phys. Klasse, 164-204.

Weber, W.; 1866:

Theorie der durch Wasser oder andere inkompressibele

Flüssigkeiten in elastischen Röhren fortgeplanzten Wellen. Ber. Verhandl. Königl. Sächs. Ges. Wiss. 18, 353-357.

Witzig, K.; 1914:
Über erzwungene Wellenbewegungen zäher, inkompressibler Flüssigkeiten in elastischen Rohren. Dissertation, Univ. Bern.

Wesseling, K.H.; B. DeWit; J.E.W. Beneken; 1973:
Arterial haemodynamic parameters derived from non-invasively recorded pulsewaves, using parameter estimation. Med. & Biol. Eng. 11, 724-731.

Westerhof, N.; F. Bosman; C.J. de Vries; A. Noodergraaf; 1969:
Analog studies of the human systemic arterial tree. J. Biomech. 2, 121-143.

Wetterer, E.; Th. Kenner; 1968:
Grundlagen der Dynamik des Arterienpulses. Springer, Berlin.

Wormersley, J.R.; 1957:
Oscillatory flow in arteries: the constrained elastic tube as a model of arterial flow and pulse transmission. Phys. Med. Biol. 2, 178-187.

Youmans, W.B.; Q.R. Murphy; J.K. Turner; L.D. Davis; D.I. Briggs; A.S. Hoye; 1963:
Activity of abdominal muscles elicited from the circulatory system. Am. J. Phys. Med. 42, 1-70.

Zurmühl, R.; 1965:

Praktische Mathematik für Ingenieure und Physiker. 5. Aufl.,

Springer-Verlag, Berlin.

Anhang

A.   Volumenfluß durch ein Venensegment

Für ein Segment eines kollabierbaren Schlauches gilt nach Snyder
(1969a) für die Strömungsgeschwindigkeit v (Bild A1)

$$(A.1) \quad \begin{cases} \Delta P = -\rho l \dfrac{dv}{dt} - \dfrac{9\eta l}{2r^2} & \text{für einen Zylinder: } 0 < r' < \tfrac{2}{3}r \\ v = 0 & \text{für einen Zylinderring: } \tfrac{2}{3}r \leq r' \, , \end{cases}$$

wobei ρ die Dichte des Blutes,

η die Viskosität des Blutes,

l die Länge des Segments und

r der Radius des Segments sind.

Es   kann   gezeigt   werden,   daß   für   ellipsenförmige
Schlauchquerschnitte die Gleichung A.1 ebenfalls gilt, wenn r^2

durch $\dfrac{2x^2 y^2}{(x^2 + y^2)}$ ersetzt wird.

Dabei sind x und y die beiden Hauptachsen der Ellipse (Bild A1).

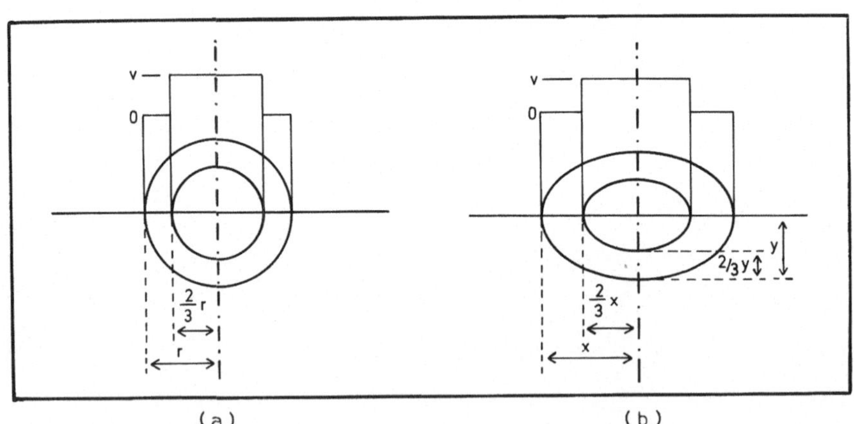

Bild A1: Geschwindigkeitsverteilung v über einen Schlauch-
querschnitt, (a) kreisförmig, (b) elliptisch, schematisch
nach Snyder und Rideout (1969a).

Es gilt bei kreis- und ellipsenförmigen Querschnitt für den Fluß

$$(A.2) \quad F = \left(\frac{4V}{9l}\right) v \ ,$$

wobei V das Volumen ist.

Bei Kreisquerschnitt gilt für den Umfang

$$(A.3) \quad U_k = 2\pi r$$

und für das Volumen

$$(A.4) \quad V_k = \pi r^2 l$$

Entsprechend für elliptischen Querschnitt

$$(A.5) \quad U_e = 2\pi \sqrt{(x^2+y^2)/2} \quad \text{und}$$

$$(A.6) \quad V_e = \pi x y l \ .$$

Es folgt mit A.1 bis A.6 sowohl für den kreisförmigen wie

elliptischen Querschnitt

$$(A.7) \quad \Delta P = - \frac{9}{4} \rho l^2 \frac{d}{dt}\left(\frac{F}{V}\right) - \frac{81 \eta l^4}{32} \frac{U_{e/k}^2}{V^3} F$$

oder

$$(A.8) \quad \frac{dF}{dt} = \frac{-4}{9 \rho l^2} \Delta P \ V + \frac{F}{V}\left(\frac{dV}{dt} - \frac{9 \eta l^2}{8\rho} \frac{U_{e/k}^2}{V}\right) \ .$$

Die funktionale Beziehung 3.8 im Abschnitt 3.2. kann mit A.3 und

A.4 umgeformt werden zu

$$(A.9) \quad U_k = 2\sqrt{\frac{\pi}{l} V} \qquad \text{für } V > V_u$$

und

$$(A.10) \quad U_e = \begin{cases} \sqrt{\dfrac{\pi}{l V_u}} \ (V+V_u) & \text{für } \dfrac{V_u}{2} \leq V \leq V_u \\[2ex] \dfrac{3}{2} \sqrt{\dfrac{\pi}{l V_u}} \ V_u & \text{für } 0 < V < \dfrac{V_u}{2} \ . \end{cases}$$

Mit A.8, A.9 uns A.10 folgt dann

$$(A.11) \quad \frac{dF}{dt} = - \kappa \Delta P \ V + \frac{F}{V}\left\{\frac{dV}{dt} - g(V,V_u)\right\} \ ,$$

wobei

$$g(V, V_u) = \begin{cases} \lambda & \text{für } V > V_u \\[2ex] \lambda \dfrac{(V + V_u)^2}{4 V_u V} & \text{für } \dfrac{V_u}{2} \leq V \leq V_u \\[2ex] \lambda \dfrac{9 V_u}{16 V} & \text{für } 0 < V < \dfrac{V_u}{2} \end{cases} \quad ,$$

$$\lambda = \frac{9 \pi \eta l}{2 p} \quad \text{und} \quad \kappa = \frac{4}{9 p l^2} \quad .$$

B.   Ableitung des Koronarflusses

Das Myokard werde in Schichten gleicher myokardialer Tiefe l der Dicke dl zerlegt, wobei l_o die myokardiale Gesamttiefe ist. Dann gilt für den Fluß dF durch die Schicht der Tiefe l nach dem Wasserfall-Modell (Abschnitt 3.4., Bild 14) folgende Beziehung:

$$(\text{B.1}) \quad dF = \begin{cases} \dfrac{dl}{R l_o} (P_1 - P_2) & \text{für } P_2 < \dfrac{l}{l_o} P_e \\[2ex] \dfrac{dl}{R l_o} (P_1 - \dfrac{l}{l_o} P) & \text{für } P_2 \leq \dfrac{l}{l_o} P_e \leq P_1 \\[2ex] 0 & \text{für } P_1 < \dfrac{l}{l_o} P_e \end{cases} \quad ,$$

wobei P_1 der Aortendruck,

P_2 der Druck im rechten Atrium,

P_e der Druck in der tiefsten Myokardschicht (Tiefe l_o) und

R der Strömungswiderstand des ruhenden Herzens sind.

Für den Fluß durch das gesamte Myokard gilt dann

$$(\text{B.2}) \quad F = \int_0^{l_o} dF \quad .$$

Bei der Integration über das Intervall $(0, l_o)$ ist zu beachten, daß das Differential dF durch verschiedene Funktionen in $(0, l_o)$ beschrieben wird. Es sind Fallunterscheidungen zu machen:

1. Fall: $P_e < P_2$

$$(B.3) \quad F = \int_o^{\cdot l_o} \frac{dl}{Rl_o} (P_1 - P_2) \;=\; \frac{P_1 - P_2}{R}$$

2. Fall: $\quad P_2 \leq P_e \leq P_1$

$$(B.4) \quad F = \int_o^{\frac{P_2}{P_e} l_o} \frac{dl}{Rl_o} (P_1 - P_2) \;+\; \int_{\frac{P_2}{P_e} l_o}^{l_o} \frac{dl}{Rl_o} \left(P_1 - \frac{l}{l_o} P_e\right)$$

$$= \frac{P_1 - P_2}{R} \frac{P_2}{P_e} + \frac{P_1}{R}\left\{1 - \frac{P_2}{P_e}\right\} - \frac{P_e}{2R}\left\{1 - \left(\frac{P_2}{P_e}\right)^2\right\}$$

3. Fall: $\quad P_1 < P_e$

$$(B.5) \quad F = \int_o^{\frac{P_2}{P_e} l_o} \frac{dl}{Rl_o} (P_1 - P_2) \;+\; \int_{\frac{P_2}{P_e} l_o}^{\frac{P_1}{P_e} l_o} \frac{dl}{Rl_o} \left(P_1 - \frac{l}{l_o} P_e\right)$$

$$= \frac{P_1 - P_2}{R} \frac{P_2}{P_e} + \frac{P_1}{R}\left\{\frac{P_1}{P_e} - \frac{P_2}{P_e}\right\} - \frac{P_e}{2R}\left\{\left(\frac{P_1}{P_e}\right)^2 - \left(\frac{P_2}{P_e}\right)^2\right\}$$

Die drei Fälle lassen sich zusammenfassen zu

$$(B.6) \quad F = \frac{1}{R}\left\{(P_1 - P_2)a + P_1(b-a) - \frac{1}{2}P_e(b^2 - a^2)\right\} \;,$$

wobei

$$a = \begin{cases} \dfrac{P_2}{P_e} & \text{für } P_2 \leq P_e \\[2ex] 1 & \text{für } P_2 > P_e \end{cases}$$

und

$$b = \begin{cases} \dfrac{P_1}{P_e} & \text{für } P_1 \leq P_e \\[2ex] 1 & \text{für } P_1 > P_e \quad . \end{cases}$$

C.   Herzarbeit

Im Bild A2 ist das Arbeitsdiagramm des linken Ventrikels schematisch dargestellt (nach Gauer (1972)). Der schraffierte Flächenanteil stellt die vom Ventrikel während eines Herzzyklus verrichtete mechanische Arbeit dar, wobei die Fläche in der Reihenfolge der Punkte ABCDA umlaufen wird.

Es gilt also für die mechanische Arbeit

$$(C.1) \quad W = A_m \oint\limits_{ABCDA} P \; dV$$

$$= A_m \int\limits_{\substack{Herz-\\zyklus}} P(F_{ein} - F_{aus}) dt \; .$$

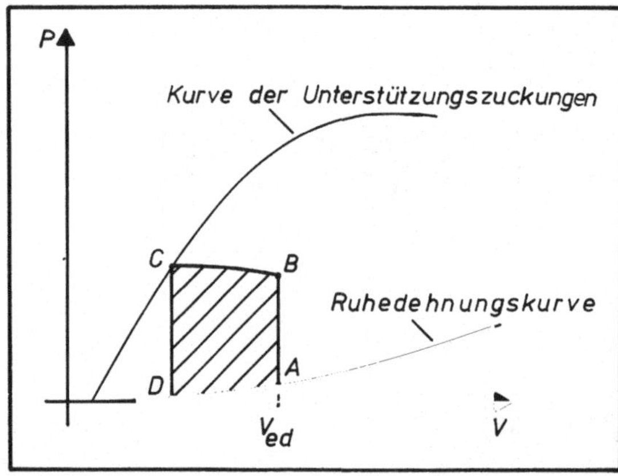

Bild A2: Arbeitsdiagramm des linken Ventrikels, schematisch.

Das Herz verrichtet aber nicht nur Arbeit, wenn Blut in die Herzkammer und aus ihr heraus transportiert wird, sondern während der isometrischen Phase, also im Arbeitsdiagramm (Bild A2) die Strecke AB, verrichten die kontraktilen Elemente der Muskelfasern Arbeit, indem sie die elastischen Elemente dehnen. Hinter dieser Betrachtungsweise steht das Drei-Element-Modell des Herzmuskels (Bild A3), wobei das parallel-elastische Element bei der

Kontraktion vernachlässigt werden kann.

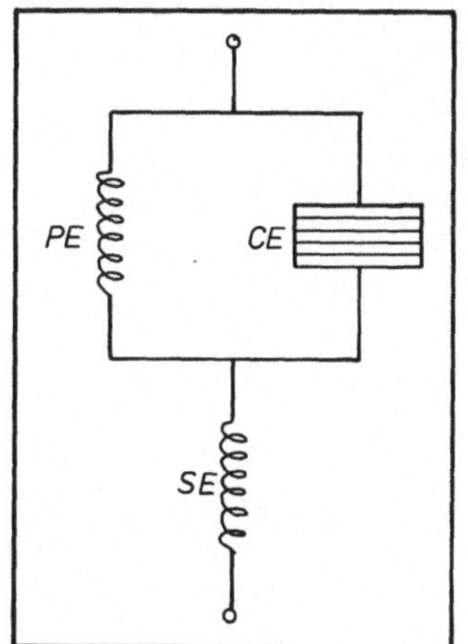

<u>Bild A3</u>: Drei-Element-Modell der Herz-
muskelfaser.

CE : kontraktiles Element
PE : parallel-elastisches Element
SE : seriell-elastisches Element

Findet eine isometrische Kontraktion statt, so wird in der Muskelfaser die Arbeit

$$(C.2) \qquad W_i^! = \int_{L_{ed}}^{L_{iso}} K_{SE} \, dL$$

verrichtet, wobei

K_{SE} die Kraft des seriell-elastischen Elements SE,

L_{ed} die enddiastolische Länge des Elements SE und

L_{iso} die Länge des Elements SE nach isometrischer Kontraktion bedeuten.

Nach Angaben bei Beneken (1965) läßt sich der funktionale Zusammenhang zwischen Kraft und Länge des Elementes SE gut durch eine Exponentialfunktion beschreiben:

$$(C.3) \qquad K_{SE}(L) = a\, e^{-\frac{L}{\beta}} \, .$$

Mit C.2 und C.3 folgt dann

$$(C.4) \qquad W_i^! = \beta \left\{ K_{SE}(L_{iso}) - K_{SE}(L_{ed}) \right\} \, .$$

Weiterhin wird von Beneken (1965) mittels eines bestimmten geometrischen Herzmodells für den linken Ventrikel eine

Umrechnung der Federkraft der Elemente SE in den Druck P im linken Ventrikel angegeben:

$$(C.5) \quad K_{SE} = \gamma \sqrt{V} \, P \; ,$$

wobei V das Volumen des Ventrikels ist und

$\gamma \sqrt{V}$ als ein Geometriefaktor auftritt.

Mit C.4 und C.5 folgt somit für die bei isometrischer Kontraktion des linken Ventrikels verrichtete Arbeit

$$(C.6) \quad W_i = A_i \sqrt{V_{ed}} \; (P_{max} - P_{ed}) \; ,$$

wobei $A_i = \beta\gamma$ und

V_{ed} das enddiastolische Volumen,

P_{ed} der enddiastolische Druck und

P_{max} der maximale Druck bei isometrischer Kontraktion

(ungefähr gleich dem maximalen Druck während eines

Herzzyklus) sind.

Nach experimentellen Untersuchungen und Berechnungen von Ghista et al. (1972), denen allerdings eine andere Modellvorstellung zugrunde liegt, gilt für das Verhältnis der beiden Arbeitsanteile W_m und W_i während eines Zyklus

$$(C.7) \quad \frac{W_m}{W_i} \simeq \frac{1}{4} \; .$$

Mit C.7 steht eine Bestimmungsgleichung für die beiden unbekannten Konstanten A_m und A_i zur Verfügung. Eine weitere ergibt sich aus dem Zusammenhang der Problemstellung im Abschnitt 4.6. Gleichung 4.20 durch den Sauerstoffverbrauch des normal schlagenden Herzens.

D.   Analyse des Regelkreises "Autoregulation-Blutfluß"

Der Regelkreis zur Regelung des Flusses durch das Gehirn bzw. die Nieren ist nichtlinear (Bild A4). Bei einer kleinen Änderung der Druckdifferenz ΔP um $\delta\Delta P$ gilt nach Bild A4

$$(D.1) \quad (\Delta P + \delta\Delta P)\,(G_N - \delta G) = F_N + \delta F \ .$$

Unter Vernachlässigung der Glieder höherer Ordnung als erster läßt sich Gleichung D.1 linearisieren zu

$$(D.2) \quad \delta\Delta P - \frac{\Delta P}{G_N}\,\delta G = \frac{1}{G_N}\,\delta F \ .$$

Die um den Arbeitspunkt $(\Delta P, F_N)$ linearisierte Form der Rückkopplung (D.2) führt zu dem im Bild A5 dargestellten linearisierten Regelkreis.

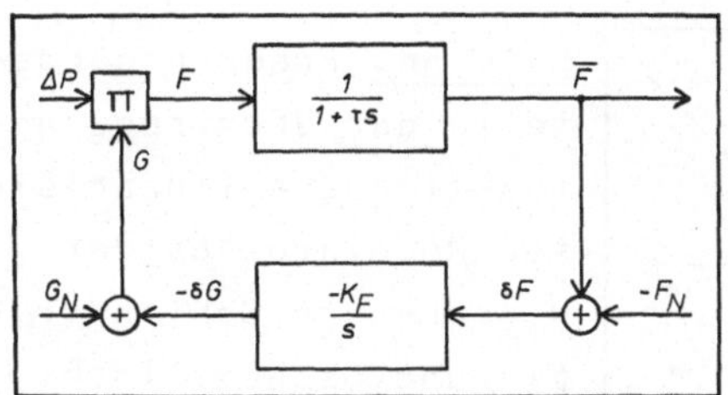

Bild A4: Regelkreis zur Regelung der Nieren- und Gehirndurchblutung (Abschnitt 4.7,
Gl. 4.21).

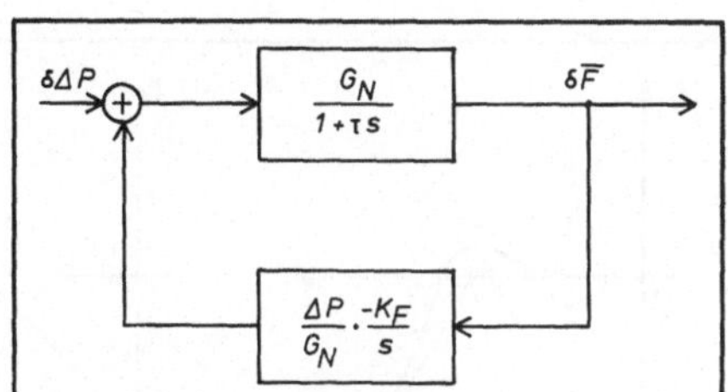

Bild A5: Linearisierter Regelkreis der Nieren- und Gehirndurchblutung.

Für den Frequenzgang des linearisierten Regelkreises gilt

$$(D.3) \quad \mathcal{F}(i\omega) = G_N \frac{\dfrac{i\omega}{\tau\omega_0^2}}{\left(\dfrac{i\omega}{\omega_0}\right)^2 + \dfrac{i\omega}{\omega_0^2\tau} + 1} \ ,$$

wobei $\omega_0^2 = \dfrac{\Delta P}{\tau}\,K_F$.

Die Übertragungsfunktion (D.3) zerfällt also in zwei Anteile, deren Amplitudengänge schematisch im Bode-Diagramm (Bild A6) dargestellt sind. Je nach Lage der Eckfrequenzen ω_o und $\omega_o^2\tau$ zueinander läßt sich der Amplitudengang von D.3 konstruktiv abschätzen (Pestel (1968). Wie im Bild A7 dargestellt, weist der Amplitudengang Typ I, der unter der Bedingung $\omega_o^2\tau < \omega_o$ vorliegt, im Gegensatz zum Typ II, der unter der Bedingung $\omega_o^2\tau > \omega_o$ vorliegt, eine stärkere Amplitudenüberhöhung im Bereich der Eckfrequenz ω_o und einen schwächeren Abfall auf. Eine geringe Amplitudenüberhöhung und ein schneller Abfall erscheint für eine gut gedämpfte Regelung wünschenswert, so daß folgendes Kriterium gelten soll:

$$(D.4) \quad \frac{1}{\tau} \lesssim \omega_o \; .$$

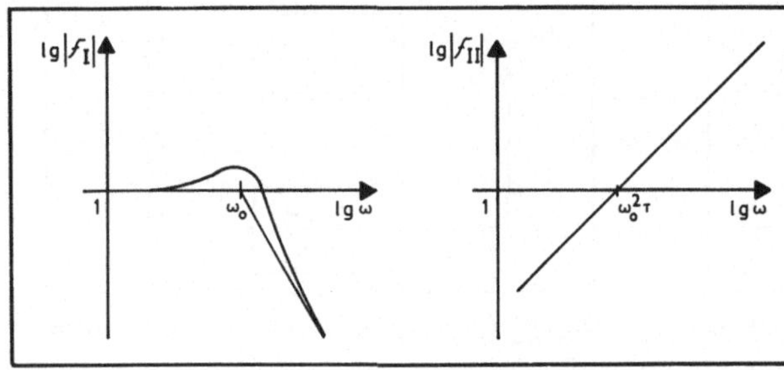

Bild A6: Frequenzganganteile der Übertragungsfunktion des linearisierten Regelkreises der Nieren- und Gehirndurchblutung, schematisch.

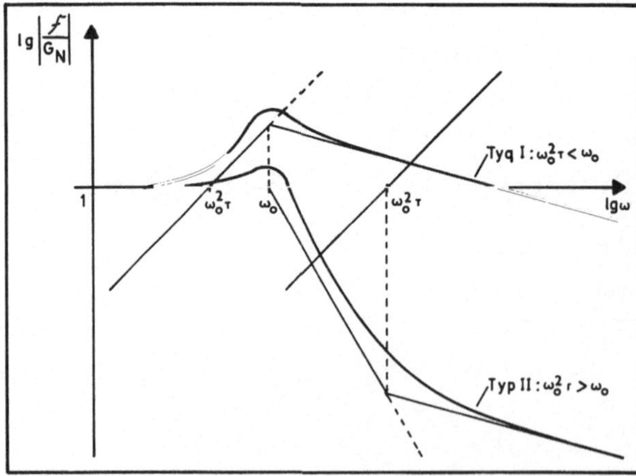

Bild A7: Zwei Amplitudengangtypen bei unterschiedlicher Lage der Eckfrequenzen zueinander (siehe Text), schematisch.

Wird der linearisierte Regelkreis (Bild A5, Gleichung D.3) mit einer Sprungfunktion

$$(D.5) \quad \delta\Delta P(s) = \frac{1}{s}$$

beaufschlagt, so folgt mit D.3 als Lösung von

$$(D.6) \quad \delta\bar{F}(s) = \frac{\dfrac{G_N}{\tau}}{s^2 + \dfrac{1}{\tau}\,s + \omega_o^2}$$

der Zeitverlauf

$$(D.7) \quad \delta\bar{F}(t) = \frac{G_N}{\tau\omega}\,e^{-\frac{t}{2\tau}} \sin(\omega t) \;,$$

wobei $\omega^2 = (1-D^2)\omega_o^2$ mit $D = \dfrac{1}{2\omega_o\tau}$.

Das wünschenswerte Dämpfungsmaß D=0,7 führt zu dem weiteren Kriterium

$$(D.8) \quad \frac{1}{1,4\tau} = \omega_o \;\;.$$

In der Tat unterscheiden sich beide Kriterien D.4 und D.8 nur wenig voneinander, so daß sie sich zusammenfassen lassen zu

$$(D.9) \quad \frac{1}{1,4\tau} \leq \omega_o \leq \frac{1}{\tau} \;\;.$$

Da die Zeitkonstante τ =2s vorgegeben ist (Abschnitt 4.7., Gleichung 4.21c) und im normalen Arbeitspunkt $P \simeq 80$ mmHg ist, folgt mit D.3 und D.9

$$(D.10) \quad K_F \simeq 6,25 \cdot 10^{-3} \;\text{mmHg}^{-1}\,\text{s}^{-1} \;\;.$$

E.   Beschreibung des FORTRAN IV – Programms "HKSM"

Im Bild A8 ist als Blockdiagramm die Struktur des FORTRAN-IV-Programmes "HKSM" dargestellt. "HKSM" realisiert auf dem Digitalrechner das gesamte Herzkreislaufmodell. Es liest die

Parameterwerte und Steuerdaten der Simulation ein, führt die Simulation durch numerische Integration der Modellgleichungen aus und erzeugt eine Ausgabe in Form von Tabellen, Schnelldruckerplotts und Zeichenplotts.

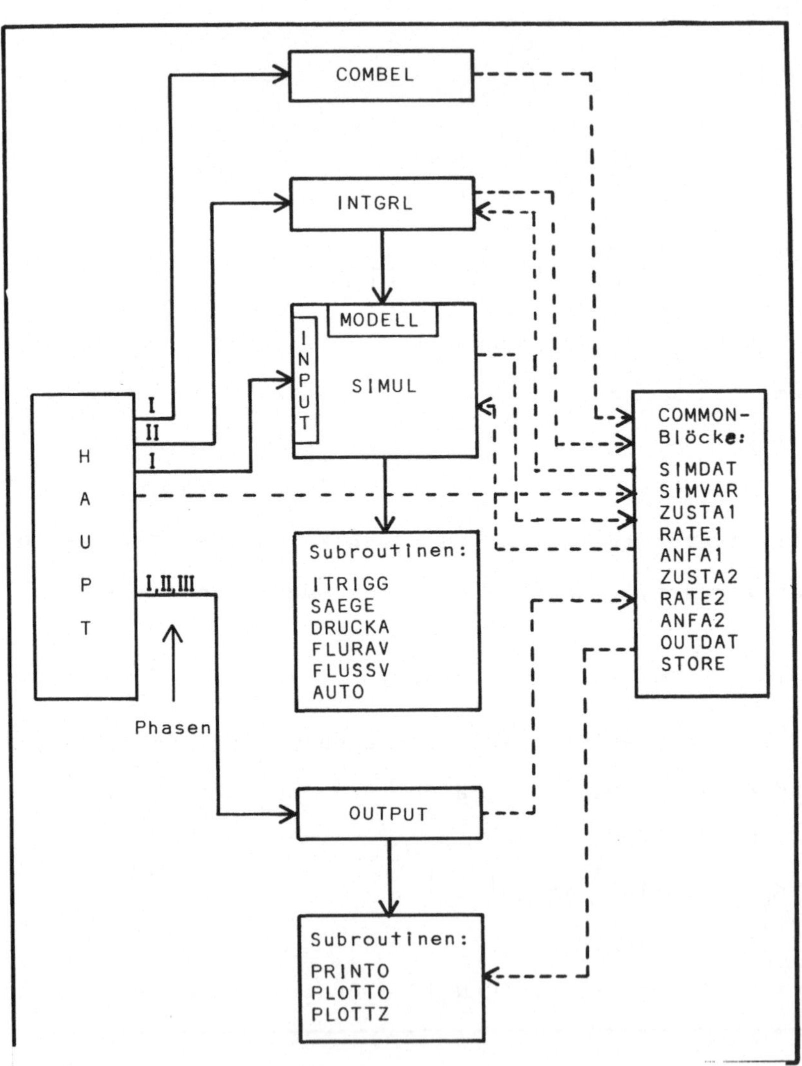

Bild A8: Blockdiagramm des FORTRAN IV - Programms "HKSM".

Entsprechend diesen Aufgaben zerfällt ein Simulationslauf in drei Phasen: In Phase I, der Anfangsphase, werden alle notwendigen Steuerdaten und insbesondere die Werte der Modellparameter eingelesen, Anfangswerte gesetzt und Parameterfunktionen berechnet. Die Phase II, die Integrierphase, umfaßt die eigentliche Simulation. Es werden die Zeitverläufe aller Modellgrößen berechnet und für eine durch Steuerdaten bestimmte Auswahl von ihnen die Zeitreihen in Felder abgespeichert. In der Phase III, der Endphase, werden die gespeicherten Zeitreihen abgerufen und in gewünschter Weise als Tabellen, Schnelldrucker- oder Zeichenplotts ausgegeben.

COMMON-Blöcke	Variable
SIMDAT	Variable, die über den Status des Simulationslaufes Auskunft geben, und Steuerdaten des Simulationslaufes
SIMVAR	alle zeitabhängigen Modellgrößen, außer Hilfsgrößen
ZUSTA1	Integrale der Modellgrößen des 1. Untersystems
RATE1	Raten der Modellgrößen des 1. Untersystems
ANFA1	Anfangswerte der Modellgrößen des 1. Untersyst.
ZUSTA2	Integrale der Modellgrößen des 2. Untersystems
RATE2	Raten der Modellgrößen des 2. Untersystems
ANFA2	Anfangswerte der Modellgrößen des 2. Untersyst.
OUTDAT	Steuerdaten der Ausgabe
STORE	gespeicherte Zeitreihen der Modellgrößen für die Ausgabe

Tabelle AI: COMMON-Blöcke und die Bedeutung ihrer Variablen im Programm "HKSM".

Das Programm HAUPT initialisiert die drei Phasen und übernimmt während der Integrierphase die Aufgabe eines Taktzeitgebers, d.h. es berechnet die Zeitvariable (TIME). Der Datentransfer zwischen den Unterprogrammen und dem Hauptprogramm geschieht grundsätzlich über COMMON-Blöcke, wie in Bild A8 angedeutet. In Tabelle AI sind die COMMON-Blöcke und ihre Variablen beschrieben.

Kernstück des Programms ist das Unterprogamm SIMUL. In ihm und den von ihm aufgerufenen Unterprogrammen sind die Modellgleichungen programmiert. In der Anfangsphase liest SIMUL außerdem Parameterwerten ein und berechnet Anfangswerte und Parameterfunktionen. Der Integrationsalgorithmus, wie er im Abschnitt 5.3. Gleichung 5.7 beschrieben ist, wird von dem Unterprogramm INTGRL durchgeführt, wobei pro Zeitschritt der kleineren Schrittweite zweimal SIMUL zur Auswertung der Modellgleichungen aufgerufen wird. Ein Steuerparameter (IHALT), dessen Werte von INTGRL gesetzt werden, wacht dabei über die richtige Auswahl der Modellgleichungen bezüglich der beiden Untersysteme des Zwei-Zeitschritt-Verfahrens.

Das Unterprogramm OUTPUT ist in allen drei Phasen aktiv. Es liest in Phase I alle notwendigen Steuerdaten zur Erzeugung der Ausgabe ein, stellt während der Integrierphase die gewünschten Zeitreihen zusammen und ruft in Phase III die Unterprogramme auf, die die drei verschiedenen Ausgabeversionen erzeugen.

Alle Programmroutinen und ihre Aufgaben sind in Tabelle AII zusammengestellt. Eine Kopie der Quellenprogramme findet sich im Anhang F. Das Programm "HKSM" ist in der dargestellten Form, was Speicherplatz- und Rechenzeitbedarf anbelangt, für den CDC-Rechner CYBER 76 der Anlage des Regionalen Rechenzentrums für Niedersachsen ausgelegt.

Programm- namen	Aufgaben des Programms
HAUPT	Hauptprogramm, steuert die Phasen eines Simulations- laufes und ist Taktzeitgeber der Simulation
COMBEL	nur in Phase I aktiv, setzt alle Integrale, Raten und Anfangswerte auf Null
INTGRL	führt den Integrationsalgorithmus durch
SIMUL	enthält die Modellgleichungen, liest in der Anfangs- phase Parameter- und Anfangswerte ein und berechnet Parameterfunktionen
SAEGE	getriggerter Sägezahngenerator
ITRIGG	Impulsgeber
DRUCKA	berechnet die Drücke großer Arterien
FLURAV	berechnet die Flußraten großer Venen
FLUSSV	berechnet die Flüsse großer Venen des Wasserfall- Modells
AUTO	berechnet die Widerstandsfaktoren der Autoregulation "Sauerstoffversorgung"
OUTPUT	liest die Steuerdaten der Ausgabe ein (Phase I), legt die Zeitreihen der Ausgabe im COMMON-Block STORE ab (Phase II) und ruft die Unterprogramme zur Erzeugung der Ausgabe auf (Phase III)
PRINTO	erzeugt Tabellenausgabe
PLOTTO	erzeugt Schnelldruckerplotts
PLOTTZ	erzeugt Zeichenplotts

<u>Tabelle AII:</u> Programmroutinen des FORTRAN IV - Programms "HKSM"
und ihre Aufgaben.

F.   Quellenprogramm "HKSM"

```
      PROGRAM HAUPT  (INPUT,OUTPUT,TAPE5=INPUT,TAPE6=OUTPUT,T1PE10)        HPT00010
C                                                                         HPT00020
C     HAUPTPROGRAMM                                                       HPT00030
C     *************                                                       HPT00040
C                                                                         HPT00050
      COMMON /SIMDAT/                                                     HPT00060
     1 TIME    ,BEGTIM ,FINTIM ,DELT    ,IDELT  ,KEEP    ,IHALT  ,ISTAT   HPT00070
      COMMON /SIMVAR/   DD(300)                                           HPT00080
      COMMON /ZUSTA1/   DD1(100)                                          HPT00090
      COMMON /RATE1/    DD2(100)                                          HPT00100
      COMMON /ANFA1/    DD3(100)                                          HPT00110
      COMMON /ZUSTA2/   DD4(100)                                          HPT00120
      COMMON /RATE2/    DD5(100)                                          HPT00130
      COMMON /ANFA2/    DD6(100)                                          HPT00140
      COMMON /OUTDAT/   ID1(4),DD7(3),ID2(21),DD8(40),ID3(200)            HPT00150
      COMMON /STORE/    DD9(25000)                                        HPT00160
      LEVEL 2,DD9                                                         HPT00170
C                                                                         HPT00180
C      ANFANGSPHASE                                                       HPT00190
C                                                                         HPT00200
      ISTAT=1                                                             HPT00210
      CALL SIMUL                                                          HPT00220
      CALL COMBEL                                                         HPT00230
      CALL INPUT                                                          HPT00240
      CALL OUTPUT                                                         HPT00250
C                                                                         HPT00260
C      INTEGRIERPHASE                                                     HPT00270
C                                                                         HPT00280
      ISTAT=2                                                             HPT00290
      SZ=(FINTIM-BEGTIM)/DELT                                             HPT00300
      ISZ=INT(SZ)+2                                                       HPT00310
      TEST=ISZ/131000                                                     HPT00320
      ITEST=INT(TEST)+1                                                   HPT00330
      DO 11 M=1,ITEST                                                     HPT00340
      L=131000                                                            HPT00350
      IF(M.EQ.ITEST) L=ISZ-(M-1)*131000+1                                HPT00360
      DO 10 N=1,L                                                         HPT00370
      TIME=BEGTIM+(N+(M-1)*131000-1)*DELT                                HPT00380
      CALL INTGRL                                                         HPT00390
      CALL OUTPUT                                                         HPT00400
   10 CONTINUE                                                            HPT00410
   11 CONTINUE                                                            HPT00420
C                                                                         HPT00430
C      ENDPHASE                                                           HPT00440
C                                                                         HPT00450
      ISTAT=3                                                             HPT00460
      CALL OUTPUT                                                         HPT00470
      STOP                                                                HPT00480
      END                                                                 HPT00490



      SUBROUTINE COMBEL                                                   COM00010
C                                                                         COM00020
C     BELEGT ALLE VARIABLEN DER COMMON-BLOECKE : ZUSTA1, ZUSTA2, RATE1,   COM00030
C     RATE2, ANFA1, ANFA2 MIT DEM WERT 0.0                                COM00040
C                                                                         COM00050
      COMMON /ZUSTA1/   X1(100)                                           COM00060
      COMMON /RATE1/    X2(100)                                           COM00070
      COMMON /ANFA1/    X3(100)                                           COM00080
      COMMON /ZUSTA2/   X4(100)                                           COM00090
      COMMON /RATE2/    X5(100)                                           COM00100
      COMMON /ANFA2/    X6(100)                                           COM00110
C                                                                         COM00120
      DO 1 I=1,100                                                        COM00130
      X1(I)=0.0                                                           COM00140
      X2(I)=0.0                                                           COM00150
      X3(I)=0.0                                                           COM00160
      X4(I)=0.0                                                           COM00170
      X5(I)=0.0                                                           COM00180
      X6(I)=0.0                                                           COM00190
    1 CONTINUE                                                            COM00200
      RETURN                                                             COM00210
      END                                                                 COM00220
```

```
      SUBROUTINE INTGRL                                               INT00010
C                                                                     INT00020
C     INTEGRATION NACH DER PREDICTOR-CORRECTOR-TRAPEZ-METHODE         INT00030
C     ZWEI INEINANDERGESCHACHTELTE ABTASTEBENEN                       INT00040
C                                                                     INT00050
      COMMON /SIMDAT/                                                 INT00060
     1 TIME   ,BEGTIM ,FINTIM ,DELT   ,IDELT  ,KEEP   ,IHALT  ,ISTAT  INT00070
      COMMON /ZUSTA1/ X1(100)                                         INT00080
      COMMON /RATE1/ F1(100)                                          INT00090
      COMMON /ANFA1/ X01(100)                                         INT00100
      COMMON /ZUSTA2/ X2(100)                                         INT00110
      COMMON /RATE2/ F2(100)                                          INT00120
      COMMON /ANFA2/ X02(100)                                         INT00130
      DIMENSION XN1(100),XN2(100),FN1(100),FN2(100)                   INT00140
C                                                                     INT00150
C                                                                     INT00160
      IF(TIME.LE.BEGTIM) GOTO 1                                       INT00170
      GOTO 2                                                          INT00180
    1 DO 3 J=1,100                                                    INT00190
    3 X1(J)=X01(J)                                                    INT00200
      DO 4 J=1,100                                                    INT00210
    4 X2(J)=X02(J)                                                    INT00220
      IZAEHL=0                                                        INT00230
      KEEP=1                                                          INT00240
      IHALT=1                                                         INT00250
      CALL MODELL                                                     INT00260
      IHALT=0                                                         INT00270
      RETURN                                                          INT00280
    2 IZAEHL=IZAEHL+1                                                 INT00290
      IF(IZAEHL.EQ.IDELT) GOTO 6                                      INT00300
      GOTO 7                                                          INT00310
    6 DO 8 J=1,100                                                    INT00320
      FN2(J)=F2(J)                                                    INT00330
      XN2(J)=X2(J)                                                    INT00340
    8 X2(J)=X2(J)+IDELT*DELT*F2(J)                                    INT00350
      IHALT=1                                                         INT00360
    7 DO 9 J=1,100                                                    INT00370
      FN1(J)=F1(J)                                                    INT00380
      XN1(J)=X1(J)                                                    INT00390
    9 X1(J)=X1(J)+DELT*F1(J)                                          INT00400
      KEEP=0                                                          INT00410
      CALL MODELL                                                     INT00420
      IF(IZAEHL.EQ.IDELT) GOTO 10                                     INT00430
      GOTO 11                                                         INT00440
   10 DO 12 J=1,100                                                   INT00450
   12 X2(J)=XN2(J)+0.5*IDELT*DELT*(F2(J)+FN2(J))                      INT00460
      IZAEHL=0                                                        INT00470
   11 DO 13 J=1,100                                                   INT00480
   13 X1(J)=XN1(J)+0.5*DELT*(F1(J)+FN1(J))                            INT00490
      KEEP=1                                                          INT00500
      CALL MODELL                                                     INT00510
      IHALT=0                                                         INT00520
      RETURN                                                          INT00530
      END                                                             INT00540


      SUBROUTINE OUTPUT                                               OUT00010
C                                                                     OUT00020
C     DIESE SUBROUTINE STELLT DIE OUTPUT-DATEN BEREIT                 OUT00030
C                                                                     OUT00040
      COMMON /SIMDAT/                                                 OUT00050
     1 TIME   ,BEGTIM ,FINTIM ,DELT   ,IDELT  ,KEEP   ,IHALT  ,ISTAT  OUT00060
      COMMON /SIMVAR/ C(300)                                          OUT00070
      COMMON /OUTDAT/ KPR,IFELDR,KPL,KPLZ,XACHS,YACHS,FACT            OUT00080
     1,IFELDL,IPLNUM(20),SKMIN(20),SKMAX(20),IPOS(200)               OUT00090
      COMMON /STORE/ PL(20000),PR(5000)                               OUT00100
      LEVEL 2,PR,PL                                                   OUT00110
      DIMENSION ISKALA(20),IVAR(300)                                  OUT00120
      NAMELIST /OUTINF/ PTREG,KPR,PRDEL,KPL,PLDEL,KPLZ,IZPL,XACHS,YACHS OUT00130
     1,FACT,IPOS,SKMIN,SKMAX,IPLNUM                                   OUT00140
C                                                                     OUT00150
C EINLESEN DER OUTPUTINFORMATION                                      OUT00160
C                                                                     OUT00170
      IF(ISTAT.EQ.2) GO TO 204                                        OUT00180
      IF(ISTAT.EQ.3) GO TO 217                                        OUT00190
      REWIND 5                                                        OUT00200
      READ(5,20) (IVAR(J),J=1,300)                                    OUT00210
```

```
   20 FORMAT(7X,8(A6,2X)/(7X,8(A6,2X)))                               OUT00220
      READ(5,OUTINF)                                                  OUT00230
      WRITE(6,30)                                                     OUT00240
   30 FORMAT(1H1/1H1,16H OUTPUTPARAMETER)                             OUT00250
      WRITE(6,OUTINF)                                                 OUT00260
C                                                                     OUT00270
C SKALENBEREICH AUTOMATISCH JA/NEIN , ISKALA=1/0                      OUT00280
C                                                                     OUT00290
      DO 202 I=1,KPL                                                  OUT00300
      ISKALA(I)=0                                                     OUT00310
      IF(SKMIN(I).EQ.0.0.AND.SKMAX(I).EQ.0.0) ISKALA(I)=1            OUT00320
  202 CONTINUE                                                        OUT00330
      IPRDEL=INT(0.5+PRDEL/DELT)                                      OUT00340
      IPLDEL=INT(0.5+PLDEL/DELT)                                      OUT00350
      IZAEHL=-1                                                       OUT00360
      RETURN                                                          OUT00370
  204 CONTINUE                                                        OUT00380
C                                                                     OUT00390
C BELEGEN DER OUTPUT-SPEICHER                                         OUT00400
C                                                                     OUT00410
      IF((TIME-PTBEG).GT.-DELT*0.5.AND.(TIME-PTBEG).LE.DELT*0.5)IZAEHL=0OUT00420
      IF(IZAEHL) 300,206,207                                          OUT00430
C                                                                     OUT00440
C BELEGEN FUER TIME=PTBEG                                             OUT00450
C                                                                     OUT00460
  206 CONTINUE                                                        OUT00470
      IF(KPR.GT.0) GO TO 201                                          OUT00480
      GO TO 205                                                       OUT00490
  201 PR(1)=TIME                                                      OUT00500
      DO 208 K=1,KPR                                                  OUT00510
      IIPOS=IPOS(K)                                                   OUT00520
  208 PR(K+1)=C(IIPOS)                                                OUT00530
      IFELDR=1                                                        OUT00540
  205 CONTINUE                                                        OUT00550
      IF(KPL.GT.0) GO TO 203                                          OUT00560
      GO TO 221                                                       OUT00570
  203 PL(1)=TIME                                                      OUT00580
      DO 209 K=1,KPL                                                  OUT00590
      IIPOS=IPOS(KPR+K)                                               OUT00600
      IF(ISKALA(K).EQ.0) GO TO 209                                    OUT00610
      SKMIN(K)=C(IIPOS)                                               OUT00620
      SKMAX(K)=C(IIPOS)                                               OUT00630
  209 PL(K+1)=C(IIPOS)                                                OUT00640
      IFELDL=1                                                        OUT00650
  221 CONTINUE                                                        OUT00660
      IZAEHL=1                                                        OUT00670
      RETURN                                                          OUT00680
C                                                                     OUT00690
C BELEGEN FUER TIME.GT.PTBEG                                          OUT00700
C                                                                     OUT00710
  207 CONTINUE                                                        OUT00720
      IF(KPR.GT.0) GO TO 222                                          OUT00730
      GO TO 211                                                       OUT00740
  222 CONTINUE                                                        OUT00750
      IF(IZAEHL.EQ.IFELDR*IPRDEL) GO TO 210                           OUT00760
      GO TO 211                                                       OUT00770
  210 PR((KPR+1)*IFELDR+1)=TIME                                       OUT00780
      DO 212 K=1,KPR                                                  OUT00790
      IIPOS=IPOS(K)                                                   OUT00800
  212 PR((KPR+1)*IFELDR+1+K)=C(IIPOS)                                 OUT00810
      IFELDR=IFELDR+1                                                 OUT00820
      IF(IFELDR*(KPR+1).GT.5000) WRITE(6,25)                          OUT00830
   25 FORMAT(40H   FEHLER : ZUVIELE PRINTOUTPUT-VARIABLE)             OUT00840
  211 CONTINUE                                                        OUT00850
      IF(KPL.GT.0) GO TO 223                                          OUT00860
      GO TO 214                                                       OUT00870
  223 CONTINUE                                                        OUT00880
      DO 218 K=1,KPL                                                  OUT00890
      IIPOS=IPOS(KPR+K)                                               OUT00900
      IF(ISKALA(K).EQ.0) GO TO 218                                    OUT00910
      SSKMIN=SKMIN(K)                                                 OUT00920
      SKMIN(K)=AMIN1(SSKMIN,C(IIPOS))                                 OUT00930
      SSKMAX=SKMAX(K)                                                 OUT00940
      SKMAX(K)=AMAX1(SSKMAX,C(IIPOS))                                 OUT00950
  218 CONTINUE                                                        OUT00960
      IF(IZAEHL.EQ.IFELDL*IPLDEL) GO TO 213                           OUT00970
      GO TO 214                                                       OUT00980
  213 PL((KPL+1)*IFELDL+1)=TIME                                       OUT00990
```

```
      DO 215 K=1,KPL                                                     OUT01000
      IIPOS=IPOS(KPR+K)                                                  OUT01010
  215 PL((KPL+1)*IFELDL+1+K)=C(IIPOS)                                    OUT01020
      IFELDL=IFELDL+1                                                    OUT01030
      IF(IFELDL*(KPL+1).GE.20000) WRITE(6,26)                           OUT01040
   26 FORMAT(40H   FEHLER : ZUVIELE PLOTTOJTPUT-VARIABLE)               OUT01050
  214 CONTINUE                                                          OUT01060
      IZAEHL=IZAEHL+1                                                   OUT01070
      RETURN                                                            OUT01080
  217 CONTINUE                                                          OUT01090
C                                                                       OUT01100
C     FELD DER OUTPUTVARIABLEN-SYMBOLE                                   OUT01110
C                                                                       OUT01120
      KK=KPR+KPL                                                        OUT01130
      DO 200 I=1,KK                                                     OUT01140
      IX=IPOS(I)                                                        OUT01150
  200 IPOS(I)=IVAR(IX)                                                  OUT01160
C                                                                       OUT01170
C VORBEREITUNG OUTPUT                                                    OUT01180
C                                                                       OUT01190
      IF(KPR.GT.0) CALL PRINTO                                          OUT01200
      IF(KPL.GT.0.AND.IZPL.NE.1) CALL PLOTTO                            OUT01210
      IF(KPL.GT.0.AND.IZPL.GT.0) CALL PLOTTZ                            OUT01220
  300 CONTINUE                                                          OUT01230
      RETURN                                                            OUT01240
      END                                                               OUT01250


      SUBROUTINE PRINTO                                                  PR000010
C                                                                       PR000020
C     DIESE SUBROUTINE ERSTALLT DEN PRINT-OUPUT                          PR000030
C                                                                       PR000040
      COMMON /OUTDAT/ KPR,IFELDR,ID(2),D1(3),IDD,DD(60),IPOS(200)        PR000050
      COMMON /STORE/ PL(20000),PR(5000)                                  PR000060
      LEVEL 2,PR,PL                                                      PR000070
      WRITE(6,10)                                                        PR000080
   10 FORMAT(1H1/1H1,10X,16H.....PRINTOUTPJT//)                         PR000090
      WRITE(6,11) (IPOS(K),K=1,KPR)                                      PR000100
   11 FORMAT(1H0,6H TIME,6X/7H    ----/(10(3H    ,A6,4X)/))             PR000110
      KPR1=KPR+1                                                         PR000120
      DO 100 I=1,IFELDR                                                  PR000130
  100 WRITE(6,12) (PR((I-1)*KPR1+K),K=1,KPR1)                           PR000140
   12 FORMAT(1H0,E11.4/12H  ---------/(10(E12.4,1X)/))                  PR000150
      RETURN                                                            PR000160
      END                                                               PR000170


      SUBROUTINE PLOTTO                                                  PL000010
C                                                                       PL000020
C     DIESE SUBROUTINE ERSTELLT DEN SCHNELLDRUCKER PLOT                  PL000030
C                                                                       PL000040
      COMMON /OUTDAT/ KPR,IDD,KPL,KPLZ,D1(3),IFELDL                      PL000050
     1,IPLNUM(20),SKMIN(20),SKMAX(20),IPOS(200)                         PL000060
      COMMON /STORE/ PL(20000),DD(5000)                                  PL000070
      LEVEL 2,DD,PL                                                      PL000080
      INTEGER SYMB1(22),SYMB2(5),SYMB3(137)                             PL000090
      DIMENSION IPLVAR(20),IPLATZ(20),IZZ(20)                           PL000100
      DATA SYMB1/1H0,1H1,1H2,1H3,1H4,1H5,1H6,1H7,1H8,1H9                 PL000110
     1,1HA,1HB,1HC,1HD,1HE,1HF,1HG,1HH,1HJ,1HK,1HU,1HO/                 PL000120
     2,SYMB2/1H-,1HI,1H*,1H ,1H,/                                       PL000130
      DO 100 I=1,KPLZ                                                    PL000140
  300 FORMAT(1H1/1H1,10X,16H.....PLOTTOUTPJT/)                          PL000150
C                                                                       PL000160
C UEBERSCHRIFT JE PLOT                                                   PL000170
C                                                                       PL000180
      WRITE(6,300)                                                       PL000190
      IZVAR=0                                                            PL000200
      DO 101 K=1,KPL                                                     PL000210
      IF(IPLNUM(K).EQ.I) GO TO 102                                       PL000220
      GO TO 101                                                          PL000230
  102 IZVAR=IZVAR+1                                                      PL000240
      IPLVAR(IZVAR)=IPOS(KPR+K)                                          PL000250
      IPLATZ(IZVAR)=K                                                    PL000260
  101 CONTINUE                                                           PL000270
      WRITE(6,301) I,KPLZ,(IPLVAR(K),K=1,IZVAR)                          PL000280
  301 FORMAT(1H0,10X,10HPLOTT NR. ,I2,5H VON ,I2,11H DES LAUFES          PL000290
```

```
      1,17H DER VARIABLEN : ,6(A6,3H , ),(/58X,6(A6,3H , )))          PL000300
C                                                                     PL000310
C SKALIERUNG DER PLOTTS                                               PL000320
C                                                                     PL000330
      WRITE(6,303)                                                    PL000340
  303 FORMAT(1H0)                                                     PL000350
      DO 103 K=1,IZVAR                                                PL000360
      II=IPLATZ(K)                                                    PL000370
      P1=SKMIN(II)                                                    PL000380
      P5=SKMAX(II)                                                    PL000390
      P2=P1+(P5-P1)*0.25                                              PL000400
      P3=P1+(P5-P1)*0.5                                               PL000410
      P4=P1+(P5-P1)*0.75                                              PL000420
  103 WRITE(6,302) P1,P2,P3,P4,P5,IPLVAR(K),SYMB1(K)                  PL000430
  302 FORMAT(10X,E11.4,4(14X,E11.4),1X,A6,1H=,A1)                     PL000440
      IZT=9                                                           PL000450
C                                                                     PL000460
C SCHLEIFE FUER EINZELNE PLOTTZEILE                                   PL000470
C                                                                     PL000480
  131 DO 106 K=1,IFELDL                                               PL000490
      DO 200 III=1,130                                                PL000500
  200 SYMB3(III)=SYMB2(4)                                             PL000510
      DO 107 KK=1,IZVAR                                               PL000520
      KKK=IPLATZ(KK)                                                  PL000530
      II=(K-1)*(KPL+1)+KKK+1                                          PL000540
      IF((SKMAX(KKK)-SKMIN(KKK)).EQ.0.0) GO TO 135                    PL000550
      ZZ=(PL(II)-SKMIN(KKK))*100./(SKMAX(KKK)-SKMIN(KKK))             PL000560
      GO TO 107                                                       PL000570
  135 ZZ=0.0                                                          PL000580
  107 IZZ(KK)=INT(ZZ+0.5)                                             PL000590
      TIME=PL((K-1)*(KPL+1)+1)                                        PL000600
      IZT=IZT+1                                                       PL000610
      IF(IZT.EQ.10) GO TO 108                                         PL000620
      GO TO 109                                                       PL000630
C                                                                     PL000640
C PLOTTZEILE MIT ZEIT                                                 PL000650
C                                                                     PL000660
  108 IZT=0                                                           PL000670
      ISPRNG=1                                                        PL000680
      DO 140 J=1,101                                                  PL000690
  140 SYMB3(J)=SYMB2(1)                                               PL000700
      GO TO 120                                                       PL000710
C                                                                     PL000720
C PLOTTZEILE OHNE ZEIT                                                PL000730
C                                                                     PL000740
  109 ISPRNG=2                                                        PL000750
      DO 141 J=1,101                                                  PL000760
  141 SYMB3(J)=SYMB2(4)                                               PL000770
      GO TO 120                                                       PL000780
  120 IZDOP=0                                                         PL000790
C                                                                     PL000800
C ALLGEMEINE PLOTTZEILE BESCHREIBUNG                                  PL000810
C                                                                     PL000820
      DO 110 L=1,101                                                  PL000830
      IF(L.EQ.1) SYMB3(L)=SYMB2(2)                                    PL000840
      IF(L.EQ.26) SYMB3(L)=SYMB2(2)                                   PL000850
      IF(L.EQ.51) SYMB3(L)=SYMB2(2)                                   PL000860
      IF(L.EQ.76) SYMB3(L)=SYMB2(2)                                   PL000870
      IF(L.EQ.101) SYMB3(L)=SYMB2(2)                                  PL000880
      IDOP=0                                                          PL000890
      DO 111 J=1,IZVAR                                                PL000900
      IF((IZZ(J)+1).EQ.L) GO TO 112                                   PL000910
      GO TO 111                                                       PL000920
  112 SYMB3(L)=SYMB1(J)                                               PL000930
      IDOP=IDOP+1                                                     PL000940
      SYMB3(101+IZDOP+IDOP)=SYMB1(J)                                  PL000950
  111 CONTINUE                                                        PL000960
      IF(IDOP.GE.2) GO TO 113                                         PL000970
      GO TO 114                                                       PL000980
  113 SYMB3(102+IZDOP+IDOP)=SYMB2(5)                                  PL000990
      IZDOP=IDOP+1+IZDOP                                              PL001000
      GO TO 110                                                       PL001010
  114 SYMB3(102+IZDOP)=SYMB2(4)                                       PL001020
  110 CONTINUE                                                        PL001030
      IUER=0                                                          PL001040
      DO 115 J=1,IZVAR                                                PL001050
      IF(IZZ(J).LT.0) GO TO 116                                       PL001060
      GO TO 117                                                       PL001070
```

```
116 IUEB=IUEB+1                                                          PL001080
    SYMB3(101+IZDOP+IUEB)=SYMB1(J)                                       PL001090
    SYMB3(102+IZDOP+IUEB)=SYMB1(21)                                      PL001100
    SYMB3(103+IZDOP+IUEB)=SYMB2(5)                                       PL001110
    IUEB=IUEB+2                                                          PL001120
117 IF(IZZ(J).GT.100) GO TO 118                                          PL001130
    GO TO 115                                                            PL001140
118 IUEB=IUEB+1                                                          PL001150
    SYMB3(101+IZDOP+IUEB)=SYMB1(J)                                       PL001160
    SYMB3(102+IZDOP+IUEB)=SYMB1(22)                                      PL001170
    SYMB3(103+IZDOP+IUEB)=SYMB2(5)                                       PL001180
    IUEB=IUEB+2                                                          PL001190
115 CONTINUE                                                             PL001200
    IF(IZDOP.GT.2.OR.IUEB.GT.2) SYMB3(101+IZDOP+IUEB)=SYMB2(4)           PL001210
    IF(ISPRNG.EQ.1) GO TO 121                                            PL001220
    GO TO 122                                                            PL001230
121 WRITE(6,304) TIME,(SYMB3(II),II=1,125)                              PL001240
304 FORMAT(1X,E11.4,125A1)                                               PL001250
    GO TO 106                                                            PL001260
122 WRITE(6,305) (SYMB3(II),II=1,125)                                   PL001270
305 FORMAT(12X,125A1)                                                    PL001280
106 CONTINUE                                                             PL001290
132 WRITE(6,307) I                                                       PL001300
307 FORMAT(1H0,10X,10HPLOTT NR. ,I2,5H ENDE)                             PL001310
100 CONTINUE                                                             PL001320
    WRITE(6,308)                                                         PL001330
308 FORMAT(1H0,10X,16HPLOTTOUTPUT ENDE)                                  PL001340
    RETURN                                                               PL001350
    END                                                                  PL001360
                                                                         PL001370


    SUBROUTINE PLOTTZ                                                     PLZ00010
C                                                                        PLZ00020
C   DIESE SUBROUTINE ERSTELLT DAS PROGRAMM FUER DEN ZEICHENPLOTTER       PLZ00030
C                                                                        PLZ00040
    COMMON /OUTDAT/ KPR,IDD,KPL,KPLZ,XACHS,YACHS,FACT,IFELDL             PLZ00050
   1,IPLNUM(20),SKMIN(20),SKMAX(20),IPOS(200)                            PLZ00060
    COMMON /STORE/ PL(20000),DD(5000)                                    PLZ00070
    DIMENSION SKAL(4),IPLATZ(20),IPLVAR(20),ZEIT(5010),VAR(5010)         PLZ00080
    LEVEL 2,DD,PL                                                        PLZ00090
    WRITE(6,10)                                                          PLZ00100
 10 FORMAT(1H1,1H1//10X,34H.....ZEICHENPLOT-KONTROLLMELDUNGEN//)         PLZ00110
    CALL PLOTS(0,0,10)                                                   PLZ00120
    CALL FACTOR(FACT)                                                    PLZ00130
C                                                                        PLZ00140
C   BERECHNUNG DES PLOTRAHMNES, SKALIERUNG UND FELDUMBELEGUNG VON TIME   PLZ00150
C                                                                        PLZ00160
    YMAX=29.7                                                            PLZ00170
    XMAX=((PL((KPL+1)*IFELDL-KPL)-PL(1))*XACHS+16.)                      PLZ00180
    IF(IFELDL.GT.5008) WRITE(6,11)                                       PLZ00190
 11 FORMAT(//10X,47H FEHLER : ZUVIELE KURVENPUNKTE BEIM ZEICHENPLOT)     PLZ00200
    DO 100 I=1,IFELDL                                                    PLZ00210
100 ZEIT(I)=PL((KPL+1)*I-KPL)                                            PLZ00220
    SKAL(1)=ZEIT(1)                                                      PLZ00230
    SKAL(2)=ZEIT(IFELDL)                                                 PLZ00240
    XACHSE=(SKAL(2)-SKAL(1))*XACHS                                       PLZ00250
    CALL SCALE(SKAL,XACHSE,2,1)                                          PLZ00260
    ZEIT(IFELDL+1)=SKAL(3)                                               PLZ00270
    ZEIT(IFELDL+2)=SKAL(4)                                               PLZ00280
C                                                                        PLZ00290
C   BEGINN DER DO-SCHLEIFE FUER DIE PLOTBILDER                           PLZ00300
C                                                                        PLZ00310
    DO 101 J=1,KPLZ                                                      PLZ00320
    CALL NEWPLOT(6,1,XMAX,YMAX)                                          PLZ00330
C                                                                        PLZ00340
C   UEBERSCHRIFT                                                         PLZ00350
C                                                                        PLZ00360
    CALL PLOT(2.,1.,-3)                                                  PLZ00370
    CALL SYMBOL(0.,4.,1.,19HHERZKREISLAUFMODELL,90.,19)                  PLZ00380
    CALL SYMBOL(1.7,4.,.7,8HPLOT NR.,90.,8)                              PLZ00390
    XX=J                                                                 PLZ00400
    CALL NUMBER(999.,999.,.7,XX,90.,-1)                                  PLZ00410
    CALL SYMBOL(999.,999.,.7,5H VON ,90.,5)                             PLZ00420
    XX=KPLZ                                                              PLZ00430
    CALL NUMBER(999.,999.,.7,XX ,90.,-1)                                 PLZ00440
    CALL SYMBOL(999.,999.,.7,15H DES LAUFES NR.,90.,15)                  PLZ00450
```

```
C                                                                       PLZ00460
C       ANZAHL UND AUSWAHL DER VARIABLEN                                PLZ00470
C                                                                       PLZ00480
        IZVAR=0                                                         PLZ00490
        DO 102 K=1,KPL                                                  PLZ00500
        IF(IPLNUM(K).EQ.J) GOTO 103                                    PLZ00510
        GOTO 102                                                        PLZ00520
  103 IZVAR=IZVAR+1                                                     PLZ00530
        IPLVAR(IZVAR)=IPOS(KPR+K)                                       PLZ00540
        IPLATZ(IZVAR)=K                                                 PLZ00550
  102 CONTINUE                                                          PLZ00560
C                                                                       PLZ00570
C       SKALIERUNG DER VARIABLEN, SKMIN=FIRST, SKMAX=DELTA             PLZ00580
C                                                                       PLZ00590
        DO 104 K=1,IZVAR                                                PLZ00600
        IX=IPLATZ(K)                                                    PLZ00610
        SKAL(1)=SKMIN(IX)                                               PLZ00620
        SKAL(2)=SKMAX(IX)                                               PLZ00630
        CALL SCALE(SKAL,20.*YACHS,2,1)                                  PLZ00640
        SKMIN(IX)=SKAL(3)                                               PLZ00650
        SKMAX(IX)=SKAL(4)                                               PLZ00660
  104 CONTINUE                                                          PLZ00670
C                                                                       PLZ00680
C       ZEICHNEN DER Y-ACHSEN                                           PLZ00690
C                                                                       PLZ00700
        CALL PLOT(4.,4.,-3)                                             PLZ00710
        DO 105 K=1,IZVAR                                                PLZ00720
        IY=IZVAR+1-K                                                    PLZ00730
        CALL PLOT(1.5,0.,-3)                                            PLZ00740
        CALL SYMBOL(-.75,7.36*YACHS,.35,9HVARIABLE ,90.,9)             PLZ00750
        CALL SYMBOL(999.,999.,.35,IPLVAR(K),90.,6)                     PLZ00760
        IX=IPLATZ(K)                                                    PLZ00770
        CALL AXIS(0.,0.,1H ,1,20.*YACHS,90.,SKMIN(IX),SKMAX(IX))       PLZ00780
  105 CONTINUE                                                          PLZ00790
C                                                                       PLZ00800
C       ZEICHNEN DER X-ACHSE UND DES KOORDINATENNETZES                 PLZ00810
C                                                                       PLZ00820
        CALL AXIS(0.,0.,1H ,-1,XACHSE,0.,ZEIT(IFELDL+1),ZEIT(IFELDL+2)) PLZ00830
        CALL PLOT(XACHSE,0.,3)                                          PLZ00840
        CALL PLOT(XACHSE,20.*YACHS,2)                                   PLZ00850
        CALL PLOT(0.,20.*YACHS,2)                                       PLZ00860
        IX=INT(XACHSE/(10.*YACHS))                                      PLZ00870
        DO 108 K=1,IX                                                   PLZ00880
        CALL PLOT(10.*YACHS*K,0.,3)                                     PLZ00890
        CALL PLOT(10.*YACHS*K,20.*YACHS,2)                             PLZ00900
  108 CONTINUE                                                          PLZ00910
        CALL PLOT(XACHSE,10.*YACHS,3)                                   PLZ00920
        CALL PLOT(0.,10.*YACHS,2)                                       PLZ00930
        CALL SYMBOL(7.36*YACHS,-1.1,.35,5HZEIT ,0.,5)                  PLZ00940
        CALL SYMBOL(999.,999.,.35,117,0.,-1)                           PLZ00950
        CALL SYMBOL(999.,999.,.35,3HSEC,0.,3)                          PLZ00960
        CALL SYMBOL(999.,999.,.35,118,0.,-1)                           PLZ00970
        CALL SYMBOL(7.*YACHS+5.,-1.2,1.,126,90.,-1)                    PLZ00980
C                                                                       PLZ00990
C       ZEICHNEN DER KURVEN                                             PLZ01000
C                                                                       PLZ01010
        DO 106 K=1,IZVAR                                                PLZ01020
        IY=IZVAR+1-K                                                    PLZ01030
        IX=IPLATZ(K)                                                    PLZ01040
        DO 107 I=1,IFELDL                                               PLZ01050
  107 VAR(I)=PL((1+KPL)*I-KPL+IX)                                       PLZ01060
        VAR(IFELDL+1)=SKMIN(IX)                                         PLZ01070
        VAR(IFELDL+2)=SKMAX(IX)                                         PLZ01080
        CALL LINE(ZEIT,VAR,IFELDL,1,0,0)                               PLZ01090
  106 CONTINUE                                                          PLZ01100
  101 CONTINUE                                                          PLZ01110
C                                                                       PLZ01120
C       ENDE DER PLOTAUSGABE                                            PLZ01130
C                                                                       PLZ01140
        CALL PLOT(0.,0.,999)                                            PLZ01150
        RETURN                                                          PLZ01160
        END                                                            PLZ01170


        FUNCTION ITRIGG(BEGIN,ABSTAN,DELTA,X)                          ITR00010
C                                                                       ITR00020
C       BERECHNET EINEN TRIGGERPULS DER HOEHE 1 MIT DEM PULSABSTAND    ITR00030
```

```
C     ABSTAN BEGINNEND ZUM ZEITPUNKT BEGIN.                               ITR00040
C     INPUT:                                                              ITR00050
C     BEGIN=PULSBEGINN, ABSTAN=PULSABSTAND, DELTA=ZEITINTERVALL           ITR00060
C     DER INTEGRATIONSEBENE, X=MEMORY                                     ITR00070
C     OUTPUT:                                                             ITR00080
C     ITRIGG=PULS, X=MEMORY                                               ITR00090
C                                                                         ITR00100
      COMMON /SIMDAT/                                                     ITR00110
     1 TIME    ,BEGTIM ,FINTIM ,DELT    ,IDELT  ,KEEP   ,IHALT  ,ISTAT    ITR00120
      IF(TIME.LE.(BEGTIM+DELTA*0.5)) X=BEGIN                             ITR00130
      IF(TIME.GT.(BEGIN-DELTA*0.5)) GOTO 1                               ITR00140
      ITRIGG=0                                                           ITR00150
      GOTO 2                                                             ITR00160
    1 IF(TIME.GT.(X-DELTA*0.5).AND.TIME.LE.(X+DELTA*0.5)) GOTO 3        ITR00170
      ITRIGG=0                                                           ITR00180
      GOTO 2                                                             ITR00190
    3 ITRIGG=1                                                           ITR00200
      IF(KEEP.EQ.1) GOTO 4                                               ITR00210
      GOTO 2                                                             ITR00220
    4 X=TIME+ABSTAN                                                      ITR00230
    2 CONTINUE                                                           ITR00240
      RETURN                                                             ITR00250
      END                                                               ITR00260


                                                                         SAE00010
      FUNCTION SAEGE(ITRIG,L,H,SI,RI)                                    SAE00020
C                                                                        SAE00030
C     BERECHNET GETRIGGERTEN SAEGEZAHNPULS: WENN ITRIG=1, PULSBEGINN.    SAE00040
C                                                                        SAE00050
C     INPUT:                                                             SAE00060
C     ITRIG=TRIGGERPULS (=0 ODER =1), L=PULSLAENGE, H=PULSHOEHE          SAE00070
C     OUTPUT:                                                            SAE00080
C     SAEGE=SAEGEZAHNPULS                                                SAE00090
C     INTEGRAL: SI                                                       SAE00100
C     RATE: RI VON SI                                                    SAE00110
C                                                                        SAE00120
C     ANFANGSWERT: AI VON SI   --MUSS DEM AUFRUFENDEN PROGRAMM           SAE00130
C                              ZUR VERFUEGUNG STEHEN--                   SAE00140
C                                                                        SAE00150
      REAL L                                                            SAE00160
C                                                                        SAE00170
      IF(ITRIG.EQ.1) GOTO 1                                             SAE00180
      IF(SI.LE.0.0) GOTO 2                                              SAE00190
      GOTO 3                                                            SAE00200
    1 SI=0.0                                                            SAE00210
    3 RI=1./L                                                           SAE00220
   CI SI=INTEGRAL(AI,RI)                                                SAE00230
      X=SI                                                              SAE00240
      IF(SI.GT.1.) X=0.0                                                SAE00250
      GOTO 4                                                            SAE00260
    2 X=0.0                                                             SAE00270
    4 SAEGE=X*H                                                         SAE00280
      RETURN                                                            SAE00290
      END                                                               SAE00300


      SUBROUTINE SIMUL                                                   SIM00010
C                                                                        SIM00020
C     SIMULATIONSPROGRAMM                                                SIM00030
C     ********************                                               SIM00040
C                                                                        SIM00050
C                                                                        SIM00060
C     COMMON-BLOCK : STEUERGROESSEN ZUR SIMULATION                      SIM00070
      COMMON /SIMDAT/                                                    SIM00080
     1 TIME    ,BEGTIM ,FINTIM ,DELT    ,IDELT  ,KEEP   ,IHALT  ,ISTAT   SIM00090
C                                                                        SIM00100
C     COMMON-BLOCK : ZEITABHAENGIGE MODELLGROESSEN                      SIM00110
      COMMON /SIMVAR/                                                    SIM00120
     1 VRA    ,VRV    ,VLA    ,VLV    ,VPA    ,VPV    ,VAO    ,VAR    ,  SIM00130
     2 VCA    ,VAS    ,VTA    ,VAB    ,VAI    ,VAF    ,VAV    ,VKV    ,  SIM00140
     3 VRE    ,VSM    ,VIM    ,VVP    ,VVH    ,VBO    ,VBU    ,VVS    ,  SIM00150
     4 VJU    ,VCS    ,VCI    ,VCE    ,VVI    ,VVF    ,PRA    ,PRV    ,  SIM00160
     5 PLA    ,PLV    ,PPA    ,PPV    ,PAO    ,PAR    ,PCA    ,PAS    ,  SIM00170
     6 PTA    ,PAB    ,PAI    ,PAF    ,PAV    ,PKV    ,PRE    ,PSM    ,  SIM00180
     7 PIM    ,PVP    ,PVH    ,PBO    ,PBU    ,PVS    ,PJU    ,PCS    ,  SIM00190
     8 PCI    ,PCE    ,PVI    ,PVF    ,FLVAO  ,FAOAR  ,FARCA  ,FARAS  ,  SIM00200
```

```
     9 FARTA   ,FTAAB   ,FABAI   ,FAIAF   ,FASAV   ,FASAVQ  ,FAVVS   ,FCAKV   ,  SIM00210
     0 FCAKVG  ,FKVJU   ,FAORA   ,FAORAQ  ,FTARA   ,FTARAQ  ,FTARE   ,FTAREQ     SIM00220
       COMMON /SIMVAR/                                                           SIM00230
     1 FRECI   ,FTAVH   ,FTASM   ,FSMVP   ,FABIM   ,FIMVP   ,FVPVH   ,FVHCI   ,  SIM00240
     2 FABCE   ,FABCEQ  ,FAIBO   ,FAIBOQ  ,FBOVI   ,FAFBU   ,FAFBUQ  ,FBUVF   ,  SIM00250
     3 FVFVI   ,FVICE   ,FCECI   ,FCIRA   ,FVSCS   ,FJUCS   ,FCSRA   ,FRARV   ,  SIM00260
     4 FRVPA   ,FPAPV   ,FPVLA   ,FLALV   ,PTH     ,PAD     ,PALV    ,PMU     ,  SIM00270
     5 PSQ     ,FS      ,FSQ     ,FCNSS   ,FCNS    ,FHS     ,FH      ,AKONT   ,  SIM00280
     6 ALPHA   ,ALPHLA  ,ALPHRA  ,VKONT   ,ALPHV   ,ALPHLV  ,ALPHRV  ,FREKON  ,  SIM00290
     7 TROPOS  ,TRONEG  ,WORKM   ,WORKI   ,DVO2H   ,DIFFO2  ,RAAORA  ,RKAORA  ,  SIM00300
     8 DIFKON  ,RCNS    ,HZV     ,VRS     ,VUPERI  ,CCPERI  ,GCAKV   ,GTARE   ,  SIM00310
     9 XASAV   ,RAASAV  ,RKASAV  ,RASAV   ,XTARA   ,RATARA  ,RKTARA  ,RTARA   ,  SIM00320
     0 XABCE   ,RAABCE  ,RKABCE  ,RABCE   ,XAIBO   ,RAAIBO  ,RKAIBO  ,RAIBO      SIM00330
       COMMON /SIMVAR/                                                           SIM00340
     1 XAFBU   ,RAAFBU  ,RKAFBU  ,RAFBU   ,DPREQ   ,DPKVQ   ,PGD     ,PGCAAR  ,  SIM00350
     2 PGARAO  ,PGARTA  ,PGTAAB  ,PGABAI  ,PGAIAF  ,PGJUCS  ,PGCSRA  ,PGRACI  ,  SIM00360
     3 PGCICE  ,PGCEVI  ,PGVIVF  ,VGES    ,VTRANS  ,VHERZ   ,VLUNGE  ,VART    ,  SIM00370
     4 VVENEN  ,VPERI   ,TTOT    ,HF                                             SIM00380
C                                                                               SIM00390
C      COMMON-BLOCK : ZUSTANDSVARIABLE (INTEGRALE) 1. EBENE                      SIM00400
       COMMON /ZUSTA1/                                                           SIM00410
     1 Z063    ,Z003    ,Z004    ,Z005    ,Z006    ,Z007    ,Z008    ,Z009    ,  SIM00420
     2 Z010    ,Z011    ,Z012    ,Z013    ,Z014    ,Z060    ,Z061    ,Z062    ,  SIM00430
     3 Z064    ,Z065    ,Z066    ,Z067    ,Z068    ,Z069    ,Z070    ,Z071    ,  SIM00440
     4 Z072    ,Z073    ,Z074    ,Z075    ,Z076    ,Z077    ,Z078    ,Z079    ,  SIM00450
     5 Z080    ,Z081    ,Z082    ,Z083    ,Z084    ,Z085    ,Z086    ,Z087    ,  SIM00460
     6 Z088    ,Z089    ,Z090    ,Z091    ,Z092    ,Z093    ,Z100    ,Z111    ,  SIM00470
     7 Z112                                                                      SIM00480
C                                                                               SIM00490
C      COMMON-BLOCK : RATEN 1. EBENE                                             SIM00500
       COMMON /RATE1/                                                            SIM00510
     1 R063    ,R003    ,R004    ,R005    ,R006    ,R007    ,R008    ,R009    ,  SIM00520
     2 R010    ,R011    ,R012    ,R013    ,R014    ,R060    ,R061    ,R062    ,  SIM00530
     3 R064    ,R065    ,R066    ,R067    ,R068    ,R069    ,R070    ,R071    ,  SIM00540
     4 R072    ,R073    ,R074    ,R075    ,R076    ,R077    ,R078    ,R079    ,  SIM00550
     5 R080    ,R081    ,R082    ,R083    ,R084    ,R085    ,R086    ,R087    ,  SIM00560
     6 R088    ,R089    ,R090    ,R091    ,R092    ,R093    ,R100    ,R111    ,  SIM00570
     7 R112                                                                      SIM00580
C                                                                               SIM00590
C      COMMON-BLOCK : ANFANGSBEDINGUNGEN 1. EBENE                                SIM00600
       COMMON /ANFA1/                                                            SIM00610
     1 FJUCSO  ,A003    ,A004    ,A005    ,FLVAOO  ,FRVPAO  ,FAOARO  ,FARCAO  ,  SIM00620
     2 FAPASO  ,FARTAO  ,FTAABO  ,FABAIO  ,FAIAFO  ,FVSCSO  ,FVFVIO  ,FVICEO  ,  SIM00630
     3 VLVO    ,VLAO    ,VRVO    ,VRAO    ,VPAO    ,VPVO    ,VAOO    ,VARO    ,  SIM00640
     4 VCAO    ,VASO    ,VTAO    ,VABO    ,VAIO    ,VAFO    ,VAVO    ,VKVO    ,  SIM00650
     5 VREO    ,VSMO    ,VIMO    ,VVPO    ,VVHO    ,V3OO    ,VBUO    ,VVSO    ,  SIM00660
     6 VJUO    ,VCSO    ,VVFO    ,VVIO    ,VCEO    ,VCIO    ,WORKMO  ,A111    ,  SIM00670
     7 A112                                                                      SIM00680
C                                                                               SIM00690
C      COMMON-BLOCK : ZUSTANDSVARIABLE (INTEGRALE) 2. EBENE                      SIM00700
       COMMON /ZUSTA2/                                                           SIM00710
     1 Z020    ,Z021    ,Z022    ,Z023    ,Z024    ,Z025    ,Z026    ,Z028    ,  SIM00720
     2 Z029    ,Z030    ,Z031    ,Z032    ,Z033    ,Z034    ,Z036    ,Z037    ,  SIM00730
     3 Z038    ,Z039    ,Z040    ,Z041    ,Z042    ,Z044    ,Z045    ,Z046    ,  SIM00740
     4 Z047    ,Z048    ,Z049    ,Z050    ,Z052    ,Z053    ,Z054    ,Z055    ,  SIM00750
     5 Z056    ,Z057    ,Z058    ,Z094    ,Z095    ,Z096    ,Z097    ,Z098    ,  SIM00760
     6 Z099    ,Z101    ,Z102    ,Z103    ,Z104    ,Z105    ,Z106    ,Z107    ,  SIM00770
     7 Z108    ,Z002    ,Z016    ,Z017    ,Z018    ,Z019    ,Z027    ,Z035    ,  SIM00780
     8 Z043    ,Z051    ,Z059    ,Z109    ,Z110    ,Z113    ,Z114    ,Z015    ,  SIM00790
     9 Z001    ,Z115    ,Z116    ,Z117                                           SIM00800
C                                                                               SIM00810
C      COMMON-BLOCK : RATEN 2. EBENE                                             SIM00820
       COMMON /RATE2/                                                            SIM00830
     1 R020    ,R021    ,R022    ,R023    ,R024    ,R025    ,R026    ,R028    ,  SIM00840
     2 R029    ,R030    ,R031    ,R032    ,R033    ,R034    ,R036    ,R037    ,  SIM00850
     3 R038    ,R039    ,R040    ,R041    ,R042    ,R044    ,R045    ,R046    ,  SIM00860
     4 R047    ,R048    ,R049    ,R050    ,R052    ,R053    ,R054    ,R055    ,  SIM00870
     5 R056    ,R057    ,R058    ,R094    ,R095    ,R096    ,R097    ,R098    ,  SIM00880
     6 R099    ,R101    ,R102    ,R103    ,R104    ,R105    ,R106    ,R107    ,  SIM00890
     7 R108    ,R002    ,R016    ,R017    ,R018    ,R019    ,R027    ,R035    ,  SIM00900
     8 R043    ,R051    ,R059    ,R109    ,R110    ,R113    ,R114    ,R015    ,  SIM00910
     9 R001    ,R115    ,R116    ,R117                                           SIM00920
C                                                                               SIM00930
C      COMMON-BLOCK : ANFANGSBEDINGUNGEN 2. EBENE                                SIM00940
       COMMON /ANFA2/                                                            SIM00950
     1 A020    ,A021    ,A022    ,A023    ,A024    ,A025    ,A026    ,A028    ,  SIM00960
     2 A029    ,A030    ,A031    ,A032    ,A033    ,A034    ,A036    ,A037    ,  SIM00970
     3 A038    ,A039    ,A040    ,A041    ,A042    ,A044    ,A045    ,A046    ,  SIM00980
```

```
      4 A047    ,A048    ,A049    ,A050    ,A052    ,A053    ,A054    ,A055    ,  SIM00990
      5 A056    ,A057    ,A058    ,PSQ0    ,A095    ,A096    ,A097    ,A098    , ·SIM01000
      6 A099    ,A101    ,A102    ,A103    ,A104    ,A105    ,A106    ,A107    ,  SIM01010
      7 A108    ,A002    ,A016    ,FCAKVN  ,A019    ,FTAREN  ,FASAVO  ,FTARA0  ,  SIM01020
      8 FABCE0  ,FAIB0O  ,FAFBUO  ,FAORA0  ,FSQV    ,A113    ,A114    ,A015    ,  SIM01030
      9 A001    ,A115    ,A116    ,A117                                          SIM01040
C                                                                               SIM01050
C                                                                               SIM01060
      REAL                                                                      SIM01070
      1 NVS  ,  ,NJU     ,NCS     ,NCI     ,NCE     ,NVI     ,NVF     ,NVP     ,  SIM01080
      2 LRVPA   ,LAOAR   ,LARCA   ,LARAS   ,LARTA   ,LTAAB   ,LABAI   ,LAIAF   -, SIM01090
      3 LKVSCS  ,LKVFVI  ,LKVICE  ,LLVAO   ,MUECNS  ,NG      ,LKJUCS  ,MURHY   ,  SIM01100
      4 NVEN                                                                     SIM01110
C                                                                               SIM01120
C                                                                               SIM01130
C                                                                               SIM01140
C                                                                               SIM01150
C     NAMELIST : WIDERSTANDSPARAMETER                                           SIM01160
      NAMELIST /PARAMR/                                                         SIM01170
      1 RVLVAO  ,RRLVAO  ,RVRVPA  ,RRRVPA  ,RVLALV  ,RRLALV  ,RVRARV  ,RRRARV  ,  SIM01180
      2 RAOAR   ,RARCA   ,RARAS   ,RARTA   ,RTAAB   ,RABAI   ,RAIAF   ,RAORA   ,  SIM01190
      3 RPAPV   ,RVPVLA  ,RCAKVN  ,RTAREN  ,RTASMN  ,RABIMN  ,RASAVN  ,RTARAN  ,  SIM01200
      4 RABCEN  ,RAIBON  ,RAFBUN  ,RAVVS   ,RKVJU   ,RRECI   ,RSMVP   ,RIMVP   ,  SIM01210
      5 RTAVH   ,RBOVI   ,RBUVF   ,RVHCI   ,RLVSCS  ,RLVFVI  ,RRVFVI  ,RLVICE  ,  SIM01220
      6 RRVICE  ,RVPVH   ,RLJUCS  ,RCSRA   ,RCECI   ,RCIRA   ,RRPVLA  ,NVEN    ,  SIM01230
      7 DELTVE                                                                   SIM01240
C                                                                               SIM01250
C     NAMELIST : KAPAZITAETSGROESSEN                                            SIM01260
      NAMELIST /PARAMC/                                                         SIM01270
      1 CAO     ,CAR     ,CCA     ,CAS     ,CTA     ,CAB     ,CAI     ,CAF     ,  SIM01280
      2 CPA     ,CPV     ,CVP     ,CVS     ,CJU     ,CCS     ,CCI     ,CCE     ,  SIM01290
      3 CVI     ,CVF     ,NCS     ,NJU     ,NVS     ,NCI     ,NCE     ,NVI     ,  SIM01300
      4 NVF     ,NVP                                                             SIM01310
C                                                                               SIM01320
C     NAMELIST : TRAEGHEITSPARAMETER                                            SIM01330
      NAMELIST /PARAML/                                                         SIM01340
      1 LLVAO   ,LRVPA   ,LAOAR   ,LARCA   ,LARAS   ,LARTA   ,LTAAB   ,LABAI   ,  SIM01350
      2 LAIAF   ,LKVSCS  ,LKVFVI  ,LKVICE  ,LKJUCS                               SIM01360
C                                                                               SIM01370
C     NAMELIST : UNGEDEHNTE VOLUMINA                                            SIM01380
      NAMELIST /PARAMV/                                                         SIM01390
      1 VUAO    ,VUAR    ,VUCA    ,VUAS    ,VUTA    ,VJAB    ,VUAI    ,VUAF    ,  SIM01400 ·
      2 VUPA    ,VUPV    ,VUVP    ,VUVS    ,VUJJ    ,VJCS    ,VJCI    ,VUCE    ,  SIM01410
      3 VUVI    ,VUVF    ,VULV    ,VULA    ,VURV    ,VJRA                         SIM01420
C                                                                               SIM01430
C     NAMELIST : HERZPARAMETER                                                  SIM01440
      NAMELIST /PARAMH/                                                         SIM01450
      1 AHERZ   ,BHERZ   ,TTOTAN  ,AMINLV  ,AMAXLV  ,AMINLA  ,AMAXLA  ,AMINRV  ,  SIM01460
      2 AMAXRV  ,AMINRA  ,AMAXRA  ,TAUFK1  ,TAUFK2  ,AFREKO  ,BFREKO  ,CFREKO  ,  SIM01470
      3 AWORK   ,BWORK   ,QO2     ,SKRIT   ,GDIFFN  ,AKHERZ  ,FRKONN  ,TAUH    ,  SIM01480
      4 FREMAX  ,DVO2MH                                                          SIM01490
C                                                                               SIM01500
C     NAMELIST : REGULATIONSPARAMETER                                           SIM01510
      NAMELIST /PARAMN/                                                         SIM01520
      1 APERI   ,BPERI   ,CPERI   ,DPERI   ,VFKV    ,VFRE    ,FCAKVN  ,FTAREN  ,  SIM01530
      2 VKR     ,FSQN    ,PO2A    ,PO2TO   ,VO2TMX  ,ETA     ,THETA   ,TAUAUT  ,  SIM01540
      3 FKAUT   ,DVO2M   ,GAMMO   ,BETBAR  ,GAMBAR  ,TAUBAR  ,MUECNS  ,SGCNS1  ,  SIM01550
      4 SGCNS2  ,TUCNS1  ,TUCNS2  ,GAMCNS  ,RAO     ,PKO     ,TAUF      SIM01560
C                                                                               SIM01570
C     NAMELIST : EXTERNE UND INTERNE STOERGROESSENPARAMETER                     SIM01580
      NAMELIST /PARAMS/                                                         SIM01590
      1 ATMBEG  ,TATM    ,TINSP   ,PTHMIN  ,PTHMAX  ,PADMIN  ,PADMAX  ,RHOBLG  ,  SIM01600
      2 NG      ,THETAG  ,HCAAR   ,HARTA   ,HTAAB   ,HABAI   ,HAIAF   ,HARAO   ,  SIM01610
      3 HVIVF   ,HCEVI   ,HJUCS   ,HCSRA   ,HCICE   ,HRACI   ,PATLEB  ,BEGMU   ,  SIM01620
      4 ENDMU   ,MURHY   ,PMUMAX  ,ANSTMU  ,ABKLMU  ,O2ASAV  ,O2TARA  ,O2ABCE  ,  SIM01630
      5 O2AIBO  ,O2AFBU  ,BEGAT   ,ENDAT   ,XTATM   ,XTINSP  ,XPTH    ,XPAD    ,  SIM01640
      6 BEGGR   ,ENDGR   ,ANSTGR  ,ABKLGR  ,BLVL    ,BEGVL   ,ENDVL   ,BLZF    ,  SIM01650
      7 BEGZF   ,ENDZF                                                           SIM01660
C                                                                               SIM01670
C     NAMELIST : DIVERSE PARAMETER                                              SIM01680
      NAMELIST /PARAMD/                                                         SIM01690
      1 TAUP    ,VMINPR  ,VMAXPR  ,FNPRAV  ,FNPRSM  ,FNPRIM  ,FNPRBO  ,FNPRBU  ,  SIM01700
      2 PGEW    ,HLGMIN  ,HLGMAX  ,TAUQ    ,GWASAV  ,GWTARA  ,GWABCE  ,GWAIBO  ,  SIM01710
      3 GWAFBU  ,QAO     ,QLV     ,QPA     ,QRV     ,GWAORA  ,VSOLL   ,HEFRE   ,  SIM01720
      4 FNPRKV  ,FNPRRE  ,FNPRVH                                                 SIM01730
C                                                                               SIM01740
C     NAMELIST : ANFANGSWERTE VOLUMINA                                          SIM01750
      NAMELIST /INCONV/                                                         SIM01760
```

```
      1 VLV0    ,VLA0    ,VRV0    ,VRA0    ,VPA0    ,VPV0    ,VA00    ,VAR0    ,  SIM01770
      2 VCA0    ,VAS0    ,VTA0    ,VAB0    ,VAI0    ,VAF0    ,VAV0    ,VKV0    ,  SIM01780
      3 VRE0    ,VSM0    ,VIM0    ,VVP0    ,VVH0    ,VB00    ,VBU0    ,VVS0    ,  SIM01790
      4 VJU0    ,VCS0    ,VVF0    ,VVI0    ,VCE0    ,VCI0                        SIM01800
C                                                                              SIM01810
C      NAMELIST : ANFANGSWERTE FLUESSE                                         SIM01820
       NAMELIST /INCONF/                                                       SIM01830
      1 FLVA00  ,FRVPA0  ,FAOAR0  ,FARCA0  ,FARAS0  ,FARTA0  ,FTAAB0  ,FABAI0  ,  SIM01840
      2 FAIAF0  ,FAORA0  ,FASAV0  ,FTARA0  ,FABCE0  ,FAIB00  ,FAFBU0  ,FVSCS0  ,  SIM01850
      3 FVFVI0  ,FVICE0  ,FJUCS0                                               SIM01860
C                                                                              SIM01870
C      NAMELIST : ANFANGSWERTE SONSTIGE GROESSEN                               SIM01880
       NAMELIST /INCONS/                                                       SIM01890
      1 A001    ,A002    ,A003    ,A004    ,A005    ,A016    ,A018    ,A020    ,  SIM01900
      2 A021    ,A022    ,A023    ,A024    ,A025    ,A026    ,A028    ,A029    ,  SIM01910
      3 A030    ,A031    ,A032    ,A033    ,A034    ,A036    ,A037    ,A038    ,  SIM01920
      4 A039    ,A040    ,A041    ,A042    ,A044    ,A045    ,A046    ,A047    ,  SIM01930
      5 A048    ,A049    ,A050    ,A052    ,A053    ,A054    ,A055    ,A056    ,  SIM01940
      6 A057    ,A058    ,PSQ0    ,A095    ,A096    ,A097    ,A098    ,A099    ,  SIM01950
      7 WORKM0  ,PMAX0   ,DVO2H0  ,A101    ,A102    ,A103    ,A104    ,A105    ,  SIM01960
      8 A105    ,A107    ,A108    ,HZV0    ,VRS0    ,A116    ,A117             SIM01970
C                                                                              SIM01980
C      NAMELIST : STEUERGROESSEN DER SIMULATION                               SIM01990
       NAMELIST /TIMER/                                                        SIM02000
      1 DELT    ,IDELT   ,BEGTIM  ,FINTIM                                      SIM02010
C                                                                              SIM02020
       RETURN                                                                  SIM02030
C                                                                              SIM02040
C      ****************                                                        SIM02050
C      * ANFANGSPHASE *                                                        SIM02060
C      ****************                                                        SIM02070
C                                                                              SIM02080
C                                                                              SIM02090
       ENTRY INPUT                                                             SIM02100
C                                                                              SIM02110
       READ(5,PARAMR)                                                          SIM02120
       READ(5,PARAMC)                                                          SIM02130
       READ(5,PARAML)                                                          SIM02140
       READ(5,PARAMV)                                                          SIM02150
       READ(5,PARAMH)                                                          SIM02160
       READ(5,PARAMN)                                                          SIM02170
       READ(5,PARAMS)                                                          SIM02180
       READ(5,PARAMD)                                                          SIM02190
       READ(5,INCONV)                                                          SIM02200
       READ(5,INCONF)                                                          SIM02210
       READ(5,INCONS)                                                          SIM02220
       READ(5,TIMER)                                                           SIM02230
       WRITE(6,10)                                                             SIM02240
       WRITE(6,11)                                                             SIM02250
       WRITE(6,PARAMR)                                                         SIM02260
       WRITE(6,12)                                                             SIM02270
       WRITE(6,PARAMC)                                                         SIM02280
       WRITE(6,13)                                                             SIM02290
       WRITE(6,PARAML)                                                         SIM02300
       WRITE(6,14)                                                             SIM02310
       WRITE(6,PARAMV)                                                         SIM02320
       WRITE(6,15)                                                             SIM02330
       WRITE(6,PARAMH)                                                         SIM02340
       WRITE(6,16)                                                             SIM02350
       WRITE(6,PARAMN)                                                         SIM02360
       WRITE(6,17)                                                             SIM02370
       WRITE(6,PARAMS)                                                         SIM02380
       WRITE(6,18)                                                             SIM02390
       WRITE(6,PARAMD)                                                         SIM02400
       WRITE(6,19)                                                             SIM02410
       WRITE(6,INCONV)                                                         SIM02420
       WRITE(6,20)                                                             SIM02430
       WRITE(6,INCONF)                                                         SIM02440
       WRITE(6,21)                                                             SIM02450
       WRITE(6,INCONS)                                                         SIM02460
       WRITE(6,22)                                                             SIM02470
       WRITE(6,TIMER)                                                          SIM02480
   10 FORMAT(1H1,28H EINGABEWERTE ZUR SIMULATION)                             SIM02490
   11 FORMAT(//25H PARAMETER : WIDERSTAENDE)                                  SIM02500
   12 FORMAT(//25H PARAMETER : KAPAZITAETEN)                                  SIM02510
   13 FORMAT(//32H PARAMETER : TRAEGHEITSPARAMETER)                           SIM02520
   14 FORMAT(//32H PARAMETER : UNGEDEHNTE VOLUMINA)                           SIM02530
   15 FORMAT(//26H PARAMETER : HERZPARAMETER)                                 SIM02540
```

```
   16 FORMAT(//33H PARAMETER : REGULATIONSPARAMETER)              SIM02550
   17 FORMAT(//56H PARAMETER : EXTERNE UND INTERNE STEUERGROESSENPARAMETSIM02560
     1ER)                                                         SIM02570
   18 FORMAT(//30H PARAMETER : DIVERSE PARAMETER)                 SIM02580
   19 FORMAT(//24H ANFANGSWERTE : VOLUMINA)                       SIM02590
   20 FORMAT(//23H ANFANGSWERTE : FLUESSE)                        SIM02600
   21 FORMAT(//33H ANFANGSWERTE : SONSTIGE GROESSEN)              SIM02610
   22 FORMAT(//30H STEUERGROESSEN DER SIMULATION)                 SIM02620
C                                                                 SIM02630
C      BERECHNUNG ABHAENGIGER PARAMETER, KONSTANTEN UND ANFANGSWERTE SIM02640
C                                                                 SIM02650
       PCA=PSQ0                                                   SIM02660
       TAUVER=TUCNS2/(TUCNS2-TUCNS1)                              SIM02670
       ZEITA=BEGTIM-TTOTAN                                        SIM02680
       TTOT=TTOTAN                                                SIM02690
       ELAF=1./(1.-EXP(-3.))                                      SIM02700
       AFREKK=AFREKO*2./(DELT*IDELT*(1.-DELT*IDELT/TAUFK1))       SIM02710
       BFREKK=BFREKO*2./(DELT*IDELT*(1.-DELT*IDELT/TAUFK2))       SIM02720
       DVO2H=DVO2HO                                               SIM02730
       Y021=0.5*(NVS+1)/(NVS*CVS)                                 SIM02740
       Y022=(0.5*(NVS-1)/(NVS*CVS))**2                            SIM02750
       Y023=0.5*(NJU+1)/(NJU*CJU)                                 SIM02760
       Y024=(0.5*(NJU-1)/(NJU*CJU))**2                            SIM02770
       Y025=0.5*(NCS+1)/(NCS*CCS)                                 SIM02780
       Y026=(0.5*(NCS-1)/(NCS*CCS))**2                            SIM02790
       Y027=0.5*(NCI+1)/(NCI*CCI)                                 SIM02800
       Y028=(0.5*(NCI-1)/(NCI*CCI))**2                            SIM02810
       Y029=0.5*(NCE+1)/(NCE*CCE)                                 SIM02820
       Y030=(0.5*(NCE-1)/(NCE*CCE))**2                            SIM02830
       Y031=0.5*(NVI+1)/(NVI*CVI)                                 SIM02840
       Y032=(0.5*(NVI-1)/(NVI*CVI))**2                            SIM02850
       Y033=0.5*(NVF+1)/(NVF*CVF)                                 SIM02860
       Y034=(0.5*(NVF-1)/(NVF*CVF))**2                            SIM02870
       Y035=0.5*(NVP+1)/(NVP*CVP)                                 SIM02880
       Y036=(0.5*(NVP-1)/(NVP*CVP))**2                            SIM02890
       GAMLV=(1.-(QAO/QLV)**2)/(2.*QAO**2*1.33E3)                 SIM02900
       GAMRV=(1.-(QPA/QRV)**2)/(2.*QPA**2*1.33E3)                 SIM02910
       Y070=PMAXO                                                 SIM02920
       Y071=VLVO                                                  SIM02930
       Y072=VLVO*AMINLV                                           SIM02940
       Y077=TATM                                                  SIM02950
       Y078=TINSP                                                 SIM02960
       Y079=PTHMAX                                                SIM02970
       Y080=PADMAX                                                SIM02980
       I001=0                                                     SIM02990
       HZV=HZVO                                                   SIM03000
       VRS=VRSO                                                   SIM03010
       I002=0                                                     SIM03020
       PI=2.*ASIN(1.)                                            SIM03030
C                                                                 SIM03040
       RETURN                                                     SIM03050
C                                                                 SIM03060
C      ****************                                           SIM03070
C      * INTEGRIERPHASE *                                         SIM03080
C      ****************                                           SIM03090
C                                                                 SIM03100
       ENTRY MODELL                                               SIM03110
C                                                                 SIM03120
C      UMDEFINIERUNG VON ZUSTANDSVARIABLEN                        SIM03130
       FLVAO=Z006                                                 SIM03140
       FRVPA=Z007                                                 SIM03150
       FAOAR=Z008                                                 SIM03160
       FARCA=Z009                                                 SIM03170
       FARAS=Z010                                                 SIM03180
       FARTA=Z011                                                 SIM03190
       FTAAB=Z012                                                 SIM03200
       FABAI=Z013                                                 SIM03210
       FAIAF=Z014                                                 SIM03220
       FVSCS=Z060                                                 SIM03230
       FVFVI=Z061                                                 SIM03240
       FVICE=Z062                                                 SIM03250
       FJUCS=Z063                                                 SIM03260
       VLV=Z064                                                   SIM03270
       VLA=Z065                                                   SIM03280
       VRV=Z066                                                   SIM03290
       VRA=Z067                                                   SIM03300
       VPA=Z068                                                   SIM03310
       VPV=Z069                                                   SIM03320
```

```
      VAO=Z070                                                          SIM03330
      VAR=Z071                                                          SIM03340
      VCA=Z072                                                          SIM03350
      VAS=Z073                                                          SIM03360
      VTA=Z074                                                          SIM03370
      VAB=Z075                                                          SIM03380
      VAI=Z076                                                          SIM03390
      VAF=Z077                                                          SIM03400
      VAV=Z078                                                          SIM03410
      VKV=Z079                                                          SIM03420
      VRE=Z080                                                          SIM03430
      VSM=Z081                                                          SIM03440
      VIM=Z082                                                          SIM03450
      VVP=Z083                                                          SIM03460
      VVH=Z084                                                          SIM03470
      VBO=Z085                                                          SIM03480
      VRU=Z086                                                          SIM03490
      VVS=Z087                                                          SIM03500
      VJU=Z088                                                          SIM03510
      VCS=Z089                                                          SIM03520
      VVF=Z090                                                          SIM03530
      VVI=Z091                                                          SIM03540
      VCE=Z092                                                          SIM03550
      VCI=Z093                                                          SIM03560
      PSQ=Z094                                                          SIM03570
      FHS=Z002                                                          SIM03580
      FCAKVQ=Z017                                                       SIM03590
      FTAREQ=Z019                                                       SIM03600
      FASAVQ=Z027                                                       SIM03610
      FTARAQ=Z035                                                       SIM03620
      FABCEQ=Z043                                                       SIM03630
      FAIBOQ=Z051                                                       SIM03640
      FAFRUQ=Z059                                                       SIM03650
      FAORAQ=Z109                                                       SIM03660
      FSQ=Z110                                                          SIM03670
      VTRANS=Z115                                                       SIM03680
      DPKVQ=Z116                                                        SIM03690
      DPREQ=Z117                                                        SIM03700
      IF(IHALT.EQ.0) GOTO 99001                                        SIM03710
C                                                                       SIM03720
C     ATMUNG                                                            SIM03730
C     ******                                                            SIM03740
C                                                                       SIM03750
C***  ATEMAENDERUNG                                                     SIM03760
      IF(TIME.GT.ENDAT) GOTO 60002                                     SIM03770
      IF(TIME.GT.BEGAT) GOTO 60001                                     SIM03780
      GOTO 60003                                                        SIM03790
60001 TATM=Y077*XTATM                                                   SIM03800
      TINSP=Y078*XTINSP                                                 SIM03810
      PTHMAX=Y079*XPTH                                                  SIM03820
      PADMAX=Y080*XPAD                                                  SIM03830
CPAR  BEGAT=BEGINN ATEMAENDERUNG                                        SIM03840
CPAR  ENDAT=ENDE ATEMAENDERUNG                                          SIM03850
CPAR  XTATM=FAKTOR FUER TATM                                            SIM03860
CPAR  XTINSP=FAKTOR FUER TINSP                                          SIM03870
CPAR  XPTH=FAKTOR FUER PTHMAX                                           SIM03880
CPAR  XPAD=FAKTOR FUER PADMAX                                           SIM03890
      GOTO 60003                                                        SIM03900
60002 TATM=Y077                                                         SIM03910
      TINSP=Y078                                                        SIM03920
      PTHMAX=Y079                                                       SIM03930
      PADMAX=Y080                                                       SIM03940
      GOTO 60003                                                        SIM03950
CKON  Y077,Y078,Y079,Y080 : --BERECHNUNG IN ANFANGSPHASE--             SIM03960
C                                                                       SIM03970
C***  PULSFREQUENZ DER ATMUNG (ITRATM) :                               SIM03980
60003 ITRATM=ITRIGG(ATMBEG,TATM,DELT*IDELT,Y001)                       SIM03990
CPAR  ATMBEG : ZEITPUNKT DES ATEMBEGINNS                               SIM04000
CPAR  TATM : DAUER EINER ATEMPERIODE                                   SIM04010
C                                                                       SIM04020
C***  ATEMPULS , DRUCK IM THORAX (PTH) UND ABDOMEN (PAD)               SIM04030
      Y002=SAEGE(ITRATM,TINSP,1.,Z001,R001,A001)                       SIM04040
CINC  A001=0.0                                                          SIM04050
CPAR  TINSP=INSPIRATIONS- UND EXSPIRATIONSDAUER                        SIM04060
      Y003=SIN(PI*Y002)                                                SIM04070
      PTH=PTHMIN+(PTHMAX-PTHMIN)*Y003                                  SIM04080
      PAD=PADMIN+(PADMAX-PADMIN)*Y003                                  SIM04090
CPAR  PTHMIN=MINIMALER THORAXDRUCK                                     SIM04100
```

```
CPAR    PTHMAX=MAXIMALER THORAXDRUCK                                      SIM04110
CPAR    PADMIN=MINIMALER ABDOMINALDRUCK                                   SIM04120
CPAR    PADMAX=MAXIMALER ABDOMINALDRUCK                                   SIM04130
        PALV=PTH-PTHMIN                                                   SIM04140
        IF(Y002.GT.0.5) PALV=-PALV                                       SIM04150
C                                                                        SIM04160
C       GRAVITATION                                                      SIM04170
C       ***********                                                      SIM04180
C                                                                        SIM04190
C***    GRAVITATIONSAENDERUNG                                            SIM04200
        IF(TIME.GT.ENDGR) GOTO 60005                                     SIM04210
        IF(TIME.GT.ENDGR-ABKLGR) GOTO 60004                              SIM04220
        IF(TIME.GT.BEGGR+ANSTGR) GOTO 60005                              SIM04230
        IF(TIME.GT.BEGGR) GOTO 60007                                     SIM04240
CPAR    BEGGR=BEGINN GRAVITATION                                         SIM04250
CPAR    ENDGR=ENDE GRAVITATION                                           SIM04260
CPAR    ANSTGR=ANSTIEG GRAVITATION                                       SIM04270
CPAR    ABKL=ABKLINGEN GRAVITATION                                       SIM04280
        GOTO 60005                                                       SIM04290
60007   R114=1./ANSTGR                                                   SIM04300
        GOTO 60006                                                       SIM04310
60004   R114=-1./ABKLGR                                                  SIM04320
        GOTO 60006                                                       SIM04330
60005   R114=0.0                                                         SIM04340
60006   CONTINUE                                                         SIM04350
CI      Z114=INTEGRAL(A114,R114)                                         SIM04360
CINC    A114=0.0 --ANFANGSWERT--                                         SIM04370
        IF(Z114.LT.0.0) Z114=0.0                                         SIM04380
        Y081=THETAG*Z114                                                 SIM04390
CPAR    THETAG=WINKEL(KOERPERACHSE,GRAVITATIONSRICHTUNG) - PI/2          SIM04400
C                                                                        SIM04410
C***    DRUCKDIFFERENZ PRO HOEHENDIFFERENZ                               SIM04420
        PGD=NG*RHOBLG*SIN(Y081)                                          SIM04430
CPAR    NG=VIELFACHHEIT DER GRAVITATIONSKONSTANTEN                       SIM04440
CPAR    RHOBLG=DICHTE DES BLUTES * GRAVITATIONSKONSTANTE                 SIM04450
C                                                                        SIM04460
C       MUSKELAKTIVITAET                                                 SIM04470
C       ****************                                                 SIM04480
C                                                                        SIM04490
C***    MUSKELRHYTHMUS                                                   SIM04500
        IF(TIME.GT.ENDMU) GOTO 10001                                    SIM04510
        ITRGMU=ITRIGG(BEGMU,MURHY,DELT*IDELT,Y051)                       SIM04520
CPAR    BEGMU=BEGINN DER MUSKELAKTIVITAET                                SIM04530
CPAR    ENDMU=ENDE DER MUSKELAKTIVITAET                                  SIM04540
CPAR    MURHY=AKTIVITAETSRHYTHMUS                                        SIM04550
        Y052=SAEGE(ITRGMU,MURHY,1.,Z113,R113,A113)                       SIM04560
CINC    A113=0.0 --ANFANGSWERT--                                         SIM04570
        PMU=PMUMAX*SIN(PI*Y052)                                          SIM04580
CPAR    PMUMAX=MAXIMALER MUSKELDRUCK                                     SIM04590
        GOTO 10002                                                       SIM04600
10001   PMU=0.0                                                          SIM04610
10002   CONTINUE                                                         SIM04620
C                                                                        SIM04630
C***    MUSKEL-O2-VERBRAUCH                                              SIM04640
        IF(TIME.GT.ENDMU) GOTO 10005                                    SIM04650
        IF(TIME.GT.ENDMU-ABKLMU) GOTO 10004                              SIM04660
        IF(TIME.GT.BEGMU+ANSTMU) GOTO 10005                              SIM04670
        IF(TIME.GT.BEGMU) GOTO 10003                                     SIM04680
        GOTO 10005                                                       SIM04690
10003   R015=1./ANSTMU                                                   SIM04700
CPAR    ANSTMU=ANLAUFZEIT DER AKTIVITAET                                 SIM04710
        GOTO 10006                                                       SIM04720
10004   R015=-1./ABKLMU                                                  SIM04730
CPAR    ABKLMU=ABKLINGZEIT DER AKTIVITAET                                SIM04740
        GOTO 10006                                                       SIM04750
10005   R015=0.0                                                         SIM04760
10006   CONTINUE                                                         SIM04770
CI      Z015=INTEGRAL(A015,R015)                                         SIM04780
CINC    A015=0.0 --ANFANGSWERT--                                         SIM04790
        IF(Z015.LT.0.0) Z015=0.0                                         SIM04800
        XASAV=1.+(O2ASAV-1.)*Z015                                        SIM04810
        XTARA=1.+(O2TARA-1.)*Z015                                        SIM04820
        XABCE=1.+(O2ABCE-1.)*Z015                                        SIM04830
        XAIBO=1.+(O2AIBO-1.)*Z015                                        SIM04840
        XAFBU=1.+(O2AFBU-1.)*Z015                                        SIM04850
CPAR    O2ASAV=VIELFACHES DES RUHEVERBRAUCHES IM DURCHBLUTUNGSBEGIET AS-AVSIM04860
CPAR    O2TARA=VIELFACHES DES RUHEVERBRAUCHES IM DURCHBLUTUNGSGEBIET TA-RASIM04870
CPAR    O2ABCE=VIELFACHES DES RUHEVERBRAUCHES IM DURCHBLUTUNGSGENIET AB-CESIM04880
```

```
CPAR    O2AIBO=VIELFACHES DES RUHEVERBRAUCHES IM DURCHBLUTUNGSGEBIET AI-BOSIM04890
CPAR    O2AFBU=VIELFACHES DES RUHEVERBRAUCHES IM DURCHBLUTUNGSGEBIET AF-BUSIM04900
C                                                                     SIM04910
C       BLUTVOLUMENAENDERUNG                                          SIM04920
C       ***********************                                       SIM04930
C                                                                     SIM04940
        FBLVL=0.0                                                     SIM04950
        IF(TIME.GT.BEGVL) FBLVL=BLVL                                  SIM04960
        IF(TIME.GT.ENDVL) FBLVL=0.0                                   SIM04970
        FBLZF=0.0                                                     SIM04980
        IF(TIME.GT.BEGZF) FBLZF=BLZF                                  SIM04990
        IF(TIME.GT.ENDZF) FBLZF=0.0                                   SIM05000
        R115=FBLZF-FBLVL                                              SIM05010
CI      VTRANS=INTEGRAL(A115,R115)                                    SIM05020
CINC    A115=0.0 --ANFANGSWERT--                                      SIM05030
C                                                                     SIM05040
C       BAROREZEPTOR                                                  SIM05050
C       *************                                                 SIM05060
C                                                                     SIM05070
        FS=(1.-GAMBAR)*PSQ+GAMBAR*PCA-BETBAR                          SIM05080
CINC    PCA=PSQO --BERECHNUNG IN ANFANGSPHASE--                       SIM05090
CPAR    BETBAR=SCHWELLWERT                                            SIM05100
CPAR    GAMBAR=EINFLUSSFAKTOR DRUCKAENDERUNG                          SIM05110
        IF(FS.LE.0.0) FS=0.0                                          SIM05120
        R110=(FS-FSQ)/TAUF                                            SIM05130
CPAR    TAUF=ZEITKONSTANTE DER CNS-WIDERSTANDSREGELUNG                SIM05140
CI      FSQ=INTEGRAL(FSQN,R110)                                       SIM05150
CINC    FSQN=NORMALER CNS-TONUS                                       SIM05160
C                                                                     SIM05170
C       CNS - ERREGUNG                                                SIM05180
C       ***************                                               SIM05190
C                                                                     SIM05200
        Y066=FS-MUECNS                                                SIM05210
        Y067=Y066                                                     SIM05220
CPAR    MUECNS=SCHWELLWERT CNS                                        SIM05230
        IF(Y066.LT.0.0) Y067=0.0                                      SIM05240
        IF(Y066.GE.0.0) Y066=0.0                                      SIM05250
C                                                                     SIM05260
C***    SYMPATHISCH                                                   SIM05270
        R095=(Y066-Z095)/SGCNS1                                       SIM05280
CPAR    SGCNS1=ZEITKONSTANTE CNS SYMPATHISCH 1.                       SIM05290
CI      Z095=INTEGRAL(A095,R095)                                      SIM05300
CINC    A095=0.0 --ANFANGSWERT--                                      SIM05310
        R096=(Z095-Z096)/SGCNS2                                       SIM05320
CPAR    SGCNS2=ZEITKONSTANTE CNS SYMPATHISCH 2.                       SIM05330
CI      Z096=INTEGRAL(A096,R096)                                      SIM05340
CINC    A096=0.0 --ANFANGSWERT--                                      SIM05350
C                                                                     SIM05360
C***    VAGAL                                                         SIM05370
        Y068=TUCNS1                                                   SIM05380
CPAR    TUCNS1=ZEITKONSTANTE CNS VAGAL 1.                             SIM05390
        IF(Y067*TAUVER.LT.Z097) GOTO 20003                           SIM05400
CKON    TAUVER=TUCNS2/(TUCNS2-TUCNS1) --BERECHNUNG IN ANFANGSPHASE--  SIM05410
        GOTO 20004                                                    SIM05420
20003   Y067=0.0                                                      SIM05430
        Y068=TUCNS2                                                   SIM05440
CPAR    TUCNS2=ZEITKONSTANTE CNS VAGAL 2.                             SIM05450
20004   R097=(Y067-Z097)/Y068                                        SIM05460
CI      Z097=INTEGRAL(A097,R097)                                      SIM05470
CINC    A097=0.0 --ANFANGSWERT--                                      SIM05480
        FCNSS=Z096+Z097+MUECNS                                       SIM05490
C                                                                     SIM05500
C***    RESPIRATORISCHER EINFLUSS                                     SIM05510
        Y069=1.                                                       SIM05520
        IF(Y002.GT.0.0) Y069=-1.                                      SIM05530
        FCNS=FCNSS*(1.+GAMCNS*Y069)                                   SIM05540
CPAR    GAMCNS=RESPIRATORISCHER EINFLUSSFAKTOR                        SIM05550
C                                                                     SIM05560
C       HERZAKTIVITAET                                                SIM05570
C       ***************                                               SIM05580
C                                                                     SIM05590
C***    DELAY VON TAUH FUER (BHERZ-AHERZ*FCNS)                        SIM05600
        Y039=BHERZ-AHERZ*FCNS                                         SIM05610
CPAR    AHERZ=VERSTAERKUNGSFAKTOR                                     SIM05620
CPAR    BHERZ=RUHEERREGUNG                                            SIM05630
        R002=(Y039-FHS)/TAUH                                          SIM05640
CI      FHS=INTEGRAL(A002,R002)                                       SIM05650
CINC    A002=BHERZ-AHERZ*(PCA(NORMAL)-BETBAR) --ANFANGSWERT--         SIM05660
```

```
C                                                              SIM05670
C***    BEGRENZUNG FUER FHS BEI AKHERZ                         SIM05680
        FH=FHS                                                 SIM05690
        IF(FHS.LT.AKHERZ) FH=AKHERZ                            SIM05700
CPAR    AKHERZ=MINDESTERREGUNG                                 SIM05710
99001 CONTINUE                                                 SIM05720
C                                                              SIM05730
C***    DEPOLARISATION                                         SIM05740
        R003=FH                                                SIM05750
CI      Z003=INTEGRAL(A003,R003)                               SIM05760
CINC    A003=1. --ANFANGSWERT--                                SIM05770
        Y040=1.-Z003                                           SIM05780
        ITRGHZ=0                                               SIM05790
C                                                              SIM05800
C***    REPOLARISATION UND BERECHNUNG VON TTOT                 SIM05810
        IF(TIME.LE.ZEITA+.1+.09*TTOT) GOTO 30005               SIM05820
        IF(Y040.LE.0.0.AND.KEEP.EQ.1) GOTO 30001               SIM05830
        GOTO 30002                                             SIM05840
30001 Z003=0.0                                                 SIM05850
        TTOT=TIME-ZEITA                                        SIM05860
        ZEITA=TIME                                             SIM05870
C       IF(TIME.LE.BEGTIM) ZEITA=BEGTIM-TTOTAN --BERECHNUNG IN ANFANGSP.--SIM05880
CPAR    TTOTAN=ANFANGSHERZPERIODE                              SIM05890
        ITRGHZ=1                                               SIM05900
30002 CONTINUE                                                 SIM05910
        GOTO 30006                                             SIM05920
30005 Z003=0.0                                                 SIM05930
30006 CONTINUE                                                 SIM05940
C                                                              SIM05950
C***    KONSTANTE HERZFREQUENZ                                 SIM05960
        TTOTX=(1./HEFRE)*60.                                   SIM05970
        ITRGHX=ITRIGG(BEGTIM,TTOTX,DELT,Y083)                  SIM05980
C                                                              SIM05990
C***    HERZFREQUENZ                                           SIM06000
        HF=(1./TTOT)*60.                                       SIM06010
C                                                              SIM06020
C***    ATRIUMPULS (SINUSFOERMIG)                              SIM06030
        TAS=0.1 +0.09*TTOT                                     SIM06040
C       TAS=DAUER DER ATRIUMSYSTOLE                            SIM06050
        AKONT=SAEGE(ITRGHZ,TAS,1.,Z004,R004,A004)              SIM06060
CINC    A004=0.0 --ANFANGSWERT--                               SIM06070
        ALPHA=SIN(PI*AKONT)                                    SIM06080
C                                                              SIM06090
C***    VENTRIKELPULS (EXPONENTIALFOERMIG ODER SINUSFOERMIG)   SIM06100
        ITRGVE=0                                               SIM06110
        IF(AKONT*TAS.GT.TAS-0.04-0.5*DELT.AND.AKONT*TAS.LT.TAS-0.04+0.5*  SIM06120
       1DELT) ITRGVE=1                                         SIM06130
C       TAS-0.04=SYSTOLENBEGINN DER VENTRIKEL                  SIM06140
        TVS=0.16+0.2*TTOT                                      SIM06150
C       TVS=DAUER DER VENTRIKELSYSTOLE                         SIM06160
        VKONT=SAEGE(ITRGVE,TVS,1.,Z005,R005,A005)              SIM06170
CINC    A005=0.0 --ANFANGSWERT--                               SIM06180
        IF(VKONT.GT.2./3.) GOTO 30003                          SIM06190
        ALPHV=ELAF*(1.-EXP(-4.5*VKONT))                        SIM06200
        GOTO 30004                                             SIM06210
30003 ALPHV=ELAF*(EXP(-9.*(VKONT-2./3.))-EXP(-3.))             SIM06220
30004 CONTINUE                                                 SIM06230
CKON    ELAF=1./(1.-EXP(-3.)) --BERECHNUNG IN ANFANGSPHASE--   SIM06240
C                                                              SIM06250
C       FREQUENZABHAENGIGE KONTRAKTILITAET                     SIM06260
C       ***********************************                    SIM06270
C                                                              SIM06280
        IF(ITRGHZ.EQ.1) I001=1                                 SIM06290
        IF(IHALT.EQ.0) GOTO 99002                              SIM06300
        IF(KEEP.EQ.1.AND.I001.EQ.1) GOTO 50001                 SIM06310
        I002=0                                                 SIM06320
        GOTO 50002                                             SIM06330
50001 I002=1                                                   SIM06340
        I001=0                                                 SIM06350
50002 CONTINUE                                                 SIM06360
        R098=-Z098/TAUFK1+AFREKK*I002                          SIM06370
CKON    AFREKK=AFREKO*2./(DELT*IDELT*(1.-DELT*IDELT/TAUFK1))   SIM06380
CKON    --BERECHNUNG IN ANFANGSPHASE--                         SIM06390
CPAR    TAUFK1=ZEITKONSTANTE POSITIV INOTROP                   SIM06400
CPAR    AFREKO=EINFLUSSFAKTOR POSITIV INOTROP                  SIM06410
CI      Z098=INTEGRAL(A098,R098)                               SIM06420
CINC    A098=ANFANGSWERT                                       SIM06430
        R099=-Z099/TAUFK2+BFREKK*I002                          SIM06440
```

```
CKON    BFREKK=BFREKO*2./(DELT*IDELT*(1.-DELT*IDELT/TAUFK2))         SIM06450
CKON    --BERECHNUNG IN ANFANGSPHASE--                              SIM06460
CPAR    TAUFK2=ZEITKONSTANTE NEGATIV INOTROP                        SIM06470
CPAR    BFREKO=EINFLUSSFAKTOR NEGATIV INOTROP                       SIM06480
CI      Z099=INTEGRAL(A099,R099)                                    SIM06490
CINC    A099=ANFANGSWERT                                            SIM06500
        FREKON=(Z098-Z099+CFREKO)/FRKONN                            SIM06510
CPAR    CFREKO=GRUNDKONTRAKTILITAETSFAKTOR                          SIM06520
CPAR    FRKONN=NORMALWERT VON FREKON                                SIM06530
        IF(FREKON.GT.FREMAX) FREKON=FREMAX                          SIM06540
        FREKON=FREKON*SQRT(FREKON)                                  SIM06550
        TROPOS=Z098                                                 SIM06560
        TRONEG=Z099                                                 SIM06570
C                                                                   SIM06580
C       KONTRAKTILITAET BEI O2-MANGEL,O2-AUTOREGULATION DES KORONARFLUSSESSIM06590
C       ***************************************************************SIM06600
C                                                                   SIM06610
        CALL AUTO(RKAORA,RAAORA,FAORAQ/GWAORA,PO2A,PO2TO,VO2TMX,ETA,THETA SIM06620
       1,TAUAUT,FKAUT,DVO2MH,GAMMO,DVO2H/DVO2MH,Z101,R101,Z102,R102,Z103, SIM06630
       2R103,Z104,R104,Z105,R105,Z106,R106,Z107,R107,Y074)         SIM06640
CINC    A102,A103,A104,A105,A106,A107=1. --ANFANGSWERTE--           SIM06650
CINC    A101=A020 --ANFANGSWERT--                                   SIM06660
CPAR    GWAORA=DURCH DEN BLUTFLUSS ZU VERSORGENDES GEWEBE           SIM06670
CPAR    DVO2MH=RUHR-O2-VERBRAUCH DES HERZENS                        SIM06680
CPAR    SONSTIGE PARAMETER : SIEHE SUBROUTINE AUTO                  SIM06690
        DIFFO2=DVO2H-Y074                                           SIM06700
        R108=DIFFO2                                                 SIM06710
CINC    DVO2H=DVO2HO --BERECHNUNG IN ANFANGSPHASE--                 SIM06720
CI      Z108=INTEGRAL(A108,R108)                                    SIM06730
CINC    A108=0.0 --ANFANGSWERT--                                    SIM06740
        IF(Z108.LT.SKRIT.AND.DIFFO2.LE.-1.E-10) Z108=0.0           SIM06750
        Y075=GDIFFN                                                 SIM06760
        IF(Z108.GE.SKRIT) Y075=GDIFFN*(1.+Z108/SKRIT)              SIM06770
        DIFKON=1.-Y075*DIFFO2                                       SIM06780
CPAR    SKRIT=KRITISCHE SCHAEDIGUNGSSCHWELLE                        SIM06790
CPAR    GDIFFN=KONTRAKTILITAETSVERMINDERUNGSFAKTOR                  SIM06800
99002 CONTINUE                                                      SIM06810
C                                                                   SIM06820
C       HERZMUSKEL-COMPLIANCE                                       SIM06830
C       ********************                                        SIM06840
C                                                                   SIM06850
C                                                                   SIM06860
C***    COMPLIANCE LINKER VENTRIKEL                                 SIM06870
        ALPHLV=AMINLV+(AMAXLV*FREKON*DIFKON-AMINLV)*ALPHV           SIM06880
CPAR    AMINLV=MINIMALER COMPLIANCE                                 SIM06890
CPAR    AMAXLV=MAXIMALER COMPLIANCE                                 SIM06900
C                                                                   SIM06910
C***    COMPLIANCE RECHTER VENTRIKEL                                SIM06920
        ALPHRV=AMINRV+(AMAXRV*FREKON*DIFKON-AMINRV)*ALPHV           SIM06930
CPAR    AMINRV=MINIMALER COMPLIANCE                                 SIM06940
CPAR    AMAXRV=MAXIMALER COMPLIANCE                                 SIM06950
C                                                                   SIM06960
C***    COMPLIANCE LINKES ATRIUM                                    SIM06970
        ALPHLA=AMINLA+(AMAXLA*FREKON*DIFKON-AMINLA)*ALPHA           SIM06980
CPAR    AMINLA=MINIMALER COMPLIANCE                                 SIM06990
CPAR    AMAXLA=MAXIMALER COMPLIANCE                                 SIM07000
C                                                                   SIM07010
C***    COMPLIANCE RECHTES ATRIUM                                   SIM07020
        ALPHRA=AMINRA+(AMAXRA*FREKON*DIFKON-AMINRA)*ALPHA           SIM07030
CPAR    AMINRA=MINIMALER COMPLIANCE                                 SIM07040
CPAR    AMAXRA=MAXIMALER COMPLIANCE                                 SIM07050
C                                                                   SIM07060
C       CNS-WIDERSTAND                                              SIM07070
C       *************                                               SIM07080
C                                                                   SIM07090
        IF(IHALT.EQ.0) GOTO 99006                                   SIM07100
        RCNS=1./(1.+VKR*(FSQ/FSQN-1.))                              SIM07110
CPAR    VKR=PROPORTIONALITAETSFAKTOR DER CNS-WIDERSTANDSREGELUNG     SIM07120
CPAR    FSQN=NORMALER CNS-TONUS                                     SIM07130
99006 CONTINUE                                                      SIM07140
C                                                                   SIM07150
C       DRUECKE                                                     SIM07160
C       *******                                                     SIM07170
C                                                                   SIM07180
C***    DRUCK : SEGMENT AO                                          SIM07190
        PAO=DRUCKA(VAO,VUAO,CAO,TAUP,PTH,Y004,Y005)                 SIM07200
CPAR    VUAO=UNGED.VOLUMEN                                          SIM07210
CPAR    CAO=KAPAZITAET                                              SIM07220
```

```
CPAR    TAUP=ZEITKONSTANTE                                              SIM07230
C                                                                       SIM07240
C***    DRUCK : SEGMENT AR                                              SIM07250
        PAR=DRUCKA(VAR,VUAR,CAR,TAUP,PTH,Y006,Y007)                     SIM07260
CPAR    VUAR=UNGED.VOLUMEN                                              SIM07270
CPAR    CAR=KAPAZITAET                                                  SIM07280
C                                                                       SIM07290
C***    DRUCK : SEGMENT CA                                              SIM07300
        PCA=DRUCKA(VCA,VUCA,CCA,TAUP,0.0,Y008,Y009)                     SIM07310
CPAR    VUCA=UNGED.VOLUMEN                                              SIM07320
CPAR    CCA=KAPAZITAET                                                  SIM07330
C       BERECHNUNG DES MITTLEREN DRUCKES IM SEGMENT CA FUER BAROREZEPTOR SIM07340
        IF(IHALT.EQ.0) GOTO 99007                                      SIM07350
        R094=(PCA-PSQ)/TAUBAR                                          SIM07360
CPAR    TAUBAR=ZEITKONSTANTE BAROREZEPTOR                              SIM07370
CI      PSQ=INTEGRAL(PSQ0,R094)                                        SIM07380
CINC    PSQ0=ANFANGSWERT                                               SIM07390
99007 CONTINUE                                                          SIM07400
C                                                                       SIM07410
C***    DRUCK : SEGMENT AS                                              SIM07420
        PAS=DRUCKA(VAS,VUAS,CAS,TAUP,0.0,Y010,Y011)                     SIM07430
CPAR    VUAS=UNGED.VOLUMEN                                              SIM07440
CPAR    CAS=KAPAZITAET                                                  SIM07450
C                                                                       SIM07460
C***    DRUCK : SEGMENT TA                                              SIM07470
        PTA=DRUCKA(VTA,VUTA,CTA,TAUP,PTH,Y012,Y013)                     SIM07480
CPAR    VUTA=UNGED.VOLUMEN                                              SIM07490
CPAR    CTA=KAPAZITAET                                                  SIM07500
C                                                                       SIM07510
C***    DRUCK : SEGMENT AB                                              SIM07520
        PAB=DRUCKA(VAB,VUAB,CAB,TAUP,PAD,Y014,Y015)                     SIM07530
CPAR    VUAB=UNGED.VOLUMEN                                              SIM07540
CPAR    CAB=KAPAZITAET                                                  SIM07550
C                                                                       SIM07560
C***    DRUCK : SEGMENT AI                                              SIM07570
        PAI=DRUCKA(VAI,VUAI,CAI,TAUP,PMU,Y016,Y017)                     SIM07580
CPAR    VUAI=UNGED.VOLUMEN                                              SIM07590
CPAR    CAI=KAPAZITAET                                                  SIM07600
C                                                                       SIM07610
C***    DRUCK : SEGMENT AF                                              SIM07620
        PAF=DRUCKA(VAF,VUAF,CAF,TAUP,PMU,Y018,Y019)                     SIM07630
CPAR    VUAF=UNGED.VOLUMEN                                              SIM07640
CPAR    CAF=KAPAZITAET                                                  SIM07650
C                                                                       SIM07660
C***    UNGED.VOLUMEN UND KAPAZITAET DES PERIPHEREN STANDARDSPEICHERS   SIM07670
        VUPERI=APERI+BPERI*FSQ                                          SIM07680
        CCPERI=CPERI+DPERI*FSQ                                          SIM07690
        VUPERS=APERI+BPERI*FSQN                                         SIM07700
        CCPERS=CPERI+DPERI*FSQN                                         SIM07710
CPAR    APERI,BPERI,CPERI,DPERI=KONSTANTEN DER CNS-REGELUNG PERIPHERER  SIM07720
CPAR    SPEICHER                                                        SIM07730
        Y020=(VUPERI-VMINPR)*SQRT(VMAXPR-VUPERI)/CCPERI                 SIM07740
        Y082=(VUPERS-VMINPR)*SQRT(VMAXPR-VUPERS)/CCPERS                 SIM07750
CPAR    VMINPR=MINIMALES VOLUMEN DES PERIPHEREN STANDARDSPEICHERS       SIM07760
CPAR    VMAXPR=MAXIMALES VOLUMEN DES PERIPHEREN STANDARDSPEICHERS       SIM07770
C                                                                       SIM07780
C***    DRUCK : SEGMENT AV                                              SIM07790
        VAVN=VAV*FNPRAV                                                 SIM07800
CPAR    FNPRAV=VOLUMEN-NORMIERUNGSPARAMETER                             SIM07810
        PAV=(VAVN-VUPERI)/((VAVN-VMINPR)*SQRT(VMAXPR-VAVN))*Y020        SIM07820
C                                                                       SIM07830
C***    DRUCK : SEGMENT KV                                              SIM07840
        VKVN=VKV*FNPRKV                                                 SIM07850
        PKV=(VKVN-VUPERS)/((VKVN-VMINPR)*SQRT(VMAXPR-VKVN))*Y082        SIM07860
CPAR    FNPRKV=VOLUMEN-NORMIERUNGSFAKTOR                                SIM07870
C                                                                       SIM07880
C***    DRUCK : SEGMENT RE                                              SIM07890
        VREN=VRE*FNPRRE                                                 SIM07900
        PRE=(VREN-VUPERS)/((VREN-VMINPR)*SQRT(VMAXPR-VREN))*Y082+PAD    SIM07910
CPAR    FNPRRE=VOLUMEN-NORMIERUNGSFAKTOR                                SIM07920
C                                                                       SIM07930
C***    DRUCK : SEGMENT SM                                              SIM07940
        VSMN=VSM*FNPRSM                                                 SIM07950
CPAR    FNPRSM=VOLUMEN-NORMIERUNGSFAKTOR                                SIM07960
        PSM=(VSMN-VUPERI)/((VSMN-VMINPR)*SQRT(VMAXPR-VSMN))*Y020+PAD    SIM07970
C                                                                       SIM07980
C***    DRUCK : SEGMENT IM                                              SIM07990
        VIMN=VIM*FNPRIM                                                 SIM08000
```

```
CPAR    FNPRIM=VOLUMEN-NORMIERUNGSFAKTOR                                SIM08010
        PIM=(VIMN-VUPERI)/((VIMN-VMINPR)*SQRT(VMAXPR-VIMN))*Y020+PAD    SIM08020
C***    DRUCK : SEGMENT VH                                             SIM08040
        VVHN=VVH*FNPRVH                                                 SIM08050
        PVH=(VVHN-VUPERS)/((VVHN-VMINPR)*SQRT(VMAXPR-VVHN))*Y082+PAD    SIM08060
CPAR    FNPRVH=VOLUMEN-NORMIERUNGSFAKTOR                                SIM08070
C                                                                       SIM08080
C***    DRUCK : SEGMENT BO                                             SIM08090
        VBON=VBO*FNPRBO                                                 SIM08100
CPAR    FNPRBO=VOLUMEN-NORMIERUNGSFAKTOR                                SIM08110
        PBO=(VBON-VUPERI)/((VBON-VMINPR)*SQRT(VMAXPR-VBON))*Y020+PMU    SIM08120
C                                                                       SIM08130
C***    DRUCK : SEGMENT RU                                             SIM08140
        VBUN=VBU*FNPRBU                                                 SIM08150
CPAR    FNPRBU=VOLUMEN-NORMIERUNGSFAKTOR                                SIM08160
        PBU=(VBUN-VUPERI)/((VBUN-VMINPR)*SQRT(VMAXPR-VBUN))*Y020+PMU    SIM08170
C                                                                       SIM08180
C***    DRUCK : SEGMENT VS                                             SIM08190
        PVS=Y021*(VVS-VUVS)+SQRT(Y022*(VVS-VUVS)**2+PGEW**2)-PGEW       SIM08200
CKON    Y021=0.5*(NVS+1)/(NVS*CVS)  --BERECHNUNG IN ANFANGSPHASE--      SIM08210
CKON    Y022=(0.5*(NVS-1)/(NVS*CVS))**2 --BERECHNUNG IN ANFANGSPHASE--  SIM08220
CPAR    VUVS=UNGED.VOLUMEN                                              SIM08230
CPAR    CVS=KAPAZITAET                                                  SIM08240
CPAR    PGEW=TRANSMURALER DRUCK DURCH DAS GEWEBE                        SIM08250
CPAR    NVS=KAPAZITAETSFAKTOR BEI KOLLABIEREN                           SIM08260
C                                                                       SIM08270
C***    DRUCK : SEGMENT JU                                             SIM08280
        PJU=Y023*(VJU-VUJU)+SQRT(Y024*(VJU-VUJU)**2+PGEW**2)-PGEW       SIM08290
CKON    Y023=0.5*(NJU+1)/(NJU*CJU)  --BERECHNUNG IN ANFANGSPHASE--      SIM08300
CKON    Y024=(0.5*(NJU-1)/(NJU*CJU))**2 --BERECHNUNG IN ANFANGSPHASE--  SIM08310
CPAR    VUJU=UNGED.VOLUMEN                                              SIM08320
CPAR    CJU=KAPAZITAET                                                  SIM08330
CPAR    NJU=KAPAZITAETSFAKTOR BEI KOLLABIEREN                           SIM08340
C                                                                       SIM08350
C***    DRUCK : SEGMENT CS                                             SIM08360
        PCS=Y025*(VCS-VUCS)+SQRT(Y026*(VCS-VUCS)**2+PGEW**2)-PGEW+PTH   SIM08370
CKON    Y025=0.5*(NCS+1)/(NCS*CCS)  --BERECHNUNG IN ANFANGSPHASE--      SIM08380
CKON    Y026=(0.5*(NCS-1)/(NCS*CCS))**2 --BERECHNUNG IN ANFANGSPHASE--  SIM08390
CPAR    VUCS=UNGED.VOLUMEN                                              SIM08400
CPAR    CCS=KAPAZITAET                                                  SIM08410
CPAR    NCS=KAPAZITAETSFAKTOR BEO KOLLABIEREN                           SIM08420
C                                                                       SIM08430
C***    DRUCK : SEGMENT CI                                             SIM08440
        PCI=Y027*(VCI-VUCI)+SQRT(Y028*(VCI-VUCI)**2+PGEW**2)-PGEW+PTH   SIM08450
CKON    Y027=0.5*(NCI+1)/(NVI*CCI)  --BERECHNUNG IN ANFANGSPHASE--      SIM08460
CKON    Y028=(0.5*(NCI-1)/(NCI*CCI))**2 --BERECHNUNG IN ANFANGSPHASE--  SIM08470
CPAR    VUCI=UNGED.VOLUMEN                                              SIM08480
CPAR    CCI=KAPAZITAET                                                  SIM08490
CPAR    NCI=KAPAZITAETSFAKTOR BEI KOLLABIEREN                           SIM08500
C                                                                       SIM08510
C***    DRUCK : SEGMENT CE                                             SIM08520
        PCE=Y029*(VCE-VUCE)+SQRT(Y030*(VCE-VUCE)**2+PGEW**2)-PGEW+PAD   SIM08530
CKON    Y029=0.5*(NCE+1)/(NCE*CCE)  --BERECHNUNG IN ANFANGSPHASE--      SIM08540
CKON    Y030=(0.5*(NCE-1)/(NCE*CCE))**2 --BERECHNUNG IN ANFANGSPHASE--  SIM08550
CPAR    VUCE=UNGED.VOLUMEN                                              SIM08560
CPAR    CCE=KAPAZITAET                                                  SIM08570
CPAR    NCE=KAPAZITAETSFAKTOR BEI KOLLABIEREN                           SIM08580
C                                                                       SIM08590
C***    DRUCK : SEGMENT VI                                             SIM08600
        PVI=Y031*(VVI-VUVI)+SQRT(Y032*(VVI-VUVI)**2+PGEW**2)-PGEW+PMU   SIM08610
CKON    Y031=0.5*(NVI+1)/(NVI*CVI)  --BERECHNUNG IN ANFANGSPHASE--      SIM08620
CKON    Y032=(0.5*(NVI-1)/(NVI*CVI))**2 --BERECHNUNG IN ANFANGSPHASE--  SIM08630
CPAR    VUVI=UNGED.VOLUMEN                                              SIM08640
CPAR    CVI=KAPAZITAET                                                  SIM08650
CPAR    NVI=KAPAZITAETSFAKTOR BEI KOLLABIEREN                           SIM08660
C                                                                       SIM08670
C***    DRUCK : SEGMENT VF                                             SIM08680
        PVF=Y033*(VVF-VUVF)+SQRT(Y034*(VVF-VUVF)**2+PGEW**2)-PGEW+PMU   SIM08690
CKON    Y033=0.5*(NVF+1)/(NVF*CVF)  --BERECHNUNG IN ANFANGSPHASE--      SIM08700
CKON    Y034=(0.5*(NVF-1)/(NVF*CVF))**2 --BERECHNUNG IN ANFANGSPHASE--  SIM08710
CPAR    VUVF=UNGED.VOLUMEN                                              SIM08720
CPAR    CVF=KAPAZITAET                                                  SIM08730
CPAR    NVF=KAPAZITAETSFAKTOR BEI KOLLABIEREN                           SIM08740
C                                                                       SIM08750
C***    DRUCK : SEGMENT VP                                             SIM08760
        PVP=Y035*(VVP-VUVP)+SQRT(Y035*(VVP-VUVP)**2+PGEW**2)-PGEW+PAD   SIM08770
CKON    Y035=0.5*(NVP+1)/(NVP*CVP)  --BERECHNUNG IN ANFANGSPHASE--      SIM08780
CKON    Y036=(0.5*(NVP-1)/(NVP*CVP))**2 --BERECHNUNG IN ANFANGSPHASE--  SIM08790
```

```
CPAR    VUVP=UNGED.VOLUMEN                                               SIM08800
CPAR    CVP=KAPAZITAET                                                   SIM08810
CPAR    VVP=KAPAZITAETSFAKTOR BEI KOLLABIEREV                            SIM08820
C                                                                        SIM08830
C***    DRUCK : SEGMENT PA                                               SIM08840
        PPA=DRUCKA(VPA,VUPA,CPA,TAUP,PTH,Y037,Y038)                      SIM08850
CPAR    VUPA=UNGED.VOLUMEN                                               SIM08860
CPAR    CPA=KAPAZITAET                                                   SIM08870
C                                                                        SIM08880
C***    DRUCK : SEGMENT PV                                               SIM08890
        PPV=(VPV-VUPV)/CPV+PTH                                           SIM08900
CPAR    VUPV=UNGED.VOLUMEN                                               SIM08910
CPAR    CPV=KAPAZITAET                                                   SIM08920
C                                                                        SIM08930
C***    DRUCK : SEGMENT LV                                               SIM08940
        PLV=(VLV-VULV)*ALPHLV+PTH                                        SIM08950
CPAR    VULV=UNGED.VOLUMEN                                               SIM08960
C                                                                        SIM08970
C***    DRUCK : SEGMENT LA                                               SIM08980
        PLA=(VLA-VULA)*ALPHLA+PTH                                        SIM08990
CPAR    VULA=UNGED.VOLUMEN                                               SIM09000
C                                                                        SIM09010
C***    DRUCK : SEGMENT RV                                               SIM09020
        PRV=(VRV-VURV)*ALPHRV+PTH                                        SIM09030
CPAR    VURV=UNGED.VOLUMEN                                               SIM09040
C                                                                        SIM09050
C***    DRUCK : SEGEMENT RA                                              SIM09060
        PRA=(VRA-VURA)*ALPHRA+PTH                                        SIM09070
CPAR    VURA=UNGED.VOLUMEN                                               SIM09080
C                                                                        SIM09090
C       FLUESSE                                                          SIM09100
C       *******                                                          SIM09110
C                                                                        SIM09120
C***    FLUSS : VON SEGMENT LV NACH SEGMENT AO                           SIM09130
        R006=(PLV-PAO-RVLVAO*FLVAO-GAMLV*FLVAO*FLVAO)/LLVAO              SIM09140
CPAR    RVLVAO=WIDERSTAND VORWAERTSRICHTUNG                              SIM09150
CPAR    LLVAO=TRAEGHEITSPARAMETER                                        SIM09160
CKON    GAMLV=(1.-2.*(QAO/QLV))/(2.*QAO**2*1.33E3) --BERECHNUNG IN       SIM09170
CKON    ANFANGSPHASE--                                                   SIM09180
CPAR    QAO=AORTENQUERSCHNITT                                            SIM09190
CPAR    QLV=LINKER VENTRIKELQUERSCHNITT                                  SIM09200
CI      FLVAO=INTEGRAL(FLVAOO,R006)                                      SIM09210
CINC    FLVAOO=ANFANGSWERT                                               SIM09220
        IF(FLVAO.LT.0.0) FLVAO=(PLV-PAO)/RRLVAO                          SIM09230
CPAR    RRLVAO=WIDERSTAND RUECKWAERTSRICHTUNG                            SIM09240
C                                                                        SIM09250
C***    FLUSS : VON SEGMENT RV NACH SEGMENT PA                           SIM09260
        R007=(PRV-PPA-RVRVPA*FRVPA-GAMRV*FRVPA*FRVPA)/LRVPA              SIM09270
CPAR    RVRVPA=WIDERSTAND VORWAERTSRICHTUNG                              SIM09280
CPAR    LRVPA=TRAEGHEITSPARAMETER                                        SIM09290
CKON    GAMRV=(1.-2.*(QPA/QRV))/(2.*QPA**2*1.33E3) --BERECHNUNG IN       SIM09300
CKON    ANFANGSPHASE-- •                                                 SIM09310
CPAR    QPA=PULMUNARARTERIENQUERSCHNITT                                  SIM09320
CPAR    QRV=RECHTER VENTRIKELQUERSCHNITT                                 SIM09330
CI      FRVPA=INTEGRAL(FRVPAO,R007)                                      SIM09340
CINC    FRVPAO=ANFANGSWERT                                               SIM09350
        IF(FRVPA.LT.0.0) FRVPA=(PRV-PPA)/RRRVPA                          SIM09360
CPAR    RRRVPA=WIDERSTAND RUECKWAERTSRICHTUNG                            SIM09370
C                                                                        SIM09380
C***    FLUSS : VON SEGMENT LA NACH SEGMENT LV                           SIM09390
        FLALV=(PLA-PLV)/RVLALV                                           SIM09400
        IF(FLALV.LT.0.0) FLALV=(PLA-PLV)/RRLALV                          SIM09410
CPAR    RVLALV=WIDERSTAND VORWAERTSRICHTUNG                              SIM09420
CPAR    RRLALV=WIDERSTAND RUECKWAERTSRICHTUNG                            SIM09430
C                                                                        SIM09440
C***    FLUSS : VON SEGMENT RA NACH SEGMENR RV                           SIM09450
        FRARV=(PRA-PRV)/RVRARV                                           SIM09460
        IF(FRARV.LT.0.0) FRARV=(PRA-PRV)/RRRARV                          SIM09470
CPAR    RVRARV=WIDERSTAND VORWAERTSRICHTUNG                              SIM09480
CPAR    RRRARV=WIDERSTAND RUECKWAERTSRICHTUNG                            SIM09490
C                                                                        SIM09500
C***    FLUSS : VON SEGMENT AO NACH SEGMENT AR                           SIM09510
        PGARAO=PGD*HARAO                                                 SIM09520
CPAR    HARAO=HOEHENDIFFERENZ DER SEGMENTE AR UND AO                     SIM09530
        R008=(PAO-PAR-PGARAO-RAOAR*FAOAR)/LAOAR                          SIM09540
CPAR    RAOAR=WIDERSTAND                                                 SIM09550
CPAR    LAOAR=TRAEGHEITSPARAMETER                                        SIM09560
CI      FAOAR=INTEGRAL(FAOARO,R008)                                      SIM09570
```

```
CINC    FAOARO=ANFANGSWERT                                              SIM09580
C                                                                       SIM09590
C***    FLUSS : VON SEGMENT AR NACH SEGMENT CA                          SIM09600
        PGCAAR=PGD*HCAAR                                                SIM09610
CPAR    HCAAR=HOEHENDIFFERENZ DER SEGMENT CA UND AR                     SIM09620
        R009=(PAR-PCA-PGCAAR-RARCA*FARCA)/LARCA                         SIM09630
CPAR    RARCA=WIDERSTAND                                                SIM09640
CPAR    LARCA=TRAEGHEITSPARAMETER                                       SIM09650
CI      FARCA=INTEGRAL(FARCA0,R009)                                     SIM09660
CINC    FARCA0=ANFANGSWERT                                              SIM09670
C                                                                       SIM09680
C***    FLUSS : VON SEGMENT AR NACH SEGMENT AS                          SIM09690
        R010=(PAR-PAS-RARAS*FARAS)/LARAS                                SIM09700
CPAR    RARAS=WIDERSTAND                                                SIM09710
CPAR    LARAS=TRAEGHEITSPARAMETER                                       SIM09720
CI      FARAS=INTEGRAL(FARAS0,R010)                                     SIM09730
CINC    FARAS0=ANFANGSWERT                                              SIM09740
C                                                                       SIM09750
C***    FLUSS : VON SEGMENT AR NACH SEGMENT TA                          SIM09760
        PGARTA=PGD*HARTA                                                SIM09770
CPAR    HARTA=HOEHENDIFFERENZ DER SEGMENTE AR UND TA                    SIM09780
        R011=(PAR+PGARTA-PTA-RARTA*FARTA)/LARTA                         SIM09790
CPAR    RARTA=WIDERSTAND                                                SIM09800
CPAR    LARTA=TRAEGHEITSPARAMETER                                       SIM09810
CI      FARTA=INTEGRAL(FARTA0,R011)                                     SIM09820
CINC    FARTA0=ANFANGSWERT                                              SIM09830
C                                                                       SIM09840
C***    FLUSS : VON SEGMENT TA NACH SEGMENT AB                          SIM09850
        PGTAAB=PGD*HTAAB                                                SIM09860
CPAR    HTAAB=HOEHENDIFFERENZ DER SEGMENT TA UND AB                     SIM09870
        R012=(PTA+PGTAAB-PAB-RTAAB*FTAAB)/LTAAB                         SIM09880
CPAR    RTAAB=WIDERSTAND                                                SIM09890
CPAR    LTAAB=TRAEGHEITSPARAMETER                                       SIM09900
CI      FTAAB=INTEGRAL(FTAAB0,R012)                                     SIM09910
CINC    FTAAB0=ANFANGSWERT                                              SIM09920
C                                                                       SIM09930
C***    FLUSS : VON SEGMENT AB NACH SEGMENT AI                          SIM09940
        PGABAI=PGD*HABAI                                                SIM09950
CPAR    HABAI=HOEHENDIFFERENZ DER SEGMENTE AB UND AI                    SIM09960
        R013=(PAB+PGABAI-PAI-RABAI*FABAI)/LABAI                         SIM09970
CPAR    RABAI=WIDERSTAND                                                SIM09980
CPAR    LABAI=TRAEGHEITSPARAMETER                                       SIM09990
CI      FABAI=INTEGRAL(FABAI0,R013)                                     SIM10000
CINC    FABAI0=ANFANGSWERT                                              SIM10010
C                                                                       SIM10020
C***    FLUSS : VON SEGMENT AI NACH SEGMENT AF                          SIM10030
        PGAIAF=PGD*HAIAF                                                SIM10040
CPAR    HAIAF=HOEHENDIFFERENZ DER SEGMENT AI UND AF                     SIM10050
        R014=(PAI+PGAIAF-PAF-RAIAF*FAIAF)/LAIAF                         SIM10060
CPAR    RAIAF=WIDERSTAND                                                SIM10070
CPAR    LAIAF=TRAEGHEITSPARAMETER                                       SIM10080
CI      FAIAF=INTEGRAL(FAIAF0,R014)                                     SIM10090
CINC    FAIAF0=ANFANGSWERT                                              SIM10100
C                                                                       SIM10110
C***    FLUSS : VON SEGMENT AO NACH SEGMENT RA                          SIM10120
        Y041=RAORA*(RK0*RKAORA+RA0*RAAORA)*5.                          SIM10130
CPAR    RAOAR=WIDERSTAND NORMAL                                         SIM10140
        IF(PRA.LE.PLV) Y042=PRA/PLV                                     SIM10150
        IF(PRA.GT.PLV) Y042=1.                                          SIM10160
        IF(PAO.LE.PLV) Y043=PAO/PLV                                     SIM10170
        IF(PAO.GT.PLV) Y043=1.                                          SIM10180
        Y044=Y043-Y042                                                  SIM10190
        Y045=Y043**2-Y042**2                                            SIM10200
        FAORA=(Y042*(PAO-PRA)+Y044*PAO-0.5*PLV*Y045)/Y041              SIM10210
        IF(IHALT.EQ.0) GOTO 99022                                       SIM10220
        R109=(FAORA-FAORAQ)/TAUQ                                        SIM10230
CI      FAORAQ=INTEGRAL(FAORA0,R109)                                    SIM10240
CINC    FAORA0=ANFANGSWERT                                              SIM10250
99022 CONTINUE                                                          SIM10260
C                                                                       SIM10270
C***    FLUSS : VON SEGMENT PA NACH SEGMENT PV                          SIM10280
        Y046=HLGMIN+(HLGMAX-HLGMIN)*PGD                                SIM10290
CPAR    HLGMIN=MINIMALE LUNGENHOEHE                                     SIM10300
CPAR    HLGMAX=MAXIMALE LUNGENHOEHE                                     SIM10310
        Y047=PPA+0.5*Y046                                               SIM10320
        Y048=PPV+0.5*Y046                                               SIM10330
        Y049=Y047-PALV                                                  SIM10340
        IF(Y049.LE.0.0) Y049=0.0                                        SIM10350
```

```
      Y050=Y048-PALV                                               SIM10360
      IF(Y050.LE.0.0) Y050=0.0                                     SIM10370
      FPAPV=((Y047-Y048)*Y050+(Y047-PALV)*(Y049-Y050)-0.5*         SIM10380
     1(Y049*Y049-Y050*Y050))/(RPAPV*Y046)                          SIM10390
CPAR  RPAPV=WIDERSTAND BEI VOLLEM LUNGENFLUSS                      SIM10400
C     PALV=ALVEOLARDRUCK                                           SIM10410
C                                                                  SIM10420
C***  FLUSS : VON SEGMENT PV NACH SEGMENT LA                       SIM10430
      FPVLA=(PPV-PLA)/RVPVLA                                       SIM10440
      IF(FPVLA.LT.0.0) FPVLA=(PPV-PLA)/RRPVLA                      SIM10450
CPAR  RVPVLA=WIDERSTAND VORWAERTSRICHTUNG .                        SIM10460
CPAR  RRPVLA=WIDERSTAND RUECKWAERTSRICHTUNG                        SIM10470
C                                                                  SIM10480
C***  FLUSS : VON SEGMENT CA NACH SEGMENT KV                       SIM10490
      IF(IHALT.EQ.0) GOTO 99008                                    SIM10500
      R016=FCAKVQ-FCAKVN                                           SIM10510
CPAR  FCAKVN=NORMALFLUSS                                           SIM10520
CI    Z016=INTEGRAL(A016,R016)                                     SIM10530
CINC  A016=0.0 --ANFANGSWERT--                                     SIM10540
      R116=(PCA-PKV-DPKVQ)/TAUQ                                    SIM10550
CI    Z116=INTEGRAL(A116,R116)                                     SIM10560
CINC  A116=90. --ANFANGSWERT--                                     SIM10570
      GCAKV=1./RCAKVN-VFKV*Z016                                    SIM10580
      IF(DPKVQ.LT.70.) GCAKV=FCAKVN/70.                            SIM10590
99008 CONTINUE                                                     SIM10600
CPAR  RCAKVN=NORMALWIDERSTAND                                      SIM10610
CPAR  VFKV=VERSTAERKUNG DES INTEGRALREGLERS                        SIM10620
      FCAKV=(PCA-PKV)*GCAKV                                        SIM10630
      IF(IHALT.EQ.0) GOTO 99009                                    SIM10640
      R017=(FCAKV-FCAKVQ)/TAUQ                                     SIM10650
CPAR  TAUQ=ZEITKONSTANTE DER ZEITMITTELUNG                         SIM10660
CI    FCAKVQ=INTEGRAL(FCAKVN,R017)                                 SIM10670
CINC  FCAKVN=ANFANGSWERT                                           SIM10680
99009 CONTINUE                                                     SIM10690
C                                                                  SIM10700
C***  FLUSS : VON SEGMENT TA NACH SEGMENT RE                       SIM10710
      IF(IHALT.EQ.0) GOTO 99010                                    SIM10720
      R018=FTAREQ-FTAREN                                           SIM10730
CPAR  FTAREN=NORMALFLUSS                                           SIM10740
CI    Z018=INTEGRAL(A018,R018)                                     SIM10750
CINC  A018=0.0 --ANFANGSWERT--                                     SIM10760
      R117=(PTA-PRE-DPREQ)/TAUQ                                    SIM10770
CI    Z117=INTEGRAL(A117,R117)                                     SIM10780
CINC  A117=90. --ANFANGSWERT--                                     SIM10790
      GTARE=1./RTAREN-VFRE*Z018                                    SIM10800
      IF(DPREQ.LT.70.) GTARE=FTAREN/70.                            SIM10810
99010 CONTINUE                                                     SIM10820
CPAR  RTAREN=NORMALWIDERSTAND                                      SIM10830
CPAR  VFRE=VERSTAERKUNG DES INTEGRALREGLERS                        SIM10840
      FTARE=(PTA-PRE)*GTARE                                        SIM10850
      IF(IHALT.EQ.0) GOTO 99011                                    SIM10860
      R019=(FTARE-FTAREQ)/TAUQ                                     SIM10870
CI    FTAREQ=INTEGRAL(FTAREN,R019)                                 SIM10880
CINC  FTAREN=ANFANGSWERT                                           SIM10890
99011 CONTINUE                                                     SIM10900
C                                                                  SIM10910
C***  FLUSS : VON SEGMENT TA NACH SEGMENT SM                       SIM10920
      RTASM=RTASMN*RCNS                                            SIM10930
CPAR  RTASMN=NORMALWIDERSTAND                                      SIM10940
      FTASM=(PTA-PSM)/RTASM                                        SIM10950
C                                                                  SIM10960
C***  FLUSS : VON SEGMENT AB NACH SEGMENT IM                       SIM10970
      RABIM=RABIMN*RCNS                                            SIM10980
CPAR  RABIMN=NORMALWIDERSTAND                                      SIM10990
      FABIM=(PAB-PIM)/RABIM                                        SIM11000
C                                                                  SIM11010
C***  FLUSS : VON SEGMENT AS NACH SEGMENT AV                       SIM11020
      IF(IHALT.EQ.0) GOTO 99012                                    SIM11030
      CALL AUTO(RKASAV,RAASAV,FASAVQ/GWASAV,PO2A,PO2TO,VO2TMX,ETA,THETA SIM11040
     1,TAUAUT,FKAUT,DVO2M,GAMMO,XASAV,Z020,R020,Z021,R021,Z022,R022,Z023SIM11050
     2,R023,Z024,R024,Z025,R025,Z026,R026,Y053)                   SIM11060
CINC  A021,A022,A023,A024,A025,A026=1. --ANFANGSWERTE--           SIM11070
CINC  A020=ANFANGSWERT O2-GEHALT PRO 100 GR GEWEBE                 SIM11080
CPAR  GWASAV=DURCH DEN BLUTFLUSS ZU VERSORGENDES GEWEBE IN 100 GR  SIM11090
CPAR  PO2A,PO2TO,VO2TMX,ETA,THETA,TAUAUT,FKAUT,DVO2M,GAMMO : SIEHE SIM11100
CPAR  SUBROUTINE AUTO                                              SIM11110
C     XASAV=VERHAELTNIS O2-VERBRAUCH BEI AKTIVITAET ZU RUHE-O2-VERBRAUCHSIM11120
99012 RASAV=RASAVN*(RKO*RKASAV+RAO*RAASAV)*RCNS                    SIM11130
```

```
CPAR   RK0=WIDERSTANDSANTEIL KAPPILAREN                                   SIM11140
CPAR   RA0=WIDERSTANDSANTEIL ARTERIOLEN                                   SIM11150
CPAR   RASAVN=NORMALWIDERSTAND                                            SIM11160
       FASAV=(PAS-PAV)/RASAV                                              SIM11170
       IF(IHALT.EQ.0) GOTO 99013                                          SIM11180
       R027=(FASAV-FASAVQ)/TAUQ                                           SIM11190
CI     FASAVQ=INTEGRAL(FASAV0,R027)                                       SIM11200
CINC   FASAV0=ANFANGSWERT                                                 SIM11210
99013 CONTINUE                                                            SIM11220
C                                                                         SIM11230
C***   FLUSS : VON SEGMENT TA NACH SEGMENT RA                            SIM11240
       IF(IHALT.EQ.0) GOTO 99014                                          SIM11250
       CALL AUTO(RKTARA,RATARA,FTARAQ/GWTARA,PO2A,PO2TO,VO2TMX,ETA,THETA SIM11260
      1,TAUAUT,FKAUT,DVO2M,GAMMO,XTARA,Z028,R028,Z029,R029,Z030,R030,Z031SIM11270
      2,R031,Z032,R032,Z033,R033,Z034,R034,Y054)                         SIM11280
CINC   A029,A030,A031,A032,A033,A034=1. -ANFANGSWERTE-                    SIM11290
CINC   A028=A020 --ANFANGSWERT--                                         SIM11300
CPAR   GWTARA=DURCH DEN BLUTFLUSS ZU VERSORGENDES GEWEBE IN 100 GR        SIM11310
CPAR   SONSTIGE PARAMETER SIEHE SUBROUTINE AUTO                          SIM11320
C      XTARA=VERHAELTNIS O2-VERBRAUCH BEI AKTIVITAET ZU RUHE-O2-VERBRAUCHSIM11330
99014 RTARA=RTARAN*(RK0*RKTARA+RA0*RATARA)*RCNS                          SIM11340
CPAR   RTARAN=NORMALWIDERSTAND                                            SIM11350
       FTARA=(PTA-PRA)/RTARA                                             SIM11360
       IF(IHALT.EQ.0) GOTO 99015                                          SIM11370
       R035=(FTARA-FTARAQ)/TAUQ                                           SIM11380
CI     FTARAQ=INTEGRAL(FTARA0,R035)                                       SIM11390
CINC   FTARA0=ANFANGSWERT                                                 SIM11400
99015 CONTINUE                                                            SIM11410
C                                                                         SIM11420
C***   FLUSS : VON SEGMENT AB NACH SEGMENT CE                            SIM11430
       IF(IHALT.EQ.0) GOTO 99016                                          SIM11440
       CALL AUTO(RKABCE,RAABCE,FABCEQ/GWABCE,PO2A,PO2TO,VO2TMX,ETA,THETA SIM11450
      1,TAUAUT,FKAUT,DVO2M,GAMMO,XABCE,Z036,R036,Z037,R037,Z038,R038,Z039SIM11460
      2,R039,Z040,R040,Z041,R041,Z042,R042,Y055)                         SIM11470
CINC   A037,A038,A039,A040,A041,A042=1. --ANFANGSWERTE--                 SIM11480
CINC   A036=A020 --ANFANGSWERT--                                         SIM11490
CPAR   SONSTIGE PARAMETER SIEHE SUBROUTINE AUTO                          SIM11500
C      XABCE=VERHAELTNIS O2-VERBRAUCH BEI AKTIVITAET ZU RUHE-O2-VERBRAUCHSIM11510
99016 RABCE=RABCEN*(RK0*RKABCE+RA0*RAABCE)*RCNS                          SIM11520
CPAR   RABCEN=NORMALWIDERSTAND                                            SIM11530
       FABCE=(PAB-PCE)/RABCE                                             SIM11540
       IF(IHALT.EQ.0) GOTO 99017                                          SIM11550
       R043=(FABCE-FABCEQ)/TAUQ                                           SIM11560
CI     FABCEQ=INTEGRAL(FABCE0,R043)                                       SIM11570
CINC   FABCE0=ANFANGSWERT                                                 SIM11580
99017 CONTINUE                                                            SIM11590
C                                                                         SIM11600
C***   FLUSS : VON SEGMENT AI NACH SEGMENT BO                            SIM11610
       IF(IHALT.EQ.0) GOTO 99018                                          SIM11620
       CALL AUTO(RKAIBO,RAAIBO,FAIBOQ/GWAIBO,PO2A,PO2TO,VO2TMX,ETA,THETA SIM11630
      1,TAUAUT,FKAUT,DVO2M,GAMMO,XAIBO,Z044,R044,Z045,R045,Z046,R046,Z047SIM11640
      2,R047,Z048,R048,Z049,R049,Z050,R050,Y056)                         SIM11650
CINC   A045,A046,A047,A048,A049,A050=1. --ANFANGSWERTE--                 SIM11660
CINC   A044=A020 --ANFANGSWERT--                                         SIM11670
CPAR   GWAIBO=DURCH DEN BLUTFLUSS ZU VERSORGENDES GEWEBE IN 100 GR        SIM11680
CPAR   SONSTIGE PARAMETER SIEHE SUBROUTINE AUTO                          SIM11690
C      XAIBO=VERHAELTNIS O2-VERBRAUCH BEI AKTIVITAET ZU RUHE-O2-VERBRAUCHSIM11700
99018 RAIBO=RAIBON*(RK0*RKAIBO+RA0*RAAIBO)*RCNS                          SIM11710
CPAR   RAIBON=NORMALWIDERSTAND                                            SIM11720
       FAIBO=(PAI-PBO)/RAIBO                                             SIM11730
       IF(IHALT.EQ.0) GOTO 99019                                          SIM11740
       R051=(FAIBO-FAIBOQ)/TAUQ                                           SIM11750
CI     FAIBOQ=INTEGRAL(FAIBO0,R051)                                       SIM11760
CINC   FAIBOQ=ANFANGSWERT                                                 SIM11770
99019 CONTINUE                                                            SIM11780
C                                                                         SIM11790
C***   FLUSS : VON SEGMENT AF NACH SEGMENT BU                            SIM11800
       IF(IHALT.EQ.0) GOTO 99020                                          SIM11810
       CALL AUTO(RKAFBU,RAAFBU,FAFBUQ/GWAFBU,PO2A,PO2TO,VO2TMX,ETA,THETA SIM11820
      1,TAUAUT,FKAUT,DVO2M,GAMMO,XAFBU,Z052,R052,Z053,R053,Z054,R054,Z055SIM11830
      2,R055,Z056,R056,Z057,R057,Z058,R058,Y057)                         SIM11840
CINC   A053,A054,A055,A056,A057,A058=1. --ANFANGSWERTE--                 SIM11850
CINC   A052=A020 --ANFANGSWERT--                                         SIM11860
CPAR   GWAFBU=DURCH DEN BLUTFLUSS ZU VERSORGENDES GEWEBE IN 100 GR        SIM11870
CPAR   SONSTIGE PARAMETER SIEHE SUBROUTINE AUTO                          SIM11880
C      XAFBU=VERHAELTNIS O2-VERBRAUCH BEI AKTIVITAET ZU RUHE-O2-VERBRAUCHSIM11890
99020 RAFBU=RAFBUN*(RK0*RKAFBU+RA0*RAAFBU)*RCNS                          SIM11900
CPAR   RAFBUN=NORMALWIDERSTAND                                            SIM11910
```

```
      FAFBU=(PAF-PBU)/RAFBU                                               SIM11920
      IF(IHALT.EQ.0) GOTO 99021                                          SIM11930
      R059=(FAFBU-FAFBUQ)/TAUQ                                           SIM11940
CI    FAFBUQ=INTEGRAL(FAFBUO,R059)                                       SIM11950
CINC  FAFBUO=ANFANGSWERT                                                 SIM11960
99021 CONTINUE                                                           SIM11970
C                                                                        SIM11980
C***  FLUSS : VON SEGMENT AV NACH SEGMENT VS                            SIM11990
      FAVVS=(PAV-PVS)/RAVVS                                              SIM12000
CPAR  RAVVS=WIDERSTAND                                                   SIM12010
C                                                                        SIM12020
C***  FLUSS : VON SEGMENT KV NACH SEGMENT JU                            SIM12030
      FKVJU=(PKV-PJU)/RKVJU                                              SIM12040
CPAR  RKVJU=WIDERSTAND                                                   SIM12050
C                                                                        SIM12060
C***  FLUSS : VON SEGMENT RE NACH SEGMENT CI                            SIM12070
      FRECI=(PRE-PCI)/RRECI                                             SIM12080
CPAR  RRECI=WIDERSTAND                                                   SIM12090
C                                                                        SIM12100
C***  FLUSS : VON SEGMENT SM NACH SEGMENT VP                            SIM12110
      FSMVP=(PSM-PVP)/RSMVP                                              SIM12120
CPAR  RSMVP=WIDERSTAND                                                   SIM12130
C                                                                        SIM12140
C***  FLUSS : VON SEGMENT IM NACH SEGMENT VP                            SIM12150
      FIMVP=(PIM-PVP)/RIMVP                                              SIM12160
CPAR  RIMVP=WIDERSTAND                                                   SIM12170
C                                                                        SIM12180
C***  FLUSS : VON SEGMENT TA NACH SEGMENT VH                            SIM12190
      FTAVH=(PTA-PVH)/RTAVH                                              SIM12200
CPAR  RTAVH=WIDERSTAND                                                   SIM12210
C                                                                        SIM12220
C***  FLUSS : VON SEGMENT BO NACH SEGMENT VI                            SIM12230
      FBOVI=(PBO-PVI)/RBOVI                                              SIM12240
CPAR  RBOVI=WIDERSTAND                                                   SIM12250
C                                                                        SIM12260
C***  FLUSS : VON SEGMENT BU NACH SEGMENT VF                            SIM12270
      FBUVF=(PBU-PVF)/RBUVF                                              SIM12280
CPAR  RBUVF=WIDERSTAND                                                   SIM12290
C                                                                        SIM12300
C***  FLUSS : VON SEGMENT VH NACH SEGMENT CI                            SIM12310
      FVHCI=((PVH-PCI)/RVHCI)*(1.-PATLEB*Y003)                           SIM12320
CPAR  RVHCI=WIDERSTAND                                                   SIM12330
C                                                                        SIM12340
C***  FLUSS : VON SEGMENT VS NACH SEGMENT CS                            SIM12350
      R060=FLURAV(VVS,VUVS,PVS,PCS,FVSCS,LKVSCS,RLVSCS,Y058,Y059)        SIM12360
CPAR  VUVS=UNGED.VOLUMEN                                                 SIM12370
CPAR  LKVSCS=REZIPROKER TRAEGHEITSWIDERSTAND                            SIM12380
CPAR  RLVSCS=WIDERSTANDFAKTOR                                            SIM12390
CI    FVSCS=INTEGRAL(FVSCS0,R060)                                        SIM12400
CINC  FVSCS0=ANFANGSWERT                                                 SIM12410
C                                                                        SIM12420
C***  FLUSS : VON SEGMENT VF NACH SEGMENT VI                            SIM12430
      PGVIVF=PGD*HVIVF                                                   SIM12440
      IF(VVI.LE.0.0) PGVIVF=0.0                                          SIM12450
CPAR  HVIVF=HOEHENDIFFERENZ DER SEGMENT VI UND VF                       SIM12460
      R061=FLURAV(VVF,VUVF,PVF,PVI+PGVIVF,FVFVI,LKVFVI,RLVFVI,Y060,      SIM12470
     1Y061)                                                              SIM12480
CPAR  VUVF=UNGED.VOLUMEN                                                 SIM12490
CPAR  LKVFVI=REZIPROKER TRAEGHEITSWIDERSTAND                            SIM12500
CPAR  RLVFVI=WIDERSTANDSFAKTOR                                           SIM12510
CI    FVFVI=INTEGRAL(FVFVI0,R061)                                        SIM12520
CINC  FVFVI0=ANFANGSWERT                                                 SIM12530
      IF(FVFVI.LT.0.0) FVFVI=(PVF-PVI-PGVIVF)/RRVFVI                     SIM12540
CPAR  RRVFVI=WIDERSTAND RUECKWAERTSRICHTUNG                             SIM12550
C                                                                        SIM12560
C***  FLUSS : VON SEGMENT VI NACH SEGMENT CE                            SIM12570
      PGCEVI=PGD*HCEVI                                                   SIM12580
      IF(VCE.LE.0.0) PGCEVI=0.0                                          SIM12590
CPAR  HCEVI=HOEHENDIFFERENZ DER SEGMENTE CE UND VI                      SIM12600
      R062=FLURAV(VVI,VUVI,PVI,PCE+PGCEVI,FVICE,LKVICE,RLVICE,Y062,      SIM12610
     1Y063)                                                             SIM12620
CPAR  VUVI=UNGED.VOLUMEN                                                 SIM12630
CPAR  LKVICE=REZIPROKER TRAEGHEITSWIDERSTAND                            SIM12640
CPAR  RLVICE=WIDERSTANDSFAKTOR                                           SIM12650
CI    FVICE=INTEGRAL(FVICE0,R062)                                        SIM12660
CINC  FVICE0=ANFANGSWERT                                                 SIM12670
      IF(FVICE.LT.0.0) FVICE=(PVI-PCE-PGCEVI)/RRVICE                     SIM12680
CPAR  RRVICE=WIDERSTAND RUECKWAERTSRICHTUNG                             SIM12690
```

```
C                                                                       SIM12700
C***  FLUSS : VON SEGMNET VP NACH SEGMENT VH                            SIM12710
      FVPVH=(PVP-PVH)/RVPVH                                             SIM12720
CPAR  RVPVH=WIDERSTAND                                                  SIM12730
C                                                                       SIM12740
C***  FLUSS : VON SEGMENT JU NACH SEGMENT CS                            SIM12750
      PGJUCS=PGD*HJUCS                                                  SIM12760
      IF(VJU.LE.0.0) PGJUCS=0.0                                         SIM12770
CPAR  HJUCS=HOEHENDIFFERENZ DER SEGMENTE JU UND CS                      SIM12780
      R063=FLURAV(VJU,VUJU,PJU+PGJUCS,PCS,FJJCS,LKJUCS,RLJUCS,Y064,     SIM12790
     1Y065)                                                            SIM12800
CPAR  VUJU=UNGED.VOLUMEN                                                SIM12810
CPAR  LKJUCS=REZIPROKER TRAEGHEITSWIDERSTAND                            SIM12820
CPAR  RLJUCS=WIDERSTANDSFAKTOR                                          SIM12830
CI    FJUCS=INTEGRAL(FJUCS0,R063)                                       SIM12840
CINC  FJUCS0=ANFANGSWERT                                                SIM12850
C                                                                       SIM12860
C***  FLUSS : VON SEGMENT CS NACH SEGMENT RA                            SIM12870
      PGCSRA=PGD*HCSRA                                                  SIM12880
      IF(VCS.LE.0.0) PGCSRA=0.0                                         SIM12890
CPAR  HCSRA=HOEHENDIFFERENZ DER SEGMENTE CS UND RA                      SIM12900
      FCSRA=FLUSSV(PCS+PGCSRA,PRA,PTH,RCSRA,DELTVE,NVEN)                SIM12910
CPAR  DELTVE=STEILHEIT WIDERSTAND                                       SIM12920
CPAR  NVEN=WIDERSTANDSFAKTORSTAND                                       SIM12930
CPAR  RCSRA=WIDERSTAND                                                  SIM12940
C                                                                       SIM12950
C***  FLUSS : VON SEGMENT CE NACH SEGMENT CI                            SIM12960
      PGCICE=PGD*HCICE                                                  SIM12970
      IF(VCI.LE.0.0) PGCICE=0.0                                         SIM12980
CPAR  HCICE=HOEHENDIFFERENZ DER SEGMENTE CI UND CE                      SIM12990
      FCECI=FLUSSV(PCE,PCI+PGCICE,PAD,RCECI,DELTVE,NVEN)                SIM13000
CPAR  RCECI=WIDERSTAND                                                  SIM13010
C                                                                       SIM13020
C***  FLUSS : VON SEGMENT CI NACH SEGMENT RA                            SIM13030
      PGRACI=PGD*HRACI                                                  SIM13040
CPAR  HRACI=HOEHENDIFFERENZ DER SEGMENTE RA UND CI                      SIM13050
      FCIPA=FLUSSV(PCI,PRA+PGRACI,PTH,RCIRA,DELTVE,NVEN)                SIM13060
CPAR  RCIRA=WIDERSTAND                                                  SIM13070
C                                                                       SIM13080
C     VOLUMINA                                                          SIM13090
C     ********                                                          SIM13100
C                                                                       SIM13110
C***  VOLUMEN : SEGMENT LV                                              SIM13120
      R064=FLALV-FLVAO                                                  SIM13130
CI    VLV=INTEGRAL(VLV0,R064)                                           SIM13140
CINC  VLV0=ANFANGSWERT                                                  SIM13150
C                                                                       SIM13160
C***  VOLUMEN : SEGMENT LA                                              SIM13170
      R065=FPVLA-FLALV                                                  SIM13180
CI    VLA=INTEGRAL(VLA0,R065)                                           SIM13190
CINC  VLA0=ANFANGSWERT                                                  SIM13200
C                                                                       SIM13210
C***  VOLUMEN : SEGMENT RV                                              SIM13220
      R066=FRARV-FRVPA                                                  SIM13230
CI    VRV=INTEGRAL(VRV0,R066)                                           SIM13240
CINC  VRV0=ANFANGSWERT                                                  SIM13250
C                                                                       SIM13260
C***  VOLUMEN : SEGMENT RA                                              SIM13270
      R067=FTARA+FCIRA +FCSRA +FAORA-FRARV                             SIM13280
CI    VRA=INTEGRAL(VRA0,R067)                                           SIM13290
CINC  VRA0=ANFANGSWERT                                                  SIM13300
C                                                                       SIM13310
C***  VOLUMEN : SEGMENT PA                                              SIM13320
      R068=FRVPA-FPAPV                                                  SIM13330
CI    VPA=INTEGRAL(VPA0,R068)                                           SIM13340
CINC  VPA0=ANFANGSWERT                                                  SIM13350
C                                                                       SIM13360
C***  VOLUMEN : SEGMENT PV                                              SIM13370
      R069=FPAPV-FPVLA                                                  SIM13380
CI    VPV=INTEGRAL(VPV0,R069)                                           SIM13390
CINC  VPV0=ANFANGSWERT                                                  SIM13400
C                                                                       SIM13410
C***  VOLUMEN : SEGMENT AO                                              SIM13420
      R070=FLVAO-FAORA-FAOAR                                            SIM13430
CI    VAO=INTEGRAL(VAO0,R070)                                           SIM13440
CINC  VAO0=ANFANGSWERT                                                  SIM13450
C                                                                       SIM13460
C***  VOLUMEN : SEGMENT AR                                              SIM13470
```

```
           R071=FAOAR-FARCA-FARAS-FARTA                                   SIM13480
CI         VAR=INTEGRAL(VARO,R071)                                        SIM13490
CINC       VARO=ANFANGSWERT                                              SIM13500
C                                                                         SIM13510
C***       VOLUMEN : SEGMENT CA                                          SIM13520
           R072=FARCA-FCAKV                                             SIM13530
CI         VCA=INTEGRAL(VCA0,R072)                                       SIM13540
CINC       VCA0=ANFANGSWERT                                             SIM13550
C                                                                         SIM13560
C***       VOLUMEN : SEGMENT AS                                          SIM13570
           R073=FARAS-FASAV                                             SIM13580
CI         VAS=INTEGRAL(VASO,R073)                                       SIM13590
CINC       VASO=ANFANGSWERT                                             SIM13600
C                                                                         SIM13610
C***       VOLUMEN : SEGMENT TA                                          SIM13620
           R074=FARTA-FTARA-FTARE-FTAVH-FTASM-FTAAB                      SIM13630
CI         VTA=INTEHRAL(VTA0,R074)                                       SIM13640
CINC       VTA0=ANFANGSWERT                                             SIM13650
C                                                                         SIM13660
C***       VOLUMEN : SEGMENT AB                                          SIM13670
           R075=FTAAB-FABIM-FABCE-FABAI-FBLVL                            SIM13680
CI         VAB=INTEGRAL(VAB0,R075)                                       SIM13690
CINC       VAB0=ANFANGSWERT                                             SIM13700
C                                                                         SIM13710
C***       VOLUMEN : SEGMENT AI                                          SIM13720
           R076=FABAI-FAIBO-FAIAF                                       SIM13730
CI         VAI=INTEGRAL(VAI0,R076)                                       SIM13740
CINC       VAI0=ANFANGSWERT                                             SIM13750
C                                                                         SIM13760
C***       VOLUMEN : SEGMENT AF                                          SIM13770
           R077=FAIAF-FAFBU                                             SIM13780
CI         VAF=INTEGRAL(VAF0,R077)                                       SIM13790
CINC       VAF0=ANFANGSWERT                                             SIM13800
C                                                                         SIM13810
C***       VOLUMEN : SEGMENT AV                                          SIM13820
           R078=FASAV-FAVVS                                             SIM13830
CI         VAV=INTEGRAL(VAV0,R078)                                       SIM13840
CINC       VAV0=ANFANGSWERT                                             SIM13850
C                                                                         SIM13860
C***       VOLUMEN : SEGMENT KV                                          SIM13870
           R079=FCAKV-FKVJU                                             SIM13880
CI         VKV=INTEGRAL(VKV0,R079)                                       SIM13890
CINC       VKV0=ANFANGSWERT                                             SIM13900
C                                                                         SIM13910
C***       VOLUMEN : SEGMENT RE                                          SIM13920
           R080=FTARE-FRECI                                             SIM13930
CI         VRE=INTEGRAL(VRE0,R080)                                       SIM13940
CINC       VRE0=ANFANGSWERT                                             SIM13950
C                                                                         SIM13960
C***       VOLUMEN : SEGMENT SM                                          SIM13970
           R081=FTASM-FSMVP                                             SIM13980
CI         VSM=INTEGRAL(VSM0,R081)                                       SIM13990
CINC       VSM0=ANFANGSWERT                                             SIM14000
C                                                                         SIM14010
C***       VOLUMEN : SEGMENT IM                                          SIM14020
           R082=FABIM-FIMVP                                             SIM14030
CI         VIM=INTEGRAL(VIM0,R082)                                       SIM14040
CINC       VIM0=ANFANGSWERT                                             SIM14050
C                                                                         SIM14060
C***       VOLUMEN : SEGMENT VP                                          SIM14070
           R083=FSMVP+FIMVP-FVPVH                                       SIM14080
CI         VVP=INTEGRAL(VVP0,R083)                                       SIM14090
CINC       VVP0=ANFANGSWERT                                             SIM14100
C                                                                         SIM14110
C***       VOLUMEN : SEGMENT VH                                          SIM14120
           R084=FVPVH+FTAVH-FVHCI                                       SIM14130
CI         VVH=INTEGRAL(VVH0,R084)                                       SIM14140
CINC       VVH0=ANFANGSWERT                                             SIM14150
C                                                                         SIM14160
C***       VOLUMEN : SEGMENT BO                                          SIM14170
           R085=FAIBO-FBOVI                                             SIM14180
CI         VBO=INTEGRAL(BO0,R085)                                        SIM14190
CINC       VBO0=ANFANGSWERT                                             SIM14200
C                                                                         SIM14210
C***       VOLUMEN : SEGMENT BU                                          SIM14220
           R086=FAFBU-FBUVF                                             SIM14230
CI         VBU=INTEGRAL(VBU0,R086)                                       SIM14240
CINC       VBU0=ANFANGSWERT                                             SIM14250
```

```
C                                                             SIM14260
C***   VOLUMEN : SEGMENT VS                                   SIM14270
       R087=FAVVS-FVSCS+FBLZF                                 SIM14280
CI     VVS=INTEGRAL(VVS0,R087)                                SIM14290
CINC   VVS0=ANFANGSWERT                                       SIM14300
C                                                             SIM14310
C***   VOLUMEN : SEGMENT JU                                   SIM14320
       R088=FKVJU-FJUCS                                       SIM14330
CI     VJU=INTEGRAL(VJU0,R088)                                SIM14340
CINC   VJU0=ANFANGSWERT                                       SIM14350
C                                                             SIM14360
C***   VOLUMEN : SEGMENT CS                                   SIM14370
       R089=FVSCS +FJUCS -FCSRA                               SIM14380
CI     VCS=INTEGRAL(VCS0,R089)                                SIM14390
CINC   VCS0=ANFANGSWERT                                       SIM14400
C                                                             SIM14410
C***   VOLUMEN : SEGMENT VF                                   SIM14420
       R090=FBUVF-FVFVI                                       SIM14430
CI     VVF=INTEGRAL(VVF0,R090)                                SIM14440
CINC   VVF0=ANFANGSWERT                                       SIM14450
C                                                             SIM14460
C***   VOLUMEN : SEGMENT VI                                   SIM14470
       R091=FVFVI +FBOVI-FVICE                                SIM14480
CI     VVI=INTEGRAL(VVI0,R091)                                SIM14490
CINC   VVI0=ANFANGSWERT                                       SIM14500
C                                                             SIM14510
C***   VOLUMEN : SEGMENT CE                                   SIM14520
       R092=FVICE +FABCE-FCECI                                SIM14530
CI     VCE=INTEGRAL(VCE0,R092)                                SIM14540
CINC   VCE0=ANFANGSWERT                                       SIM14550
C                                                             SIM14560
C***   VOLUMEN : SEGMENT CI                                   SIM14570
       R093=FCECI +FVHCI+FRECI-FCIRA                          SIM14580
CI     VCI=INTEGRAL(VCI0,R093)                                SIM14590
CINC   VCI0=ANFANGSWERT                                       SIM14600
C                                                             SIM14610
C      HERZARBEIT                                             SIM14620
C      **********                                             SIM14630
C                                                             SIM14640
       R100=PLV*(FLVAO-FLALV)                                 SIM14650
       Y070=AMAX1(PLV,Y070)                                   SIM14660
CI     Z100=INTEGRAL(WORKM0,R100)                             SIM14670
CINC   WORKM0=ANFANGSWERT                                     SIM14680
       IF(ITRGHZ.EQ.1) GOTO 40001                            SIM14690
       GOTO 40002                                             SIM14700
40001  WORKI=SQRT(Y071)*(Y070-Y072)                          SIM14710
       Y071=VLV                                               SIM14720
       Y072=PLV                                               SIM14730
       WORKM=Z100                                             SIM14740
       DVO2H=(AWORK*WORKM+BWORK*WORKI)/TTOT+Q02               SIM14750
CPAR   Q02=O2-VERBRAUCH IN RUHE                               SIM14760
CPAR   AWORK=ANTEIL DER MECHANISCHEN ARBEIT                   SIM14770
CPAR   BWORK=ANTEIL DER ISOMETRISCHEN ARBEIT                  SIM14780
C      DVO2H=GESAMT-O2-VERBRAUCH                              SIM14790
CINC   Y070=PMAX0 --BERECHNUNG IN ANFANGSPHASE--              SIM14800
CINC   Y071=VLV0 --BERECHNUNG IN ANFANGSPHASE--               SIM14810
CINC   Y072=VLV0*AMINLV --BERECHNUNG IN ANFANGSPHASE--        SIM14820
       Z100=0.0                                               SIM14830
40002  CONTINUE                                               SIM14840
C                                                             SIM14850
C      HERZZEITVOLUMEN (HZV) UND VENOESER RUECKSTROM (VRS)    SIM14860
C      **************************************************     SIM14870
C                                                             SIM14880
       IF(ITRGHZ.EQ.1) GOTO 40003                            SIM14890
       GOTO 40004                                             SIM14900
40003  HZV=Z111/TTOT                                          SIM14910
       Z111=0.0                                               SIM14920
       VRS=Z112/TTOT                                          SIM14930
       Z112=0.0                                               SIM14940
40004  R111=FLVAO                                             SIM14950
CI     Z111=INTEGRAL(A111,R111)                               SIM14960
CINC   A111=0.0 --ANFANGSWERT--                               SIM14970
       R112=FTARA+FCIRA+FCSRA+FAORA                           SIM14980
CI     Z112=INTEGRAL(A112,R112)                               SIM14990
CINC   A112=0.0 --ANFANGSWERT--                               SIM15000
C                                                             SIM15010
C      GESAMTVOLUMEN                                          SIM15020
C      ************                                           SIM15030
```

```
C                                                              SIM15040
      VHERZ=VRA+VRV+VLA+VLV                                    SIM15050
      VLUNGE=VPA+VPV                                           SIM15060
      VART=VAO+VAR+VTA+VAB+VCA+VAS+VAI+VAF                     SIM15070
      VVENEN=VCS+VVS+VJU+VVI+VVF+VCE+VCI                       SIM15080
      VPERI=VRE+VSM+VIM+VVP+VVH+VAV+VKV+VBO+VBU                SIM15090
      VGES=VHERZ+VLUNGE+VART+VVENEN+VPERI                      SIM15100
C                                                              SIM15110
C***  VOLUMENKORREKTUR                                         SIM15120
      VDIFF=VSOLL-VGES+VTRANS                                  SIM15130
CPAR  VSOLL=NORMALES BLUTVOLUMEN                               SIM15140
      IF(IHALT.EQ.0) GOTO 99023                                SIM15150
      Y076=1.+VDIFF/VGES                                       SIM15160
      VLV=VLV*Y076                                             SIM15170
      VLA=VLA*Y076                                             SIM15180
      VRV=VRV*Y076                                             SIM15190
      VRA=VRA*Y076                                             SIM15200
      VAO=VAO*Y076                                             SIM15210
      VAR=VAR*Y076                                             SIM15220
      VCA=VCA*Y076                                             SIM15230
      VAS=VAS*Y076                                             SIM15240
      VTA=VTA*Y076                                             SIM15250
      VAB=VAB*Y076                                             SIM15260
      VAI=VAI*Y076                                             SIM15270
      VAF=VAF*Y076                                             SIM15280
      VPA=VPA*Y076                                             SIM15290
      VPV=VPV*Y076                                             SIM15300
      VAV=VAV*Y076                                             SIM15310
      VKV=VKV*Y076                                             SIM15320
      VRE=VRE*Y076                                             SIM15330
      VSM=VSM*Y076                                             SIM15340
      VIM=VIM*Y076                                             SIM15350
      VVH=VVH*Y076                                             SIM15360
      VVP=VVP*Y076                                             SIM15370
      VBO=VBO*Y076                                             SIM15380
      VBU=VBU*Y076                                             SIM15390
      VVS=VVS*Y076                                             SIM15400
      VJU=VJU*Y076                                             SIM15410
      VCS=VCS*Y076                                             SIM15420
      VCI=VCI*Y076                                             SIM15430
      VCE=VCE*Y076                                             SIM15440
      VVI=VVI*Y076                                             SIM15450
      VVF=VVF*Y076                                             SIM15460
99023 CONTINUE                                                 SIM15470
C                                                              SIM15480
C***  UMDEFINIERUNG VON ZUSTANDSVARIABLEN                      SIM15490
      Z006=FLVAO                                               SIM15500
      Z007=FRVPA                                               SIM15510
      Z008=FAOAR                                               SIM15520
      Z009=FARCA                                               SIM15530
      Z010=FARAS                                               SIM15540
      Z011=FARTA                                               SIM15550
      Z012=FTAAB                                               SIM15560
      Z013=FABAI                                               SIM15570
      Z014=FAIAF                                               SIM15580
      Z060=FVSCS                                               SIM15590
      Z061=FVFVI                                               SIM15600
      Z062=FVICE                                               SIM15610
      Z063=FJUCS                                               SIM15620
      Z064=VLV                                                 SIM15630
      Z065=VLA                                                 SIM15640
      Z066=VRV                                                 SIM15650
      Z067=VRA                                                 SIM15660
      Z068=VPA                                                 SIM15670
      Z069=VPV                                                 SIM15680
      Z070=VAO                                                 SIM15690
      Z071=VAR                                                 SIM15700
      Z072=VCA                                                 SIM15710
      Z073=VAS                                                 SIM15720
      Z074=VTA                                                 SIM15730
      Z075=VAB                                                 SIM15740
      Z076=VAI                                                 SIM15750
      Z077=VAF                                                 SIM15760
      Z078=VAV                                                 SIM15770
      Z079=VKV                                                 SIM15780
      Z080=VRE                                                 SIM15790
      Z081=VSM                                                 SIM15800
      Z082=VIM                                                 SIM15810
```

```
      Z083=VVP                                                      SIM15820
      Z084=VVH                                                      SIM15830
      Z085=VBO                                                      SIM15840
      Z086=VBU                                                      SIM15850
      Z087=VVS                                                      SIM15860
      Z088=VJU                                                      SIM15870
      Z089=VCS                                                      SIM15880
      Z090=VVF                                                      SIM15890
      Z091=VVI                                                      SIM15900
      Z092=VEE                                                      SIM15910
      Z093=VCI                                                      SIM15920
      Z094=PSQ                                                      SIM15930
      Z002=FHS                                                      SIM15940
      Z017=FCAKVQ                                                   SIM15950
      Z019=FTAREQ                                                   SIM15960
      Z027=FASAVQ                                                   SIM15970
      Z035=FTARAQ                                                   SIM15980
      Z043=FABCEQ                                                   SIM15990
      Z051=FAIBOQ                                                   SIM16000
      Z059=FAFBUQ                                                   SIM16010
      Z109=FAORAQ                                                   SIM16020
      Z110=FSQ                                                      SIM16030
      Z115=VTRANS                                                   SIM16040
      Z116=DPKVQ                                                    SIM16050
      Z117=DPREQ                                                    SIM16060
C                                                                   SIM16070
C                                                                   SIM16080
      RETURN                                                        SIM16090
      END                                                           SIM16100


                                                                    DRU00010
      FUNCTION DRUCKA(V,VU,C,TAU,PE,V1,V2)                          DRU00020
C                                                                   DRU00030
C     BERECHNUNG DES DRUCKES IN DEN GROSSEN ARTERIEN                DRU00040
C                                                                   DRU00050
C     INPUT:                                                        DRU00060
C     V=VOLUMEN,VU=UNGEDEHNTES VOLUMEN,C=KAPAZITAET,TAU=ZEITKONSTANTE, DRU00070
C     PE=EXTERNER DRUCK,V1=VOLUMEN ZUR ZEIT TIME-DELT,V2=VOLUMEN ZUR DRU00080
C     ZEIT TIME-2*DELT                                              DRU00090
C     OUTPUT:                                                       DRU00100
C     DRUCKA=DRUCK,V1=WIE INPUT,V2=WIE INPUT                        DRU00110
C                                                                   DRU00120
      COMMON /SIMDAT/                                               DRU00130
     1 TIME    ,BEGTIM ,FINTIM ,DELT    ,IDELT   ,KEEP    ,IHALT   ,ISTAT  DRU00140
C                                                                   DRU00150
      P1=(V-VU)/C                                                   DRU00160
      IF(TIME.LE.BEGTIM) GOTO 1                                     DRU00170
      IF(TIME.LE.(BEGTIM+DELT*1.05)) GOTO 2                         DRU00180
      DV=(1.5*V-2.*V1+0.5*V2)/DELT                                  DRU00190
      IF(KEEP.EQ.0) GOTO 3                                          DRU00200
    4 V2=V1                                                         DRU00210
      V1=V                                                          DRU00220
    3 P2=TAU*DV                                                     DRU00230
      DRUCKA=P1+P2+PE                                               DRU00240
      GOTO 5                                                        DRU00250
    2 DV=(V-V1)/DELT                                                DRU00260
      IF(KEEP.EQ.0) GOTO 3                                          DRU00270
      GOTO 4                                                        DRU00280
    1 V1=V                                                          DRU00290
      DRUCKA=P1+PE                                                  DRU00300
    5 IF(DRUCKA.LT.0.0) DRUCKA=0.0                                  DRU00310
      RETURN                                                        DRU00320
      END                                                           DRU00330


                                                                    FSV00010
      FUNCTION FLUSSV(P1,P2,PE,RO,DELTA,N)                          FSV00020
C                                                                   FSV00030
C     BERECHNUNG DES FLUSSES GROSSER VENEN                          FSV00040
C                                                                   FSV00050
C     INPUT:                                                        FSV00060
C     P1=DRUCK IN SEGMENT 1,P2=DRUCK IN SEGMENT 2,PE=EXTERNER DRUCK, FSV00070
C     RO=NORMALWIDERSTAND,DELTA=ANPASSUNGSFAKTOR                    FSV00080
C     OUTPUT:                                                       FSV00090
C     FLUSSV=FLUSS ZWISCHEN SEGMENT 1 UND 2                         FSV00100
C                                                                   FSV00110
      REAL N
```

```
      IF(P2.GT.P1) GOTO 1                                         FSV00120
      S=1.                                                         FSV00130
    2 IF(P1.GE.P2.AND.P2.GE.PE) DP=P1-P2                           FSV00140
      IF(P1.GT.PE.AND.PE.GE.P2) DP=P1-PE                           FSV00150
      IF(PE.GE.P1.AND.P1.GT.P2) DP=P1-P2                           FSV00160
      R=R0*((N+1)/2+(N-1)*ATAN(DELTA*(PE-P1))/3.141593)           FSV00170
      FLUSSV=S*DP/R                                                FSV00180
      RETURN                                                       FSV00190
    1 X=P1                                                         FSV00200
      P1=P2                                                        FSV00210
      P2=X                                                         FSV00220
      S=-1.                                                        FSV00230
      GOTO 2                                                       FSV00240
      END                                                          FSV00250


      FUNCTION FLURAV(V,VU,P1,P2,F,KAPPA,LAMBDA,V1,V2)             FAV00010
C                                                                 FAV00020
C     BERECHNUNG DER FLUSSRATE GROSSER VENEN                      FAV00030
C                                                                 FAV00040
C     INPUT:                                                      FAV00050
C     V=VOLUMEN VON SEGMENT 1,VU=UNGEDEHNTES VOLUMEN VON SEGMENT 1, FAV00060
C     P1=DRUCK VON SEGMENT 1,P2=DRUCK VON SEGMENT 2,F=FLUSS VON   FAV00070
C     SEGMENT 1 NACH SEGMENT 2, KAPPA=REZIPROKER TRAEGHEITSWIDERSTAND, FAV00080
C     LAMBDA=WIDERSTANDSFAKTOR,V1=VOLUMEN VON SEGMENT 1 ZUR ZEIT  FAV00090
C     TIME-DELT,V2=VOLUMEN VON SEGMENT 2 ZUR ZEIT TIME-2*DELT     FAV00100
C     OUTPUT:                                                     FAV00110
C     FLURAV=FLUSSRATE,V1=WIE INPUT,V2=WIE INPUT                  FAV00120
C                                                                 FAV00130
      REAL KAPPA,LAMBDA                                           FAV00140
      COMMON /SIMDAT/                                             FAV00150
    1 TIME    ,BEGTIM ,FINTIM ,DELT    ,IDELT  ,KEEP    ,IHALT  ,ISTAT FAV00160
C                                                                 FAV00170
      IF(V.GE.VU) G=1.                                            FAV00180
      IF(V.GE.VU*0.5.AND.V.LT.VU) G=(V+VU)**2/(4.*VU*V)           FAV00190
      IF(V.GE.0.0.AND.V.LT.VU*0.5) G=VU/(1.778*V)                 FAV00200
      IF(TIME.LE.BEGTIM) GOTO 1                                   FAV00210
      IF(TIME.LE.(BEGTIM+DELT*1.05)) GOTO 2                       FAV00220
      DV=(1.5*V-2.*V1+0.5*V2)/DELT                                FAV00230
      IF(KEEP.EQ.0) GOTO 3                                        FAV00240
    4 V2=V1                                                       FAV00250
      V1=V                                                        FAV00260
    3 FLURAV=KAPPA*(P1-P2)*V+F/V*(DV-LAMBDA*G)                    FAV00270
      RETURN                                                      FAV00280
    2 DV=(V-V1)/DELT                                              FAV00290
      IF(KEEP.EQ.0) GOTO 3                                        FAV00300
      GOTO 4                                                      FAV00310
    1 DV=0.0                                                      FAV00320
      V1=V                                                        FAV00330
      GOTO 3                                                      FAV00340
      END                                                         FAV00350


      SUBROUTINE AUTO(RK,RA,F,PO2A,PO2TO,VO2TMX,ETA,THETA,TAU,K,MO, AUT00010
     1GAMMA0,X,SVO2T,RVO2T,SRA1,RRA1,SRA2,RRA2,SRA3,RRA3,         AUT00020
     2SN1,RN1,SN2,RN2,SN3,RN3,RVO2M)                             AUT00030
C                                                                 AUT00040
C     BERECHNET DIE WIDESSTANDSFAKTOREN RK UND RA DES AUTOREGULATIONS- AUT00050
C     MODELLS DER O2-VERSORGUNG                                  AUT00060
C                                                                 AUT00070
C     INPUT:                                                      AUT00080
C     F=FLUSS PRO 100 GR VERSORGTES GEWEBE, PO2A=O2-PARTIALDRUCK IM AUT00090
C     ARTERIELLEN BLUT,PO2TO=O2-PARTIALDRUCK IM GEWEBE (SOLL-WERT), AUT00100
C     VO2TMX=MAX.O2-VOLUMEN PRO 100 GR GEWEBE,ETA=MINIMUM FUER RA. AUT00110
C     THETA=MAXIMUM FUER KAPILLARDICHTE, TAU=ZEITKONSTANTE,       AUT00120
C     K=NORMIERUNGSFAKTOR DER O2-BINDUNGSKURVE VON MB,MO=RUHE-O2-VER- AUT00130
C     BRAUCH,GAMMA0=SCHWELLWERT O2-PARTIALDRUCK IM GEWEBE,X=VERHAELTNIS AUT00140
C     O2-VERBRAUCH BEI AKTIVITAET ZU RUHE-O2-VERBRAUCH           AUT00150
C     OUTPUT:                                                     AUT00160
C     RA=WIDERSTANDSFAKTOR ARTERIOLEN,RK=WIDERSTANDSFAKTOR KAPILLAR- AUT00170
C     DICHTE, RVO2M=O2-VERBRAUCH DES GEWEBES                     AUT00180
C     INTEGRALE:                                                  AUT00190
C     SVO2T=O2-GEHALT IM GEWEBE PRO 100 GR GEWEBE (VO2T)         AUT00200
C     SRA1,SRA2,SRA3=INTEGRALE DER VERZOEGERUNG 3. ORDN. VON RA, AUT00210
C     SN1,SN2,SN3=INTEGRALE DER VERZOEGERUNG 3. ORDN. VON KAPILLARDICHTE AUT00220
C     N                                                          AUT00230
```

```
C        RATEN:                                                  AUT00240
C        RVO2T=RATE VON SVO2T.                                   AUT00250
C        RRA1,RRA2,RRA3=RATEN VON SRA1,SRA2,SRA3,                AUT00260
C        RN1,RN2,RN3=RATEN VON SN1,SN2,SN3                       AUT00270
C                                                                AUT00280
C        ANFANGSWERTE - WERDEN VON SIMUL BZW. PARAM BEREITGESTELLT - :  AUT00290
C        SVO2TO=ANFANGSWERT DES O2-GEHALTES IM GEWEBE            AUT00300
C        ARA1,ARA2,ARA3=ANFANGSWERTE VON SRA1,SRA2,SRA3,         AUT00310
C        AN1,AN2,AN3=ANFANGSWERTE VON SN1,SN2,SN3                AUT00320
C                                                                AUT00330
         REAL K,MO,N,NS                                          AUT00340
C                                                                AUT00350
C                                                                AUT00360
C                                                                AUT00370
         VO2T=SVO2T                                              AUT00380
         PO2T=K*VO2T/(VO2TMX-VO2T)                               AUT00390
         RAS=ETA+(1.-ETA)*PO2T/PO2TO                             AUT00400
         IF(RAS.GT.3.0) RAS=3.0                                  AUT00410
C        VERZOEGERUNG 3. ORDN. VON RAS ZU RA                     AUT00420
         TAU3=TAU/3.                                             AUT00430
         RRA1=(RAS-SRA1)/TAU3                                    AUT00440
CI       SRA1=INTEGRAL(ARA1,RRA1)                                AUT00450
         RRA2=(SRA1-SRA2)/TAU3                                   AUT00460
CI       SRA2=INTEGRAL(ARA2,RRA2)                                AUT00470
         RRA3=(SRA2-SRA3)/TAU3                                   AUT00480
CI       SRA3=INTEGRAL(ARA3,RRA3)                                AUT00490
         RA=SRA3                                                 AUT00500
C                                                                AUT00510
         NS=THETA-(THETA-1.)*PO2T/PO2TO                          AUT00520
         IF(NS.LT.0.2) NS=0.2                                    AUT00530
C        VERZOEGERUNG 3. ORDN. VON NS ZU N                       AUT00540
         RN1=(NS-SN1)/TAU3                                       AUT00550
CI       SN1=INTEGRAL(AN1,RN1)                                   AUT00560
         RN2=(SN1-SN2)/TAU3                                      AUT00570
CI       SN2=INTEGRAL(AN2,RN2)                                   AUT00580
         RN3=(SN2-SN3)/TAU3                                      AUT00590
CI       SN3=INTEGRAL(AN3,RN3)                                   AUT00600
         N=SN3                                                   AUT00610
C                                                                AUT00620
         RK=1./N                                                 AUT00630
C        APPROXIMATION O2-BINDUNGSKURVE DES BLUTES               AUT00640
         Z=PO2T/10.-5.2                                          AUT00650
         Y=6.6781E-7*Z**7-9.6062E-6*Z**6-4.3704E-5*Z**5+9.1035E-4*Z**4-  AUT00660
        12.399E-4*Z**3-2.948E-2*Z**2+.1199*Z+.81369             AUT00670
         HPO2T=Y                                                 AUT00680
C        APPROXIMATION O2-BINDUNGSKURVE DES BLUTES               AUT00690
         Z=PO2A/10.-5.2                                          AUT00700
         Y=6.6781E-7*Z**7-9.6062E-6*Z**6-4.3704E-5*Z**5+9.1035E-4*Z**4-  AUT00710
        12.399E-4*Z**3-2.948E-2*Z**2+.1199*Z+.81369             AUT00720
         HPO2A=Y                                                 AUT00730
         RVO2B=N**1.5*F*(HPO2A-HPO2T)                            AUT00740
         IF(PO2T.GE.GAMMA0*X) RVO2M=MO*X                         AUT00750
         IF(PO2T.LT.GAMMA0*X) RVO2M=MO*PO2T/GAMMA0               AUT00760
         RVO2T=RVO2B-RVO2M                                       AUT00770
CI       SVO2T=INTEGRAL(SVO2TO,RVO2T)                            AUT00780
         RETURN                                                  AUT00790
         END                                                     AUT00800
```